Fehler in der Kanalsanierung erkennen und vermeiden

Fehler in der Kanalsanierung erkennen und vermeiden

Vulkan Verlag

Bibliografische Information der Deutschen Nationalbibliothek

Die Deutsche Nationalbibliothek verzeichnet diese Publikation in der Deutschen Nationalbibliografie; detaillierte bibliografische Daten sind im Internet über **www.dnb.de** abrufbar.

Fehler in der Kanalsanierung erkennen und vermeiden

Thomas Wegener
3. Auflage 2018

978-3-8027-2805-1 (Print)
978-3-8027-4172-2 (eBook)

Friedrich-Ebert-Str. 55, 45127 Essen, Deutschland
Telefon: 0201 82002-0, Internet: www.vulkan-verlag.de

Projektmanagement: Nico Hülsdau, Vulkan-Verlag GmbH, Essen
Lektorat: Kathrin Mundt, Vulkan-Verlag GmbH, Essen
Herstellung: Nilofar Mokhtarzada, Vulkan-Verlag GmbH, Essen
Umschlaggestaltung: Maike Nippert, Vulkan-Verlag GmbH, Essen
Titelbild: © Fotolia, Urheber: Sved Oliver
Satz: e-Mediateam Michael Franke, Bottrop
Druck: Druckerei Chmielorz GmbH, Wiesbaden

Vorwort

Wenn ein technisches Fachbuch in seine 3. Auflage geht, ist das mehr als ein Indiz dafür, dass es unter den Fachleuten der Branche für die entsprechenden Themengebiete ein hinreichend großes Interesse gibt. Wenn es in der Auflage zu einer grundlegend überarbeiteten Fassung kommt, zeigt dies, dass es sich um einen Bereich der Technik handelt, der sich durchaus in einer immer noch dynamischen Entwicklung befindet.

Vor nunmehr rund fünf Jahrzehnten kamen die ersten Sanierungsverfahren im Rohrleitungsbau zur Anwendung, zunächst argwöhnisch beäugt und – nach einigen anfänglichen und bisweilen weniger erfreulichen Ergebnissen – zum Teil auch vehement abgelehnt. Erst im Laufe der Jahre, einhergehend mit neueren Entwicklungen, Verbesserungen und der allmählich wachsenden Erfahrung, kam es zur verdienten Akzeptanz verschiedener Verfahren. Dazu beigetragen hat möglicherweise auch ein wenig die seinerzeit von Prof. Lenz beförderte erste Auflage dieses Buches.

Mittlerweile ist seit geraumer Zeit auch die zweite Auflage vergriffen. So ist es der Initiative des Vulkan-Verlags zu danken, dass unter der Beteiligung führender Fachleute der Branche nun dieses Buch vorliegt. Besonders hervorzuheben sind Stefan Schikora und Horst Zech, die sich im besonderen Maße für die vorliegende Auflage einsetzten. Matthias Heyer hat wie bei anderen Büchern der ro-Schriftenreihe geordnet und gelesen, überarbeitet, organisiert, ihm gebührt großer Dank in der Koordination.

Möge auch dieser Band – wie seine Vorgänger – dazu beitragen, dass das Wissen um die zum Teil nicht unempfindlichen Verfahren Verbreitung findet. Mag dieses Wissen dazu führen, dass Fehler in der zum Teil immer noch jungen Technologie rechtzeitig erkannt und somit vermieden werden können.

In der Drucktechnik, in der redaktionellen sowie der farblichen Gestaltung dieses Fachbuchs hat es ebenso seit der 1. Auflage deutliche Verbesserungen gegeben. Dass diese Möglichkeiten hervorragend genutzt wurden, ist dem Vulkan-Verlag zu danken.

Insbesondere gilt der Dank allen Autoren für ihr Engagement, ohne das die Überarbeitung dieses Buches nicht möglich gewesen wäre.

Prof. Thomas Wegener

Autorenverzeichnis

Reinhold Amthor
Oppermann GmbH Ingenieurbüro
34246 Vellmar
Kap. 2.5

Dr. rer. nat. Hans-Joachim Bayer
Tracto-Technik GmbH & Co. KG
57368 Lennestadt-Saalhausen
Kap. 4.2

Dipl.-Ing. Andreas Haacker
Siebert + Knipschild GmbH Ingenieurbüro für Kunststofftechnik
22113 Oststeinbek
Kap. 1

Dipl.-Ing. Dieter Hesse
RTi Germany GmbH
30853 Langenhagen
Kap. 3.3A

Dipl.-Ing. (FH) Daniel Korczinski
Max Bögl Stiftung & Co. KG
92301 Neumarkt
Kap. 2.2

Dipl.-Ing. Matthias Koroschetz
Ludwig Pfeiffer Hoch- und Tiefbau GmbH & Co. KG
04249 Leipzig
Kap. 3.2B

Dipl.-Ing. Frederik Lipskoch
Wavin GmbH
49767 Twist
Kap. 3.2A

Dipl.-Ing. (TH) Burkhard Malcus
medl GmbH
45476 Mülheim an der Ruhr
Kap. 3.7

Dipl.-Ing. Matthias Mertens
United Engineering Team GmbH
16928 Pritzwalk
Kap. 3.5

Dipl.-Ing. Karsten Rettberg
RETTBERG GmbH & Co. KG
Bauunternehmen, Rohrleitungs-, Tief- und Straßenbau
37075 Göttingen
Kap. 3.6

Dipl.-Ing. Stefan Schikora
DIRINGER & SCHEIDEL Rohrsanierung GmbH & Co. KG
68199 Mannheim
Kap. 3.1, 3.3B, 3.4

Dipl.-Ing. (FH) Udo Thorak
Swietelsky-Faber GmbH Kanalsanierung
90556 Cadolzburg
Kap. 2.3

Dipl.-Ing. (TU) Ludger Wehr
BMIRO Beratungs- und Managementinstitut für Rohrnetze GmbH
90537 Feucht
Kap. 2.1, 2.4

Dipl.-Volksw. Horst Zech
BMIRO Beratungs- und Managementinstitut für Rohrnetze GmbH
49811 Lingen (Ems)
Kap. 3.3B, 3.4, 4.1, 5

Inhaltsverzeichnis

Einleitung

Nachdem in Kapitel 1 die Sanierungswerkstoffe dargestellt und das Grundwissen über Kunststoffe erläutert wird, werden in den nachfolgenden Kapiteln die einzelnen Sanierungsverfahren beschrieben. Gruppiert werden diese Verfahren in die Bereiche der **Reparatur**, der **Renovierung** sowie der **grabenlosen Erneuerung**. Neben der generellen Beschreibung der Verfahren wird insbesondere auf mögliche Fehler und deren Vermeidung eingegangen. Zudem findet man hier weitere spezielle Angaben zu den Sanierungsmaterialien, so sie für das jeweilige Verfahren relevant sind.

Wie jeder technische Bereich, so ist auch der Rohrleitungsbau – oder wie in dem vorliegenden Fall die Sanierung von Rohrleitungen – von Fachbegriffen geprägt. Diese sind zumeist in den technischen Regelwerken und Normen definiert, werden zuweilen im praktischen Gebrauch jedoch falsch oder missverständlich eingesetzt. Nun sollen an dieser Stelle nicht die Fachbegriffe aller in diesem Buch beschriebenen Verfahren definiert werden, vielmehr werden im Folgenden einige wenige Begriffe erläutert, die dem Leser Klarheit verschaffen und zum Verständnis des vorliegenden Buches beitragen sollen:

Sanierung

Maßnahmen zur Wiederherstellung oder Verbesserung des momentanen Zustands.

Reparatur

Maßnahmen zur Behebung örtlich begrenzter Schäden.

Renovierung

Maßnahmen zur Verbesserung der aktuellen Funktionsfähigkeit unter vollständiger oder teilweiser Einbeziehung ihrer ursprünglichen Substanz.

Grabenlose Erneuerung

Herstellung neuer Abwasserleitungen und -kanäle in der bisherigen oder einer anderen Linienführung mittels grabenloser Bauweisen, wobei die neuen Anlagen die Funktion der ursprünglichen Abwasserleitungen und -kanäle einbeziehen.

Schlauchliner/Schlauchlining

Schlauch aus Trägermaterial und/oder Verstärkungsmaterial, der mit Reaktionsharz getränkt wird. Verfahren zur Herstellung eines vor Ort härtenden Schlauchliners. Lining mit einem flexiblen Schlauch, der mit einem aushärtbaren Harz getränkt ist, wobei nach Aushärtung des Harzes ein Rohr entsteht.

Inversionsverfahren
Unter Inversion versteht man das Einbringen des Schlauches durch Einkrempeln/Einstülpen und Aufstellen mit Wasser oder Luft als Vortriebs- und Aufstellmedium.

Liner/Lining/Lining-System
Lining-Rohr und alle dazugehörigen Formstücke, die zur Renovierung in eine bestehende Rohrleitung eingebracht sind.

Liningrohr
Zur Renovierung einzubringendes Rohr.

Rohrstrangverfahren
Lining mit einem Rohrstrang, der der Länge des zu renovierenden Abschnitts vor dem Einbau entspricht und dessen Durchmesser vor der Verlegung nicht kleiner ist als sein endgültiger Durchmesser nach der Verlegung.

Close-Fit-Lining
Lining mit einem Rohrstrang, dessen Querschnitt verringert wird, um das Einziehen zu erleichtern, und der nach dem Einziehen zurückgeformt wird, um ein enges Anliegen (Close-Fit) am bestehenden Rohr sicherzustellen.

Kurzrohrverfahren
Es handelt sich um ein Verfahren mit Ringraum. Zum Einsatz kommen meist Kunststoffrohre mit einer Modullänge von 0,5 bis 1,0 m. Die einzelnen Rohrmodule sind meist längskraftschlüssig und werden über die vorhandenen Schächte bzw. Schachtbauwerke mit mindestens einer lichten Weite von 1000 mm in das Altrohr eingezogen oder eingeschoben. Der Ringraum sollte verdämmt werden.

Langrohrverfahren (Einzelrohrverfahren)
Siehe Rohrstrangverfahren nur mit einzelnen Rohren.

Lining mit kurzen Rohrlängen, die erst während des Einbaus miteinander verbunden werden, um einen fortlaufenden Rohrstrang zu bilden.

Vorverformtes Rohr
Hergestelltes Lining-Rohr im Lieferzustand gemäß Spezifikation des Herstellers bevor irgendeine Behandlung vor Ort gemäß der jeweiligen Renovierungstechnik erfolgt.

Einzugsverfahren
Siehe Rohrstrangverfahren/Langrohrverfahren/Kurzrohrverfahren.

Vorflut / Sicherung der Vorflut
Abflusslenkung.

Aufrechterhaltung der Vorflut

Der zu renovierende Kanal, mindestens eine Haltung, muss während des Schlauchlinings vollständig außer Betrieb genommen werden. Ankommende Abwässer müssen während dieser Zeit schadlos zurückgehalten um- oder übergeleitet werden. Die Maßnahmen der Abflusslenkung beziehen sich auf die Hauptkanäle und die Anschlussleitungen.

Zustandserfassung

Maßnahmen zur Feststellung und Beurteilung des baulichen/betrieblichen, hydraulischen und umweltrelevanten Ist-Zustandes.

Inspektion

Maßnahmen zur Feststellung und Beurteilung des Istzustandes einer Betrachtungseinheit einschließlich der Bestimmung der Ursachen der Abnutzung und dem Ableiten der notwendigen Konsequenzen für eine zukünftige Nutzung.

Optische Inspektion

Indirekte optische Inspektion mittels Kameratechnik zur Feststellung des optischen Zustands der Leitungen von innen. Es gibt eine Vielzahl anderer Begriffe für eine optische Inspektion wie z. B. TV-Untersuchung, TV-Befahrung, TV-Inspektion, Kamerabefahrung und dergleichen, gemeint ist damit aber stets die indirekte Inspektion mittels Kameratechnik. Aus diesem Grund wird in diesem Buch der Begriff „optische Inspektion“ verwendet.

Ringraum

Ringraum ist der verbleibende Raum zwischen Altrohr und Neurohr, der verdämmt werden sollte (RSV-Merkblatt 3.2).

Ringspalt

Ringspalt ist der verbleibende Spalt zwischen Altrohr und Neurohr, der nicht verdämmt wird (RSV-Merkblatt 3.2).

Verfüllmaterial

Material zur Verfüllung des planmäßig hergestellten Ringraumes zwischen zu sanierenden Abwasserleitungen und -kanälen (Altrohr) und eingezogenen oder eingeschobenen Liningrohren, im Sprachgebrauch auch als „Dämmer“ bezeichnet (aus RSV-Merkblatt 3.2).

Verdämmen

Vorgang des Füllens des Ringraumes zwischen dem vorhandenen Altrohr und dem Liner (Neurohr).

Die folgenden Grafiken dokumentieren die Zusammenhänge der wesentlichen Verfahrensbegriffe.

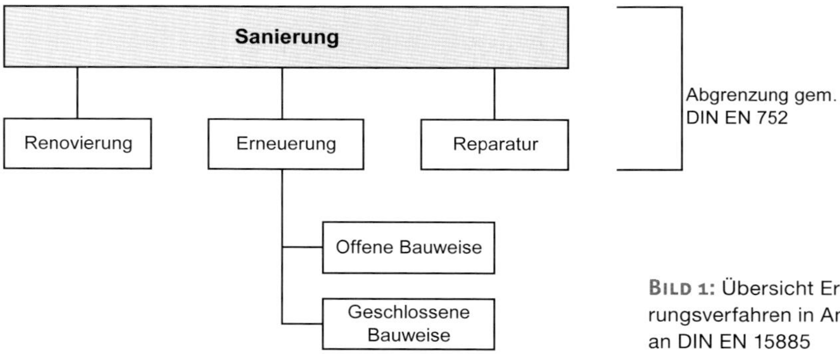

BILD 1: Übersicht Erneuerungsverfahren in Anlehnung an DIN EN 15885

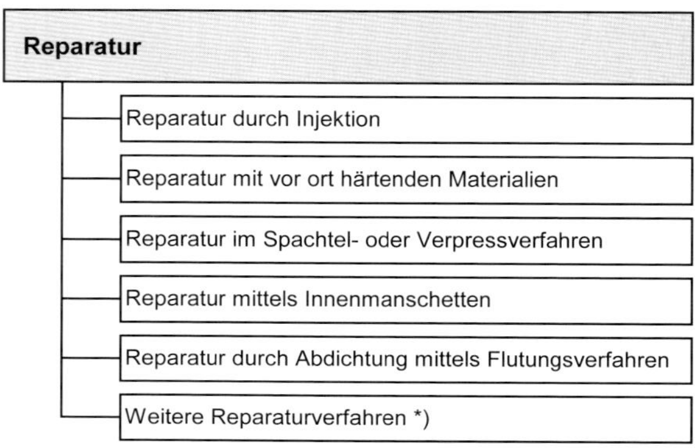

*) Andere Reparaturverfahren, die nicht den oben angegebenen Gruppen zugeordnet werden können, liegen außerhalb des Anwendungsbereiches dieser Norm, die ausschließlich Technikgruppen behandelt, die zum Zeitpunkt der Erstellung allgemein verfügbar waren.

BILD 2: Übersicht Reparaturverfahren in Anlehnung an DIN EN 15885

Bild 3: Übersicht Renovierungsverfahren in Anlehnung an DIN EN 15885

Renovierung

- Rohrstrangverfahren
- Close-Fit-Verfahren
- Vor-Ort-härtendes-Schlauchlining
- Einzelrohrverfahren
- Wickelrohrverfahren
- Verfahren mit fest verankerter Kunststoffauskleidung
- Rohrsegmentverfahren
- Beschichtungsverfahren
- Weitere Renovierungsverfahren *)

*) Andere Renovierungsverfahren, die nicht den oben angegebenen Gruppen zugeordnet werden können, liegen außerhalb des Anwendungsbereiches dieser Norm, die ausschließlich Technikgruppen behandelt, die zum Zeitpunkt der Erstellung allgemein verfügbar waren.

Bild 4: Übersicht Erneuerungsverfahren in Anlehnung an DIN EN 15885

Erneuerung

- Erneuerung mit Berstverfahren
- Erneuerung mit Pipe-Eating-Verfahren
- Weitere Erneuerungsverfahren *)

*) Weitere Erneuerungsverfahren, die nicht den oben angegebenen Gruppen zugeordnet werden können oder mit neuer Linienführung eingebaut werden, liegen außerhalb des Anwendungsbereiches dieser Norm.

Sanierungs werkstoffe

1. Sanierungswerkstoffe

(Andreas Haacker)

1.1 Kunststoffe Basiswissen

1.1.1 Historie, Definition, Klassifizierung/Herkunft

Vor fast zwei Jahrhunderten wurde in Amerika die Basis für die Erfolgsgeschichte des Kunststoffs gelegt: Der Amerikaner Charles Nelson Goodyear entdeckte 1839 durch Zufall die Vernetzbarkeit des Kautschuks: Beim Tüfteln fällt ihm eine Schwefel-Kautschuk-Mischung auf eine heiße Herdplatte – die Geburtsstunde des Gummis. Wenig später verband der britische Kutschenbauer Thomas Hancock Textilfasern mit Gummi, um seine Fahrgäste vor Regen zu schützen. Das typisch nordeuropäische Wetter war somit also mit verantwortlich für die Entstehung der Faserverbundwerkstoffe. Kunststoffe gehören heute zu den wichtigsten Werkstoffen in der industriellen Fertigung. Auf den ersten Blick erscheint die Definition recht eindeutig zu sein: Kunststoffe = künstlich hergestellte Stoffe? Ganz so einfach ist es nicht, zumal es viele Werkstoffe gibt, die diese Prämisse erfüllen, aber eben nicht zu den Kunststoffen zählen.

Es gibt einige wenige aber entscheidende Merkmale, mit denen sich Kunststoffe von anderen Stoffen unterscheiden. Die Vielzahl verschiedener Kunststoffe lässt sich anhand ihrer chemischen Herkunft und ihrer Herstellung zusammenfassen:

Kunststoffe bestehen aus organischen, monomeren Molekülen, die sich zu Polymeren verbunden haben. Dieser Prozess kann synthetisch oder durch Abwandeln von Naturprodukten erfolgen. Die verschiedenen Eigenschaften des einzelnen Kunststoffes – wie die Formbarkeit – werden über seine Kettenlänge, der Vernetzung der Ketten untereinander sowie der Morphologie bestimmt. Die am häufigsten am Aufbau beteiligten chemischen Elemente sind Kohlenstoff (C) und Wasserstoff (H). Der Begriff *organisch* verweist auf die Basis aller Kunststoffe, das chemische Element Kohlenstoff. Dieser ist Grundstoff aller natürlichen organischen Stoffe, wie zum Beispiel Seide, Holz oder tierische/pflanzliche Fette. Ein Beispiel für einen natürlichen anorganischen Stoff ist Sand.

Der Ausdruck *synthetisch* weist darauf hin, dass die zur Stoffentstehung notwendige chemische Reaktion künstlich initiiert wurde. Diese beruht auf dem künstlichen Zusammensetzen unterschiedlicher Molekülbausteine. Neben den rein synthetischen Kunststoffen gibt es auch abgewandelte Naturstoffe, wie zum Beispiel Gummi.

Monomere sind kleine organische Verbindungen die mindestens bifunktionell (also mit zwei Funktionen), meistens tri- und mehrfunktionell sind. Das bedeutet, sie haben zwei oder mehr funktionelle Seiten in ihrem Molekül, die sie zu einer weiteren Reaktion befähigen.

Ein Beispiel für ein Monomer ist das leicht brennbare Gas Ethylen. Es wird hergestellt durch Aufspaltungsprozesse (Cracken) aus Rohbenzin. Die chemische For-

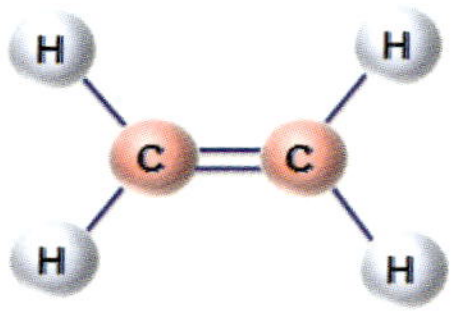

Bild 1.1: Ethylen-Monomer

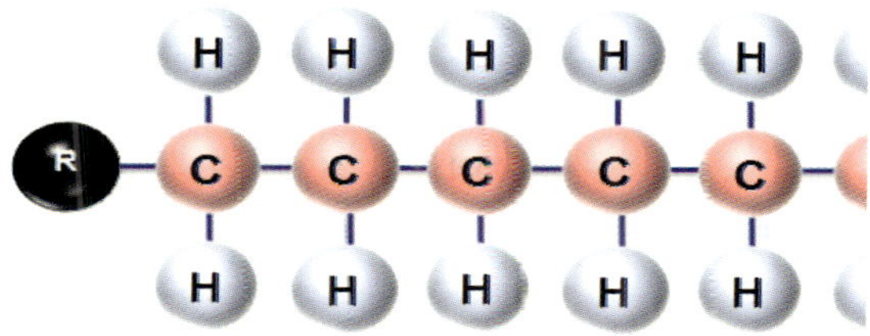

Bild 1.2: Schematische Darstellung eines Polymers – hier: Polyethylen. Entscheidend für die Entstehung ist das freie Radikal (R°), das an der Reaktion teilnimmt und nach der Reaktion zum Rest (R) wird.

mel für Etyhlen ist C_2H_4. Es ist der Basisbaustein für die Herstellung von Polyethylen und Polypropylen.

Ein *Polymer* (oder auch Makromolekül) ist eine sich periodisch wiederholende Anordnung von meist gleichartigen Molekülbausteinen. Ein Beispiel für ein Polymer ist der Kunststoff Polyethylen (**Bild 1.2**).

Als *Polymerisation* wird eine chemische Reaktion bezeichnet, bei der Monomere zu Polymeren reagieren (siehe nächstes Kapitel). *Kunststoffe* werden deshalb auch *Polymere* genannt. Der Begriff leitet sich aus den griechischen Begriffen poly = viel und meros = Teil ab. Die drei Begriffe *Kunststoffe, Polymere, Makromoleküle* werden meist synonym gebraucht.

Verarbeitungstechnisch kennzeichnend ist, dass trocken schüttbare oder flüssige Kunststoff-Rohstoffe in fließbarem Zustand spanlos zu Halbzeugen oder Formteilen umgeformt werden. Kunststoff-Formmassen werden bei erhöhter Temperatur als „struktur-viskose“ Schmelze verarbeitet. Die Formbarkeit findet auch ihren Ausdruck im Begriff Plastik (griechisch: plastikos = formen/formbar), der im deutschen Sprachraum nicht mehr so geläufig ist. Der Begriff entstammt der veralteten Auffassung „plastischer Fließbarkeit“ solcher Schmelzen.[1]

In der Regel ist die Ausgangsbasis synthetischer Kunststoffe Mineralöl als Lieferant für Kohlenwasserstoffverbindungen. Grundsätzlich ist es jedoch möglich, Kunststoffe auch auf Basis pflanzlicher Öle zu synthetisieren. Wirtschaftliche Bedeutung haben diese Verfahren jedoch nicht. Als Basis für abgewandelte Naturstoffe werden natürliche Quellen wie zum Beispiel Kautschuk oder auch Zellulose verwendet. Im Bereich der Rohrherstellung finden abgewandelte Naturstoffe keine Anwendung.

Eine gängige Methode der Einteilung von Kunststoffen zeigt **Bild 1.3** mit entsprechenden Beispielen.

---

[1] Saechtling: Kunststoff-Taschenbuch. 24. Ausgabe

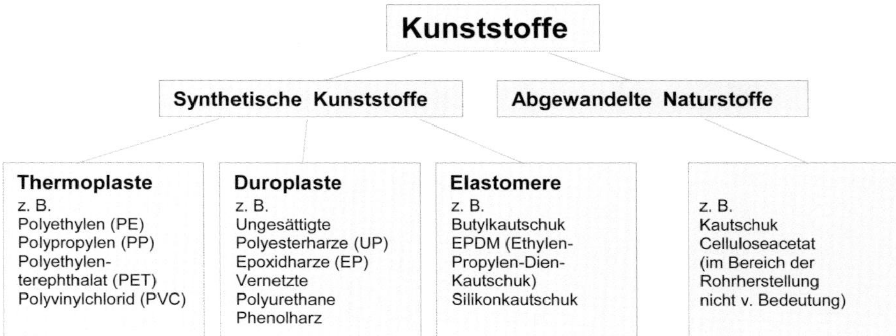

BILD 1.3: Einteilung von Kunststoffen

1.2 Molekulare Beschaffenheit und Eigenschaften

Thermoplaste, Duroplaste und Elastomere finden gleichermaßen Anwendung bei der Sanierung von Kanälen. Ihre charakteristischen Eigenschaften sind ausschlaggebend für ihre jeweiligen Anwendungsbereiche, wie TABELLE 1.1 zeigt.

1.2.1 Polymerisation

Nahezu alle für die Technik bedeutenden Kunststoffe werden durch Synthesereaktionen hergestellt. Die Ausgangsstoffe liegen zunächst in Form von Monomeren vor. Die als Polymerisation bezeichnete Reaktion ist der Prozess, der zur Herstellung von Kunststoffen führt (BILD 1.4). Bei der chemischen Reaktion öffnen sich Bindungen, wodurch Bindungselektronen frei werden, die es den Monomeren erlauben, an die frei gewordene Bindung anzudocken. Die Fortsetzung dieses Prozesses führt zur Bildung der Kettenmoleküle. Ausgelöst wird dieser Prozess durch Katalysatoren oder Reaktionsinitiatoren.

Die Polymerisation ist ein wesentlicher Prozess bei der Betrachtung von Sanierungswerkstoffen. Im Bereich der Kanalsanierung ist die Polymerisation duroplastischer Harzsysteme von zentraler Bedeutung, da die chemische Reaktion auf der Baustelle erfolgt und das Endprodukt mit seinen Eigenschaften erst entsteht. Die dort hergestellten Reaktionsbedingungen sind somit entscheidend für die Qualität des Endproduktes.

Im Folgenden wird die radikalische Polymerisation am Beispiel der Härtung von Polyesterharzen vorgestellt. Polyestermolekülsegmente werden dabei mit Styrol zu einem hochvernetzen Duromer umgesetzt. Etwa 90 % aller Schlauchliner, die im kommunalen Abwassernetz eingebaut werden, werden auf Basis ungesättigter Polyesterharze hergestellt.

TABELLE 1.1: Charakteristische Eigenschaften von Thermoplasten, Duroplasten und Elastomeren

Hauptgruppe	Thermoplast	Duroplast	Elastomer
Schematische Darstellung der Kettenmoleküle	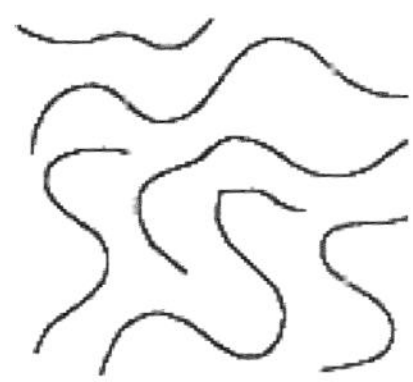	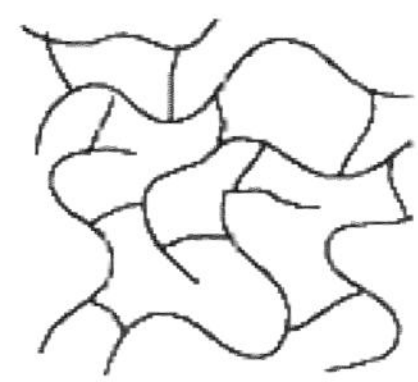	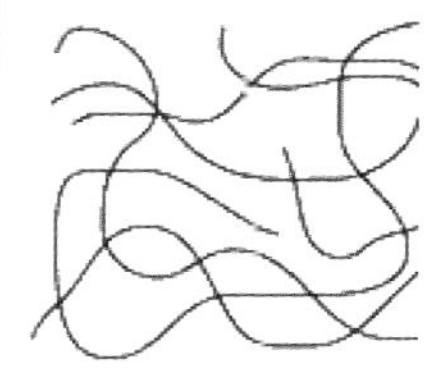
Vernetzungsart der Kettenmoleküle	linear/verzweigt, nicht untereinander vernetzt	stark vernetzt	schwach vernetzt
Schmelzverhalten	schmelzbar	nicht schmelzbar	nicht schmelzbar
Verformbarkeit	oberhalb spezifischer Temperaturen verformbar	nicht ohne Zerstörung verformbar	flexibel/elastisch
Bei Erwärmung	plastisch	hart und spröde, Zersetzung oberhalb bestimmter Temperaturen	Zersetzung oberhalb bestimmter Temperaturen
Beispiele	Polyethylen Polypropylen	ungesättigtes Polyesterharz (ISO-NPG-Harz, Ortho-NPG-Harz) Epoxydharz Polyurethanharz Phenolharz	Fluorkautschuk Butylkautschuk Isopren EPDM Elastomere Polyurethane

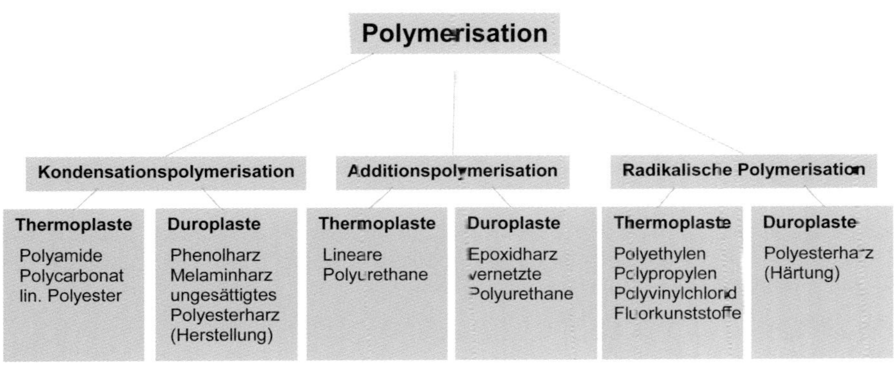

BILD 1.4: Herstellung von Kunststoffen

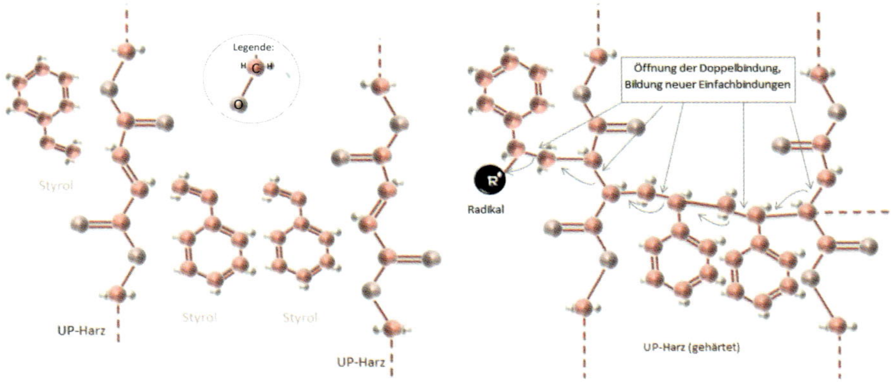

BILD 1.5: Radikalische Polymerisation als Prozess der Aushärtung von ungesättigtem Polyesterharz

Bei Anlieferung auf der Baustelle sind die Trägerfasern des Schlauchs mit dem Reaktionsharz, in diesem Fall mit dem UP-Harz, getränkt. Das UP-Harz enthält einen Styrolanteil von ca. 40 % (normativ 30–50 %). Das Harz ist zudem bereits mit Reaktionsinitiatoren versetzt, die sich bei der UV-Härtung, Warmhärtung, Härtung bei Umgebungstemperatur oder Kombinationshärtung durch UV-Strahlung oder Wärme zersetzen, was zur Freisetzung von Radikalen führt.

Diese Radikale (R°) setzen eine Kettenreaktion in Gang, bei der sich je zwei Styrolmonomere mit einem Polyesterharzmolekül verbinden. Die für die Polymerisation notwendigen reaktionsfähigen Doppelbindungen finden sich sowohl im ungesättigten Polyesterharz als auch im monomeren Styrol (BILD 1.5). Wird die Freisetzung von Radikalen verhindert bzw. gestoppt – etwa durch das Ausfallen einer Lampe (UV-Härtung) oder zu niedrige Temperaturen (Warmhärtung) – wird die Reaktion und der Härtungsprozess unterbrochen.

Eine weitere Polymerisation ist die Polyaddition. Sie zeichnet sich durch die intermolekulare Addition von unterschiedlichen Verbindungen mit reaktionsfähigen Gruppen aus, ohne dabei kleinere Moleküle abzuspalten. Stattdessen wandern meist Wasserstoffatome von einer Monomerart zur anderen. Die frei werdenden Valenzen führen zu einer Verknüpfung der Monomere zum Polymer.

Typische Polyadditionsreaktionen sind die Härtungsprozesse von Epoxidharzen sowie die von Polyurethan. EP-Harze werden in einer vergleichsweise komplexen Reaktion gehärtet – als Beispiel für die Addition ist deshalb hier die einfachere Polyurethan-Härtung aufgeführt (BILD 1.6).

Die dritte wichtige Form der Polymerisation ist die Polykondensation. Sie verläuft als Sequenz vieler voneinander unabhängiger Einzelreaktionen. Monomere verbinden sich zunächst zu Dimeren, die ihrerseits im weiteren Verlauf mit weiteren Mo-

Bild 1.6: Additions-Polymerisation als Prozess zur Bildung von Polyurethan

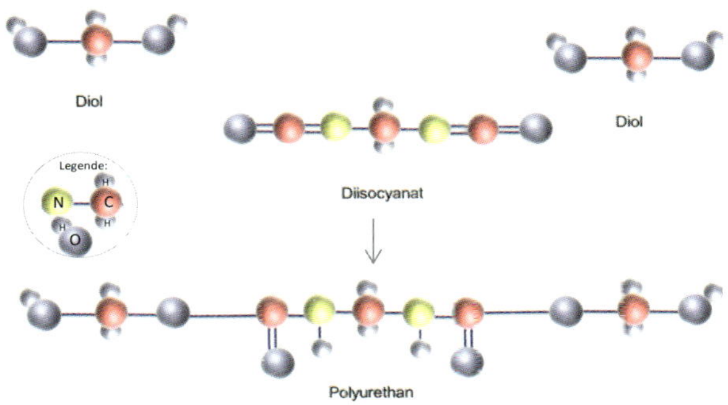

Bild 1.7: Polykondensation

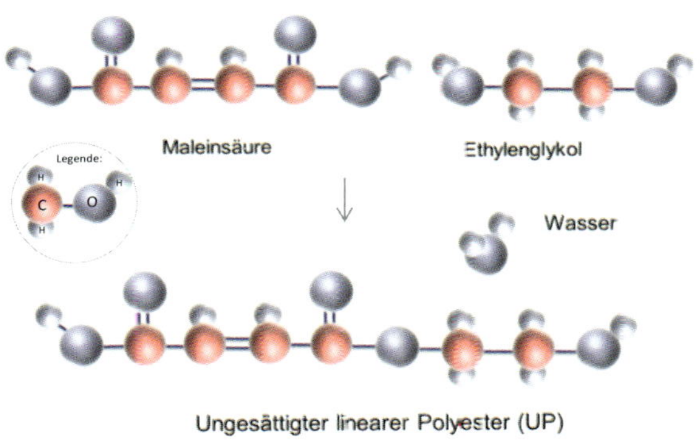

nomeren oder anderen Di- bzw. Oligomeren reagieren. Auf diese Weise entstehen sich verlängernde Polymerketten.

Typisch für die Polykondensation ist: Bei jedem Reaktionsschritt wird eine niedermolekulare Verbindung (z. B. Wasser, Alkohol, Kohlendioxid, Halogenwasserstoffe) abgespalten (**Bild 1.7**).

1.3 Kunststoffe in der Kanalsanierung

1.3.1 Thermoplaste

Im Bereich der Rohrherstellung und Kanalsanierung kommen unterschiedliche thermoplastische Sanierungswerkstoffe zum Einsatz (**Tabelle 1.2**).

Polyethylen wird in großen Anlagen petrochemisch hergestellt und liegt in Form von Granulat zur Weiterverarbeitung vor. Die jeweils unterschiedlichen molekularen Strukturen des Materials werden durch jeweils unterschiedliche Verfahren hergestellt (**Tabelle 1.3**).

TABELLE 1.2: Thermoplastische Sanierungswerkstoffe

Material	Abkürzung
Polyethylen High Density	PE-HD
Polyethylen Medium Density	PE-MD
Polyethylen Low Density	PE-LD
Polyethylen Linear Low Density	PE-LLD
Vernetztes Polyethylen	PE-X
Polyvinylchlorid	PVC
Polypropylen	PP

TABELLE 1.3: Molekulare Strukturen von PE

Verfahren	Art	Dichte [g/m³]	Kristallinitätsgrad [%]
Niederdruckverfahren (lineares PE)	PE-HD PE-MD	0,942–0,960 0,930–0,940	60–80 50–60
Hochdruckverfahren (verzweigtes PE)	PE-LD	0,915–0,930	40–50

Beim Übergang von der Schmelze in den festen Zustand können sich die Molekülketten zu kristallinen Bereichen ordnen. Dabei gilt: Je kürzer die Hauptmolekülketten und je geringer die Verzweigung, desto höher ist die Kristallinität. Zunehmende Dichte bzw. eine erhöhte Kristallinität führen zu einer höheren Zugfestigkeit, Stei-

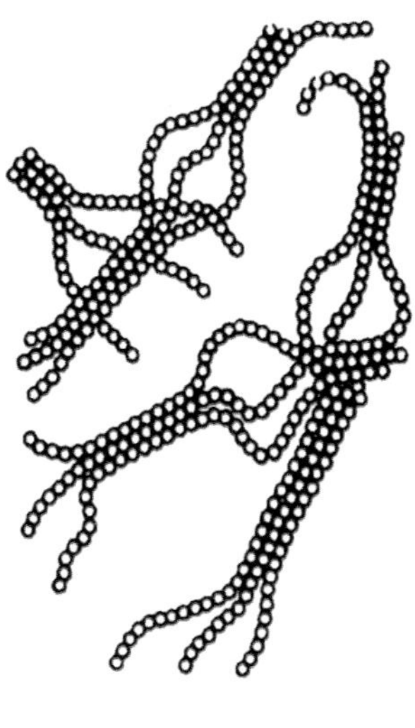

BILD 1.8: Polyethylen-Makromoleküle

figkeit sowie Chemikalienbeständigkeit. Polyethylen-Makromoleküle lassen sich darüber hinaus dreidimensional vernetzen (PE-X). Durch die räumliche Vernetzung wird die Temperaturbeständigkeit verbessert sowie die Schlagzähigkeit und die Spannungsrissbeständigkeit erhöht.

Die unterschiedlichen PE-Typen lassen sich nicht nur durch ihre mechanischen Eigenschaften, sondern auch durch ihre Dichte unterscheiden. Dabei bedeutet ein niedriger Kristallinitätsgrad auch eine geringere Dichte. Interessant ist dieser Wert, wenn Stoffe miteinander verschweißt werden sollen. Dies ist nur dann möglich, wenn sie den gleichen Schmelzbereich haben und von der Dichte zueinander passen.

PE zeichnet sich durch folgende grundsätzliche Eigenschaften aus:

- geringe Wasseraufnahme
- gutes Gleitverhalten
- geringer Verschleiß
- sehr gut spanabhebend und spanlos zu verarbeiten
- Verbrennungsprodukte CO_2 und H_2O
- beständig gegen fast alle Lösungsmittel ($T < 60$ °C), bei Raumtemperatur unlöslich, bei erhöhter Temperatur nur in wenigen Lösungsmitteln löslich, z. B. in 1,2,4-Trichlorbenzol, in Xylol oder in Hexan.

Eine Übersicht über die Größenordnung der Materialeigenschaften gibt TABELLE 1.4.

Zu beachten sind folgende Materialeigenschaften, die aus den gezeigten Daten resultieren:

- PVC-U, PVC-C und GFK sind nicht schmelzbar.
- Aufgrund der dreidimensionalen Vernetzung von PE-X sind Verschweißungen nur eingeschränkt möglich.

TABELLE 1.4: Übersicht der Materialeigenschaften von Kunststoffen, die in der Kanalsanierung eingesetzt werden

Eigenschaft	PVC-U	PVC-C	PE-HD	PE-X	PP	GFK [1]
Dichte [g/cm³]	1,4	1,55	0,95	0,95	0,93	1,5–1,8
Streckspannung	**56**	**70**	**23**	**18**	**30**	—
Dehnung bei Streckspannung [%]	5	5	15	5	15	—
Zugfestigkeit [N/mm²]	45–55	65	23–29	18–25	30–33	120–350
Reißdehnung [%]	20	10	800	500	700	2–4
Elastizitätsmodul [N/mm²]	3000	3000	900	700	1200	7000–20.000
Schmelzpunkt [°C]	—	—	130	133	160	—
Linearer Ausdehnungskoeffizient [K^{-1}]	$0,8 \cdot 10^{-4}$	$0,7 \cdot 10^{-4}$	$2 \cdot 10^{-4}$	$1,4 \cdot 10^{-4}$	$1,5 \cdot 10^{-4}$	$0,2 \cdot 10^{-4}$

1 Die Kennwerte von GFK sind zum Vergleich angegeben, sie variieren je nach Glasgehalt.

- Bei Temperaturänderungen können sich Kunststoffrohre erheblich ausdehnen oder schrumpfen.
- Wegen der hohen elektrischen Durchgangswiderstände werden Kunststoffe z. B. als Isolationsmaterial für Kabel eingesetzt. Erhöhte Vorsicht ist geboten: Bei hohem Durchgangswiderstand ist eine statische Aufladung möglich. Dadurch besteht in Verbindung mit entzündlichen Gasen Explosionsgefahr!

Polyethylen (PE) und Polypropylen (PP) lassen sich hingegen grundsätzlich gut verschweißen. Sie können unter Kanalbedingungen nicht verklebt werden. Auch mit An- und Auflaminaten sowie mit Mörtelsystemen können keine dauerhaft dichtenden Verbindungen mit PE und PP hergestellt werden. Möglich sind mechanische Verbindungen, wie z. B. Flansche, Muffen mit elastomeren Dichtungen oder Verschraubungen.

PVC-C lässt sich mechanisch verbinden oder verkleben, nicht verschweißen.

PE-HD wird in den Sanierungsverfahren Einzelrohr- und Rohrstranglining, Berstlining, Reduktions- und Verformungsverfahren (Close-Fit-Lining) eingesetzt. Der Werkstoff kann ebenfalls zur Auskleidung von Schachtbauwerken verwendet werden. PE-HD kann verschweißt und auch gesteckt werden. PE-HD-Rohre zum Stecken werden beispielsweise beim Einzelrohrlining verwendet.

Für das Verformungsverfahren (Close-Fit-Verfahren) nutzt man eine besondere Eigenschaft von Polyethylen, den Memory-Effekt. Die amorphen Bereiche lösen sich bei deutlich niedrigeren Temperaturen als die kristallinen Strukturen. In der Produktion wird das zunächst runde Rohr unterhalb der Kristallitschmelztemperatur vorverformt (C- bzw. U-Form) und anschließend abgekühlt. Dabei werden die amorphen Bereiche gestreckt. Das Rohr kann begünstigt durch die Verformung platzsparender auf Trommeln gewickelt werden. Bei der nachfolgenden Installation in ein schadhaftes Altrohr, wird das Material wieder auf das gleiche Temperaturspektrum erwärmt, so dass die amorphen Bereiche in ihre ursprüngliche (runde) Form zurückgehen. Dies wird als Memory-Effekt bezeichnet.

1.3.1.1 PP (Polypropylen)

PP wird im Bereich der Kanalsanierung für das Einzelrohr- und Berstlining eingesetzt. Das Einzelrohrlining kann mit und ohne Ringraum ausgeführt werden. Die Beanspruchungen auf das Material sind dabei sehr unterschiedlich. PP bietet bei diesem Verfahren den Vorteil einer hohen Steifigkeit, einer hohen Oberflächenhärte sowie einer hohen Festigkeit. Die Rohrmodule werden als Stecksystem sowie zum Verschweißen angeboten.

Polypropylen bietet gegenüber den anderen hier aufgeführten Thermoplasten den Vorteil einer höheren Temperaturbeständigkeit. In Abhängigkeit von der mechanischen Belastungen können Medientemperaturen bis zu 90–100 °C eingeleitet werden. Dies ist im Einzelfall nachzuweisen, da Temperaturen bei Thermoplasten zu höheren Kriechfaktoren und damit zu geringeren Langzeiteigenschaften führen.

1.3.1.2 PVC (Polyvinylchlorid)

Rohre aus PVC werden im Bereich der Kanalsanierung beim Einzelrohrlining sowie beim Close-Fit-Verfahren verwendet. PVC ist in seinen Grundeigenschaften hart und spröde. Durch Zusatzstoffe wie Weichmacher und Stabilisatoren wird PVC weich und formbar. Kurzrohrmodule aus PVC werden über Stecksysteme verbunden. Im Bereich der Close-Fit-Technik werden die Rohre wie PE-HD-Close-Fit-Rohre in der Produktion gefaltet und unter Dampf im Rahmen der Installation wieder aufgeweitet.

PVC zeichnet sich gegenüber PE-HD und PP durch einen deutlich höheren E-Modul aus. Das Material ist damit steifer und bietet bei geringerer Wanddicke im Vergleich zu anderen Thermoplasten gleiche Festigkeiten. PVC ist im Wesentlichen amorph, so dass einige Eigenschaften von Thermoplasten geringer ausgebildet sind. Weiterhin ist PVC bedingt durch den molekularen Aufbau über Ethylen und Chlor polar. Polare Werkstoffen können geklebt werden. Diese Eigenschaft bietet im Bereich der Kanalsanierung gegenüber PE-HD und PP die Möglichkeit einer weiteren Verbindungstechnik. Geschweißte Verbindungen kommen dagegen nicht zum Einsatz.

Im Rohrleitungsbau finden ausschließlich weichmacherfreie PVC-Produkte Anwendung (PVC-U). Bei PVC-C handelt es sich um ein chloriertes PVC mit etwa 65 % Chloranteil, das eine höhere Wärmeformbeständigkeit aufweist.

1.3.2 Duroplaste

1.3.2.1 Verbundwerkstoffe/Schlauchliner

Duroplastische Werkstoffe sind die wesentlichen Bestandteile des Schlauchliners – in Form des aushärtbaren Harzes als Matrix, in der das Fasermaterial eingebettet wird. Ein flexibler Schlauch wird werksseitig mit dem duroplastischen Harz imprägniert, die Härtung auf der Baustelle in Gang gesetzt und somit das statisch tragende Rohr vor Ort hergestellt. Harze bilden aber nur einen Teil der so genannten Verbundwerkstoffe. Erst in Verbindung mit dem Trägermaterial bilden sie das Endprodukt mit den jeweiligen statischen Eigenschaften. Unterschieden werden zwei große Gruppen von Schlauchlinern: Synthesefaserliner und glasfaserverstärkte (GFK-) Liner. Bei den Synthesefasersystemen dient die Faser dem Harz als Träger – sie hat keine verstärkende Funktion. Bei Glasfasersystemen übernimmt das Glas die verstärkende Funktion. Dadurch unterscheiden sich die Systeme bei gleicher mechanischer Anforderung in ihren Wanddicken.

Fasern/Trägermaterial

Schlauchlining-Systeme unterscheiden sich nicht nur durch die verwendeten Harze, sondern auch durch die Trägermaterialien. Bei Glasfaserlinern kommen typischerweise Wirrfasermatten oder Gewebematten bzw. Gelegematten als

Glasfaserkomplex zum Einsatz. Sowohl bei Synthesefasersystemen als auch bei Glasfasersystemen werden bei Bedarf zusätzliche Verstärkungen in Zugrichtung eingebracht.

Synthesefasern

Nadelfilze können aus unterschiedlichen Synthesefasern bestehen – typischerweise werden PES (Polyester)-Fasern, PET (Polyethylenterephtalat)-Fasern verwendet. Die Einzelfäden (Monofilamente) haben einen Durchmesser von etwa 25 bis 70 µm und sind dehnbar und komprimierbar. Die Filze sind sehr aufnahmefähig für Harz und dienen als Harzträger und haben ein Volumen von ca. 15 %. Hergestellt werden Filze durch Vernadelung von texturierten Stapelfasern. Dabei werden gekräuselte Fasern mit einer Schnittlänge von 50 bis 85 mm verwendet. Die innere Lage des Synthesefaserliners hat immer eine Kaschierung. Typischerweise werden verwendet:

- Niederdichtes Polyethylen (LDPE, LLDPE)
- Niederdichtes Polypropylen (LDPP)
- Polyurethane (PUR)

Gegenüber Polyethylen (PE)- und Polypropylen (PP)-Systemen zeichnen sich PUR-Systeme durch ihre hohe Flexibilität aus, was der Grund dafür ist, dass sie vorwiegend in kleinen Dimensionen wie zum Beispiel dem Hausanschlussbereich eingesetzt werden. Sie weisen aber eine geringere Beständigkeit gegenüber physikalischen und chemischen Belastungen auf. Typische Schichtdicken von Kaschierungen liegen im Bereich von 400 bis 500 µm (Hausanschlüsse: 200 bis 400 µm). Die Kaschierung der Filze wird über die Extrusion mit Breitschlitzdüse, Schmelzwalzenkalander oder über eine Verklebung vorgenommen.

Glasfasern

Beim Schlauchlining können unterschiedliche Glasfaser-Typen verwendet werden. E-Glas (E steht für „electronic") wurde ursprünglich für den Einsatz als Isolator für elektrische Leitungen entwickelt und gilt als Standardfaser.[2] Im Schlauchlining ist sie ebenfalls anzutreffen, wobei sie nicht korrosionsbeständig ist und wegen der Zugabe von Bortrioxid (B_2O_3) bei der Herstellung, das einen niedrigeren Schmelzpunkt erzeugt, nur in Regenwasserleitungen eingesetzt werden sollte. Ein weiteres Glas ist das ECR-Glas (CR = „Corrosion Resistant"), das korrosionsbeständig ist und in Abwasser- und Mischwasserleitungen Verwendung findet. Die Herstellung von ECR-Glas ist aufwändiger. Entwickelt wurde es durch die Firma Owens Corning (OCF), die diese Glasfasern heute unter dem Namen Advantex® anbietet. Inzwischen gibt es aber unterschiedliche Hersteller von ECR-Glasfasern.

---

2 Flemming, M.; Ziegmann, G.; Roth, S.: Faserverbundbauweisen: Fasern und Matrices, S. 57

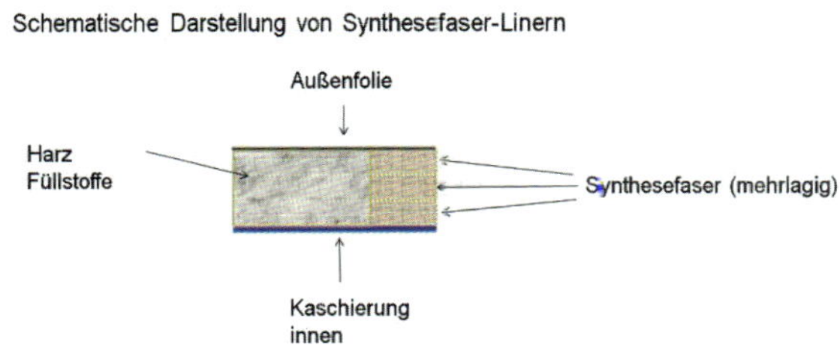

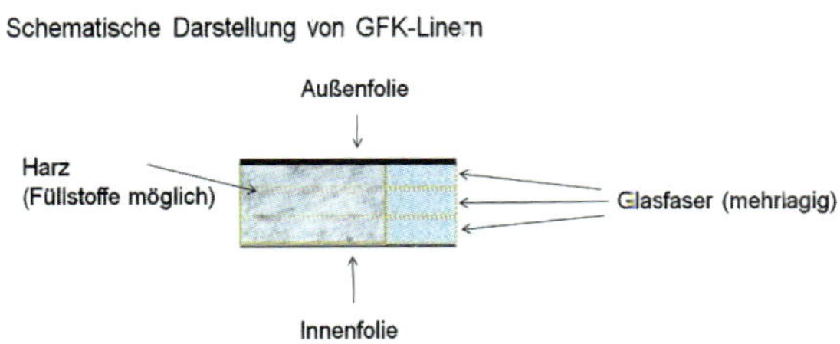

BILD 1.9: Aufbau von Synthesefaser- und GFK-Linern im Vergleich

E-Glas und ECR-Glas haben ähnliche mechanische Eigenschaften. Die Fasern beider Gläser weisen ein E-Modul von etwa 74.000 N/mm² auf. ECR-Glas verfügt aber über eine deutlich höhere chemische Beständigkeit, besonders gegen Säure. Die Bruchdehnung der Fasern liegt zwischen ca. 4,5 und 4,9 %.

Folien und Kaschierungen

Folien haben verschiedene Funktionen: Sie werden als Preliner, Innenfolien, Gleitfolien, Folien zum mechanischen Schutz gegen Beschädigungen während des Einbaus, Lichtschutz und Styrolbarriere eingesetzt. Innere Folien werden nach dem Einbau entfernt, äußere Folien verbleiben im Schlauchliner.

Kaschierungen auf der Innenlage oder Außenlage der Trägerfasern können als Bestandteil des Systems oder Einbauhilfe definiert sein. Als Bestandteil des Systems muss die Standzeit der Kaschierung der Standzeit des Systems entsprechen, sie haben folgende Funktionen: Einbauhilfe, Verschleißschicht (Schutz gegen Abrasion), Vermeidung von Laminatschädigungen während des Einbaus dadurch höhere Sicherheit gegen Laminatundichtigkeiten.

GFK-Schlauchliner haben typischerweise äußere und innere Folien als Einbauhilfen. Die inneren Folien werden nach dem Einbau entfernt. Kaschierungen durch eine thermoplastische Folie der inneren Glaslage sind auch bei GFK-Schlauchlinern möglich.

Bei *Synthesefaserlinern* finden sich äußere Folien, die nach dem Einbau verbleiben und innere Kaschierungen, die ebenfalls nach dem Einbau verbleiben. Sie sind entweder als Einbauhilfe oder als Bestandteil des Systems definiert.

- Sind Folien oder Kaschierungen Bestandteil des Systems, müssen sie der Standzeit des Systems entsprechen.
- Folien und Kaschierungen, die ausschließlich Einbauhilfen sind, gehören nicht zum wasserundurchlässigen und statisch tragenden Laminat.
- Kaschierungen, die als Bestandteil des Liners definiert sind, gehören nicht zum statisch tragenden Laminat.

Harze/Eigenschaften, Gruppen, Typen, Normen

Bei den duroplastischen Werkstoffen, die für das Schlauchlining relevant sind, werden folgende Materialien unterschieden:

- Reaktionsharze = flüssige oder schmelzbare Harze
- Reaktionsharzmassen = verarbeitungsfertige Mischungen aus Reaktionsharz, Füllstoffen, Härter und ggf. Beschleuniger
- Reaktionsharzformstoffe = gehärtete Reaktionsharzmassen

Als Reaktionsharze finden folgende Werkstoffe Verwendung (TABELLE 1.5).

TABELLE 1.5: Verwendete Reaktionsharze

Reaktionsharze	Abkürzung
Ungesättigte Polyesterharze	UP-Harze
Vinylesterharze	VE-Harze
Epoxidharze	EP-Harze
Polyurethanharze	PUR-Harze

Am häufigsten werden zur Herstellung von Schlauchlinern UP-Harzsysteme eingesetzt. Sie nehmen im öffentlichen Bereich in der haltungsweisen Sanierung einen Anteil von über 90 % ein. UP-Harzsysteme können industriell hergestellt werden und erlauben eine werksseitige Tränkung. Die getränkten Schläuche weisen eine hohe Lagerstabilität auf und lassen sich auf der Baustelle gut verarbeiten (zum chemischen Aufbau und zur Polymerisation vgl. Kap. 1.3).

Styrol

Im Prozess der Aushärtung von UP-Harzen wird das ungesättigte Polyester in Styrol gelöst. Das Styrol übernimmt als Monomer die Funktion eines Lösungsmittels und als Reaktionspartner für die ungesättigten Strukturen. Styrol ist ein reaktiver Verdünner, der sich an chemischen Reaktionen beteiligt und nach der erfolgreichen Härtung chemisch gebundener Bestandteil der Makromoleküle ist. Er senkt die Viskosität des Harzsystems. Die Härtung gilt im technischen Sinne als erfolgreich, wenn der Reststyrolgehalt im Harz kleiner als 2 % ist.

Harzgruppen

In Schlauchlinern kommen zwei Arten ungesättigter Polyesterharze zum Einsatz: Iso-NPG-Harz und Ortho-NPG-Harz (siehe TABELLE 1.6). Entsprechend DIN 18820 gehören beide Harze der Gruppe 3 an. Sie erfüllen beide die Anforderungen gemäß DIN 16946 Teil 2, Typ 1130 oder 1140.

TABELLE 1.6: Ungesättigte Polyesterharze in Schlauchlinern im Vergleich

Iso-NPG-Harz	Ortho-NPG-Harz
UP-Harz auf Basis von Isophthalsäure und Neopentylglykol	UP-Harz auf Basis von Orthophthalsäure und Neopentylglykol
Aufgrund der Reaktionscharakteristik vorteilhaft beim Abbau innerer Spannungen	Reaktiver, besser einzudicken

Erläuterung der Abkürzungen:

Iso-NPG: Isophthalsäure Neopentylglykol
Ortho-NPG: Orthophthalsäure-Neopentylglykol
EP: Epoxid
UP: Ungesättigtes Polyester
PUR: Polyurethan
VE: Vinylester

Die Harzgruppe gibt die stoffliche Zusammensetzung an, aus der auch die chemische Beständigkeit resultiert. Die Eigenschaften werden in DIN 16946 Teil 2 entsprechend der geforderten Typisierung definiert. Beim Gruppe-3-Harz ist das Neopentylglykol (NPG) entscheidend für die Beständigkeit.

EP-Harzsysteme werden vorwiegend beim Schlauchlining bis Nennweite 800 mm eingesetzt. Für die Hausanschlusssanierung werden sie häufig als Anschlussliner und Kurzliner eingebaut. Grund hierfür sind die mobilen Anlagen, die es ermöglichen erst auf der Baustelle die Schläuche mit Harz zu tränken und zu kalibrieren.

TABELLE 1.8 gibt einen Überblick der Unterschiede zwischen EP- und UP-Harzsystemen.

TABELLE 1.8: Unterschiede zwischen EP- und UP-Harzsystemen

Eigenschaften EP-Harze	Eigenschaften UP-Harze
Hohe Beständigkeit gegenüber Alkalien	Hohe Beständigkeit gegenüber Säuren
Gute Haftung auf fast allen Materialien	Verklebungen mit anderen Materialien möglich, Grenzflächenspannungen können bei kurzer Reaktionszeiten zur Ablösung führen
Tränkung auf der Baustelle möglich (kurze Lagerstabilität), wenn die technischen Voraussetzungen dafür erfüllt sind.	Werksseitige Herstellung des ungehärteten Vorproduktes möglich
Stöchiometrische Mischung (genaue Einhaltung des Harz-/Härter-Verhältnisses) erforderlich	Weniger Fehlermöglichkeiten bei der Dosierung der Reaktionsmittel
Geruchsarm, aber Auslöser von allergischen Reaktionen bei der Verarbeitung	Früh wahrnehmbarer Geruch, weniger toxisch bei der Verarbeitung
Keine UV-Härtung möglich	UV-Härtung möglich (kurze Härtungszeiten)
Niedrigere Schwindung, die schon bei der Gelierung einsetzt, kein Spannungsaufbau durch Reaktionsschrumpf im gehärteten System	Schrumpfung bei der Aushärtung ca. 7 bis 8 % (Volumen-% bezogen auf die reine Harzmatrix)

Bei nicht erfolgreicher Härtung geben beide Systeme Monomere ab, die gesundheitsschädlich sein können. Der im technischen Sinne gehärtete Reaktionsformstoff ist jedoch gesundheitlich unbedenklich.

VE-Harzsysteme hingegen werden in Bereichen mit starker chemischer und thermischer Belastung und für industrielle Abwässer, z. B. bei Brauereien, Molkereien oder Raffinerien eingesetzt. Der Grund: VE-Harze sind in Bezug auf ihre thermische und chemische Tauglichkeit höherwertiger als UP-Harze (DIN 18820 Teil 1), sie haben gemäß DIN 16946, Teil 2 mindestens den Anforderungen des Typ 1310 und 1330 zu genügen.

Literatur

Das Deutsche Institut für Normung (DIN) hat für die verschiedenen Harze Normen herausgegeben, die in folgender Übersicht dargestellt werden.

Norm	Titel	Inhalt
DIN 18820 [1]	Laminate aus textilglasverstärkten ungesättigten Polyester- und Phenacrylatharzen für tragende Bauteile (GF-UP, GF-PHA); Aufbau, Herstellung und Eigenschaften	Einteilung von UP-Harzen und VE-Harze in 6 Gruppen einschließlich Typeneinteilung nach DIN 16946-2
		Chemischer Aufbau
		Chemische Beständigkeit, mechanische und thermische Eigenschaften
DIN EN 13121-1 (10-2003)	Oberirdische GFK-Tanks und -Behälter – Teil 1: Ausgangsmaterialien; Spezifikations- und Annahmebedingungen	Geltungsbereich für Tanks und Behälter, Anwendung aber auch auf Liner, ebenfalls Gruppeneinteilung der Harze
DIN 16946-2 (03-1989)	Reaktionsharzformstoffe; Gießharzformstoffe; Typen	Einteilung der UP-Harze in Typen
		Kenngrößen u. a. aus Zug- und Biegeversuchen, Glasübergangstemperatur, Wärmeformbeständigkeit

[1] inzwischen zurückgezogen, Hinweise darauf finden sich aber in vielen Regelwerken. Ersatznorm ist die DIN EN 13121-1

Zu beachten ist der Unterschied der Begriffe *Harzgruppen* und *Harztypen*. Harzgruppen sind über ihre Zusammensetzung und Typeneinteilung in den jeweiligen Normen festgelegt (Gruppierung: DIN 18820, Typeneinteilung: DIN 16946-2). Die Gruppierung bezieht sich nur auf UP-Harze, die Typeneinteilung auf alle Harzsysteme. DIN EN 13121 und DIN 18820 haben unterschiedliche Gruppeneinteilungen.

- NPG-Harze: Gruppe 3 DIN 18820 = Gruppe 4 DIN EN 13121
- VE-Harze: Gruppe 5 DIN 18820 = Gruppe 7a/b, 8 DIN EN 13121

Fehler bei
Reparatu

2. Fehler bei der Reparatur

2.1 Kurzliner

(Ludger Wehr)

2.1 Kurzliner

2.1.1 Verfahrensbeschreibung

Kurzliner-Verfahren werden zur Behebung örtlich begrenzter Schäden eingesetzt. Sie zählen somit zu den Reparaturverfahren und haben vornehmlich die Abdichtung von Kanalabschnitten zum Ziel, die durch

- undichte Rohrverbindungen,
- Radialrisse,
- Löcher,
- Scherbenbildungen oder
- Längsrisse

geschädigt sind.

Die „Kurzschläuche" sind in der Regel zwischen 0,5 bis 1,50 m lang; einzelne Verfahren bieten die Möglichkeit bis zu 25 m lange Kurzschläuche zu installieren. Kurzliner werden im Regelfall auf der Baustelle hergestellt. Dazu wird ein Kunstharz aus zwei oder drei Komponenten gemäß Herstellerangaben gemischt. Eine entsprechend der Schadstelle zugeschnittene Glasfasermatte oder ein Synthesefaserfilz wird mit dem flüssigen Harzgemisch getränkt. Anschließend wird die getränkte Trägermatte auf einen aufblasbaren Packer aufgezogen, der der Rohrnennweite entsprechend dimensioniert ist und unter Kamerabeobachtung an die zu reparierenden Schadstellen eingezogen oder -geschoben. Der Einbau erfolgt nach sorgfältiger Reinigung und unter Aufrechterhaltung der Vorflut (Abflusslenkung). An der Schadstelle wird der Packer mittels Druckluft aufgeweitet und der getränkte Kurzliner vollflächig und überlappend an das Altrohr gepresst. Dabei dringt das Harz auch in Rohrmuffen, Risse und zwischen Scherben ein. Nach Erhärten des Harzes, je nach Verwendung der Reaktionskomponenten zwischen 45 Minuten bis zehn Stunden, kann der Packer entspannt und zurückgezogen werden. Die Entschalungszeiten sind von den verwendeten Harzen, den Temperaturen des Baugrundes und der Reaktionsharzmasse, sowie der Oberflächenbeschaffenheit oder ggf. anstehendem Grundwasser abhängig.

Auch wenn Kurzliner in den Bereich der Reparaturverfahren eingestuft sind, müssen sie Mindestansprüchen über die angesetzte Lebensdauer, die in der Literatur mit ca. 5 bis 15 Jahren angegeben wird, genügen.

Der durch Kurzliner reparierte Kanal muss nach den allgemein anerkannten Regeln der Technik dicht, standsicher und resistent gegen physikalische, chemische, biochemische und biologische Angriffe des Abwassers und auch widerstandsfähig gegen mechanischen Angriff z. B. bei der Kanalreinigung sein. Kurzliner müssen gegen häusliches und kommunales Abwasser gem. DWA-M 115 resistent sein. Abweichende Betriebsbedingungen (z. B. Industriekanäle) erfordern eine spezifische Werkstoffauswahl.

Dies gilt auch dann, wenn der Einsatz von Kurzlinern dazu dient, die Nutzungsdauer von Kanälen mit Einzelschäden bis zu einer grundlegenden Sanierung zu verlängern. Dementsprechend sind sowohl an das Verfahren an sich als auch an das ausführende Unternehmen zu erfüllende Anforderungen zu stellen, die im einschlägigen Regelwerk definiert sind.

Ziel der Reparatur ist eine Verbindung des Kurzliners mit dem Altrohr. Da eine vollflächige Verklebung mit der Oberfläche des Altrohres in der Atmosphäre eines Kanales kaum möglich ist, bietet sich nur ein sicherer Formschluss an, der mit der gebrochenen Struktur des Altrohres und durch die entsprechende Untergrundvorbereitung erreicht wird.

2.1.2 *Mögliche Fehler beim Kurzlinerverfahren*

Nachfolgend sind in TABELLE 2.1.1 mögliche erkennbare Fehler, Ursachen und Möglichkeiten der Fehlervermeidung aufgeführt und im weiteren Text näher erläutert.

TABELLE 2.1.1: Fehlermatrix

Erkennbare Fehler im Einbauzustand	Mögliche Ursache	Möglichkeit der Fehlervermeidung	Kapitel
Axial verlaufende Falten	Getränkte Matte während des Einziehens verrutscht	Geeignete Packer verwenden Packer auf Unterziehfolie einziehen, Folie vor Setzen des Packers entfernen Getränkte Matte auf Packer unverschiebbar befestigen	2.1.4.9
	Ungenügender Arbeitsdruck	Einbauanweisung des Herstellers beachten Arbeitsdruck überwachen Umgebungstemperatur im Kanal messen und berücksichtigen Harztemperatur messen	2.1.4.7
	Ungenügende Hindernis-entfernung	Abwasserüberleitung vor Untergrundvorbehandlung aufbauen Unmittelbar nach mechanischer Untergrundvorbehandlung reinigen und unter Abwasserüberleitung einbauen Hindernisentfernung mittels optischer Inspektion kontrollieren	2.1.4.1
	Falsch gewählte Topfzeit	Einbauanweisung des Herstellers beachten Umgebungstemperatur im Kanal messen und berücksichtigen Harztemperatur messen	2.1.4.3
	Zu frühes Entfernen des Packers	Einbauanweisung des Herstellers beachten Umgebungstemperatur im Kanal messen und berücksichtigen Aushärtezeit einhalten	2.1.4.8

Erkennbare Fehler im Einbauzustand	Mögliche Ursache	Möglichkeit der Fehlervermeidung	Kapitel
Axial verlaufende Falten (Forts.)	Nichtbeachtung der Arbeitstemperatur	Mischanweisung des Herstellers beachten Umgebungstemperatur im Kanal messen Harztemperatur messen	2.1.4.3
	Vorzeitige Aushärtung	Temperaturvorgaben der Einbauanweisung des Herstellers einhalten Umgebungstemperaturen beim Tränken beachten Nicht auf warmer Oberfläche (Straße) tränken Komponenten vor Umwelteinflüssen (Temperaturen, Luftfeuchtigkeit usw.) schützen	2.1.4.6
	Falsche Dimension	Kalibrierung	2.1.3.2
Radial verlaufende Falten	Getränkte Matte während des Einziehens verrutscht	Geeignete Packer verwenden Packer auf Unterziehfolie einziehen, Folie vor Setzen des Packers entfernen Getränkte Matte auf Packer unverschiebbar befestigen	2.1.4.9
	Ungenügender Arbeitsdruck	Einbauanweisung des Herstellers beachten Arbeitsdruck überwachen Umgebungstemperatur im Kanal messen und berücksichtigen Harztemperatur messen	2.1.4.7
	Ungenügende Hindernisentfernung/ Versatz	Abwasserüberleitung (Abflusslenkung) vor Untergrundvorbehandlung aufbauen Hindernisentfernung und diese mittels optischer Inspektion kontrollieren Unmittelbar nach mechanischer Untergrundvorbehandlung reinigen	2.1.4.1
	Falsch gewählte Topfzeit	Einbauanweisung des Herstellers beachten Umgebungstemperatur im Kanal messen Harztemperatur messen	2.1.4.3
	Zu frühes Entfernen des Packers	Einbauanweisung des Herstellers beachten Umgebungstemperatur im Kanal messen und berücksichtigen Harztemperatur messen Standzeit einhalten	2.1.4.8
	Nichtbeachtung der Arbeitstemperaturen	Mischanweisung des Herstellers beachten Umgebungstemperatur im Kanal messen und berücksichtigen Harztemperatur messen	2.1.4.3

Erkennbare Fehler im Einbauzustand	Mögliche Ursache	Möglichkeit der Fehlervermeidung	Kapitel
Radial verlaufende Falten (Forts.)	Vorzeitige Aushärtung	Umgebungstemperaturen beim Tränken beachten und berücksichtigen Nicht auf warmer Oberfläche (Straße) tränken Materialtemperaturen einhalten Komponenten vor Umwelteinflüssen (Temperaturen, Luftfeuchtigkeit usw.) schützen	2.1.4.6
	Stauchung bei Einbau in Kurvenbereichen	Kaum vermeidbar Technische Machbarkeit vorab prüfen Einbauanweisung des Herstellers beachten	2.1.4.12
Axial verlaufende Spalten	Falsche Dimension	Kalibrierung	2.1.3.2
	Zu geringe Längsüberlappung des getränkten Trägermaterials	Kalibrierung Ausreichend große Trägermatte wählen	2.1.3.2
	Zu kleiner Packer verwendet	Kalibrierung Ausreichend großen Packer verwenden	2.1.3.2
Spiralförmig verlaufende Falten Falten durch Stauchung	Verdrehung des Packers beim Einziehvorgang	Einbauanweisung des Herstellers beachten Verdrehung des Packers beim Einzug vermeiden	2.1.4.7
	Ungenügende Hindernisentfernung	Abwasserüberleitung vor Untergrundvorbehandlung aufbauen Unmittelbar nach mechanischer Untergrundvorbehandlung reinigen und unter Abwasserüberleitung einbauen Hindernisentfernung mittels optischer Inspektion kontrollieren	2.1.4.1
	Falsch gewählte Topfzeit	Einbauanweisung des Herstellers beachten Umgebungstemperatur im Kanal messen Harztemperatur messen	2.1.4.3
	Zu frühes Entfernen des Packers	Einbauanweisung des Herstellers beachten Umgebungstemperatur im Kanal messen Harztemperatur messen	2.1.4.8
	Nichtbeachtung der Arbeitstemperaturen	Mischanweisung des Herstellers beachten Umgebungstemperatur im Kanal messen Harztemperatur messen	2.1.4.3
	Vorzeitige Aushärtung	Umgebungstemperaturen beim Tränken beachten Nicht auf warmer Oberfläche (Straße) tränken Materialtemperaturen einhalten Komponenten vor Umwelteinflüssen (Temperaturen, Luftfeuchtigkeit usw.) schützen	2.1.4.6

Erkennbare Fehler im Einbauzustand	Mögliche Ursache	Möglichkeit der Fehlervermeidung	Kapitel
Beulen	Ungenügende Hindernis-entfernung	Abwasserüberleitung vor Untergrundvorbehandlung aufbauen Unmittelbar nach mechanischer Untergrundvorbe-handlung reinigen und unter Abwasserüberleitung einbauen Hindernisentfernung mittels optischer Inspektion kontrollieren	2.1.4.1
	Falsch gewählte Topfzeit	Einbauanweisung des Herstellers beachten Umgebungstemperatur im Kanal messen Harztemperatur messen	2.1.4.3
	Ungenügender Arbeitsdruck	Einbauanweisung des Herstellers beachten Arbeitsdruck überwachen Umgebungstemperatur im Kanal messen Harztemperatur messen	2.1.4.7
	Zu frühes Entfernen des Packers	Einbauanweisung des Herstellers beachten Umgebungstemperatur im Kanal messen Harztemperatur messen	2.1.4.8
	Nichtbeachtung der Arbeits-temperaturen	Mischanweisung des Herstellers beachten Umgebungstemperatur im Kanal messen Harztemperatur messen	2.1.4.3
	Vorzeitige Aushärtung	Umgebungstemperaturen beim Tränken beachten Nicht auf warmer Oberfläche (Straße) tränken Materialtemperaturen einhalten Komponenten vor Umwelteinflüssen (Temperaturen, Luftfeuchtigkeit etc.) schützen	2.1.4.6
Korrosion	Falsche Ausgangs-materialien	Nur von den Herstellern zugelassene Materialkombi-nationen verwenden (Empfehlung: nur Materialen mit DIBT-Zulassung verwenden) Belastung des Abwassers bei Auswahl des Harzes beachten (Temperatur, Chemie)	2.1.3.3
	Unzureichende Tränkung	Mischanweisung des Herstellers beachten Misch-/Rührzeit einhalten Rührgeschwindigkeit einhalten Materialtemperaturen einhalten Komponenten vor Umwelteinflüssen (Temperaturen, Luftfeuchtigkeit usw.) schützen Auf ausreichende Harzmenge und Verteilung achten	2.1.4.4
	Glaskorrosion	Beständige Glasfasermatten verwenden (ECR-Glas) Auf richtige Faltung der Glasfasermatten achten (Einbauanweisung des Herstellers)	2.1.3.3

Erkennbare Fehler im Einbauzustand	Mögliche Ursache	Möglichkeit der Fehlervermeidung	Kapitel
Freiliegendes Gewebe / fehlende Harzmatrix	Nichtbeachtung der Arbeitstemperaturen	Mischanweisung des Herstellers beachten Umgebungstemperatur im Kanal messen Harztemperatur messen	2.1.4.3
	Unzureichende Tränkung	Mischanweisung des Herstellers beachten Misch-/Rührzeit einhalten Auf ausreichende Harzmenge und Verteilung achten Rührgeschwindigkeit einhalten Materialtemperaturen einhalten Komponenten vor Umwelteinflüssen (Temperaturen, Luftfeuchtigkeit usw.) schützen	2.1.4.4
	Falsche Ausgangsmaterialien	Nur von den Herstellern zugelassene Materialkombinationen verwenden	2.1.3.3
	Falsche Lagerung des Materials	Lagertemperaturen lt. Herstelleranweisung einhalten Mindesthaltbarkeitsdatum der Materialien beachten Trägermaterial trocken lagern	2.1.3.4
	Harzauswaschungen	Vorabdichtung gegen Grundwasser Abwasserüberleitung aufbauen	2.1.3.6
	Harzverseifungen	Vorabdichtung gegen Grundwasser Abwasserüberleitung aufbauen	2.1.3.6
	Nicht abgestimmte Komponenten	Nur von den Herstellern zugelassene Materialkombinationen verwenden	2.1.3.3
	Fehlerhafte Mischung	Mischanweisung des Herstellers beachten Misch-/Rührzeit einhalten Rührgeschwindigkeit einhalten Materialtemperaturen einhalten Komponenten vor Umwelteinflüssen (Temperaturen, Luftfeuchtigkeit usw.) schützen	2.1.4.4
	Falsches Mischungsverhältnis	Vorgegebenes Mischungsverhältnis exakt einhalten Geeignete Dosiermittel verwenden	2.1.4.4
	Harz beim Einziehen des Packers abgestreift	Geeignete Packer verwenden Packer auf Unterziehfolie einziehen, Folie vor Setzen des Packers entfernen	2.1.4.11
	Packer beim Einbauen geknickt	Geeignete Packer verwenden Biegeradien der Packer lt. Herstelleranweisung beachten	2.1.4.11
	Unzureichende Abwasserüberleitung	Abwasserüberleitung vor Untergrundvorbehandlung aufbauen Unmittelbar nach mechanischer Untergrundvorbehandlung reinigen und unter Abwasserüberleitung einbauen	2.1.3.7

Erkennbare Fehler im Einbauzustand	Mögliche Ursache	Möglichkeit der Fehlervermeidung	Kapitel
Lufteinschlüsse	Unzureichende Tränkung	Luftblasenfreies Mischen (Rührgeschwindigkeit beachten)	2.1.4.4
	Ungenügender Arbeitsdruck	Einbauanweisung des Herstellers beachten Korrekten Packerdruck verwenden Packerdruck überwachen	2.1.4.7
Delaminierung der Lagen untereinander	Falsche Materialkomponenten	Abgestimmte Materialkomponenten verwenden Einbauanweisung des Herstellers beachten Mangelhafte Durchtränkung	2.1.3.3
	Ungenügender Arbeitsdruck	Korrekten Packerdruck verwenden Packerdruck überwachen	2.1.4.7
Mangelnder Verbund zum Altrohr	Falsche Ausgangsmaterialien (Harz)	Nur von den Herstellern zugelassene Materialkombinationen verwenden	2.1.3.3
	Fehlerhafte Mischung	Mischanweisung des Herstellers beachten Misch-/Rührzeit einhalten Rührgeschwindigkeit einhalten Materialtemperaturen einhalten Komponenten vor Umwelteinflüssen (Temperaturen, Luftfeuchtigkeit usw.) schützen	2.1.4.3
	Unzureichende Abwasserüberleitung, Kanal nicht trocken	Abwasserüberleitung vor Untergrundvorbehandlung aufbauen Unmittelbar nach mechanischer Untergrundvorbehandlung reinigen und unter Abwasserüberleitung einbauen	2.1.3.7
	Unzureichende Untergrundvorbehandlung	Entfernen der trennenden Substanzen (z. B. Entfernen der Glasur beim Steinzeugrohr) mittels mechanischer Reinigungsverfahren / Robotertechnik	2.1.4.2
	Frei werdende Schrumpfspannung	Abgestimmte Materialkomponenten verwenden Einbauanweisung des Herstellers beachten	2.1.3.3
	Thermisch bedingte Längenänderung nach der Abkühlung	Abgestimmte Materialkomponenten verwenden Einbauanweisung des Herstellers beachten	2.1.3.3
Schäden nicht überdeckt	Kurzliner zu kurz	Exaktes Einmessen des Schadensumfanges vor Einbau	2.1.3.9
	Kurzliner falsch gesetzt	Exakte Positionierung des Packers unter Beobachtung mit einer Kanalinspektionskamera	2.1.4.13

Erkennbare Fehler im Einbauzustand	Mögliche Ursache	Möglichkeit der Fehlervermeidung	Kapitel
Nichtbestandene Dichtheitsprüfung	Wie unter „freiliegendes Gewebe/fehlende Harzmatrix/ mangelhafte Durchhärtung“		
	Prüfpacker bei Dichtheitsprüfung falsch gesetzt	Packer korrekt an den Übergang vom Kurzliner zum Altrohr setzen	2.1.4.14
Mangelhafte Durchhärtung	Nichtbeachtung der Arbeitstemperaturen	Mischanweisung des Herstellers beachten Umgebungstemperatur im Kanal messen Harztemperatur messen	2.1.4.3
	Unzureichende Tränkung	Mischanweisung des Herstellers beachten Misch-/Rührzeit einhalten Rührgeschwindigkeit einhalten Materialtemperaturen einhalten Komponenten vor Umwelteinflüssen (Temperaturen, Luftfeuchtigkeit usw.) schützen	2.1.4.4
	Falsche Ausgangsmaterialien	Nur von den Herstellern zugelassene Materialkombinationen verwenden	2.1.3.3
	Falsche Lagerung des Materials	Lagertemperaturen lt. Herstelleranweisung einhalten Mindesthaltbarkeitsdatum der Materialien beachten Trägermaterial trocken lagern	2.1.3.4
	Harzauswaschungen	Vorabdichtung gegen Grundwasser Abwasserüberleitung aufbauen	2.1.3.6
	Harzverseifungen	Vorabdichtung gegen Grundwasser Abwasserüberleitung aufbauen	2.1.3.6
	Nicht abgestimmte Komponenten	Nur von den Herstellern zugelassene Materialkombinationen verwenden	2.1.3.3
	Fehlerhafte Mischung	Mischanweisung des Herstellers beachten Misch-/Rührzeit einhalten Rührgeschwindigkeit einhalten Materialtemperaturen einhalten Komponenten vor Umwelteinflüssen (Temperaturen, Luftfeuchtigkeit usw.) schützen	2.1.4.4
	Falsches Mischungsverhältnis	Vorgegebenes Mischungsverhältnis exakt einhalten Geeignete Dosiermittel verwenden	2.1.4.4
	Harz beim Einziehen des Packers abgestreift	Geeignete Packer verwenden Packer auf Unterziehfolie einziehen, Folie vor Setzen des Packers entfernen	2.1.4.11

Erkennbare Fehler im Einbauzustand	Mögliche Ursache	Möglichkeit der Fehlervermeidung	Kapitel
Mangelhafte Durchhärtung (Forts.)	Packer beim Einbauen geknickt (Außenradius, Überdehnung und Innenradius, Harzansammlung)	Geeignete Packer verwenden Biegeradien der Packer lt. Herstelleranweisung beachten	2.1.4.11
	Unzureichende Abwasserüberleitung	Abwasserüberleitung vor Untergrundvorbehandlung aufbauen Unmittelbar nach mechanischer Untergrundvorbehandlung reinigen und unter Abwasserüberleitung einbauen	2.1.3.7
Einbauschwierigkeiten	Vorzeitige Aushärtung	Umgebungstemperaturen beim Tränken beachten Nicht auf warmer Oberfläche (z. B. Straße) tränken Materialtemperaturen einhalten Komponenten vor Umwelteinflüssen (Temperaturen, Luftfeuchtigkeit usw.) schützen	2.1.4.6
	Unzureichende Abwasserüberleitung	Abwasserüberleitung vor Untergrundvorbehandlung aufbauen Unmittelbar nach mechanischer Untergrundvorbehandlung reinigen und unter Abwasserüberleitung einbauen	2.1.3.7
	Kurzliner falsch gesetzt	Exaktes Einmessen vor Einbau Positionieren des Packers unter TV-Beobachtung	2.1.4.13
	Ungenügende Hindernisentfernung	Abwasserüberleitung vor Untergrundvorbehandlung aufbauen Unmittelbar nach mechanischer Untergrundvorbehandlung reinigen und unter Abwasserüberleitung einbauen Hindernisentfernung mittels optischer Inspektion kontrollieren	2.1.4.1
	Falsche Dimension	Kalibrierung	2.1.3.2
	Fehlende Planung/Arbeitsvorbereitung	Erforderliche Zugänglichkeit prüfen Schachtdimension vorab prüfen	2.1.3.1

2.1.3 Fehler in der Arbeitsvorbereitung

Grundvoraussetzung für eine erfolgreiche Reparatur ist eine sorgfältige Ist-Aufnahme und Planung der Arbeiten. Hierfür sind dem ausführenden Unternehmen vom Auftraggeber alle notwendigen Planunterlagen zur Verfügung zu stellen.

Beachtet werden müssen beim Einsatz von Kurzlinern insbesondere folgende Punkte:

- Dimensionswechsel
- Richtungsänderungen
- Rohrversätze
- Anschlüsse
- Wurzeleinwüchse
- Grundwasserinfiltration
- Abflusshindernisse
- Deformationen
- Rohrwerkstoff.

Der Baustellenverantwortliche hat sich mit den technischen Beschreibungen und Bedingungen des Leistungsverzeichnisses vertraut zu machen, diese mit den realen Bedingungen der Baustelle zu vergleichen und im Rahmen der Vorarbeiten zunächst zu klären, ob das Kurzlinerverfahren unter Beachtung der technischen Durchführbarkeit zur Reparatur der Altleitung eingesetzt werden kann. Vor Ort sind vorab die Randbedingungen der Baustelle abzuklären (Zugänglichkeit der Schächte, Lagermöglichkeiten, Vorflut usw.) sowie baustellen- und verfahrensbezogen die Gefährdungen zu ermitteln und eine entsprechende Gefährdungsbeurteilung zu erstellen.

Das Baustellenpersonal ist entsprechend zu unterweisen. Es ist darauf zu achten, dass das Baustellenpersonal mit den verbindlichen Festlegungen der Herstelleranweisung des eingesetzten Verfahrens vertraut und darauf geschult ist.

Die maschinelle Ausstattung ist so zu gestalten, dass sie den gewerberechtlichen Auflagen entspricht und alle Misch- und Imprägniervorgänge vor Witterungseinflüssen geschützt ausgeführt werden können. Die notwendigen Prüfmittel (Waagen, Messbecher, Thermometer) sind zur Verfügung zu stellen. Alle eingesetzten Materialien sind gemäß den Herstellerangaben zu lagern, vorzubereiten und zu verarbeiten. Bei der Auswahl des Harzes sind neben der Leistungsbeschreibung auch die vorgefundenen Baustellenbedingungen (Abwassertemperatur, chemische Belastung, Altrohrzustand usw.) zu berücksichtigen.

Die Materialien sind einer Eingangskontrolle sowohl im Lager als auch auf der Baustelle zu unterziehen. Die Eingangskontrolle umfasst

- den Abgleich von Bestellung und Lieferscheinen,
- die Kontrolle der Werkszeugnisse,
- die Kontrolle des Verfallsdatums und
- die visuelle Kontrolle der gelieferten Ware und der Verpackung.

Im Folgenden sollen mögliche Fehler näher diskutiert werden.

2.1.3.1 Unkenntnis der Baustellenrandbedingungen

Vorbereitend sind die Baustellenrandbedingungen zu erkunden; hierzu zählen die örtliche Lage, Zugangsmöglichkeiten, Schachtgröße, Lagermöglichkeiten, Verkehrsbedingungen.

2.1.3.2 Fehlerhafte Dimensionierung

Eine falsche Dimensionierung des ausgewählten Packers und der getränkten Harzmatte kann zu folgenden Fehlerbildern führen:

- Axial verlaufende Falten
- Axial verlaufende Spalten
- Undichtigkeiten
- Einbauschwierigkeiten

Ein zu groß gewählter Packer führt hierbei in der Regel zu Schwierigkeiten beim Einbau des Kurzliners, im Extremfall zum Abstreifen der Harzmatte oder des Harzes oder zum Steckenbleiben des Packers. Wird ein zu klein dimensionierter Packer verwendet, führt dies zu axial verlaufenden Falten, einem nicht vollflächigen Anliegen des gesetzten Kurzliners und somit zu Undichtigkeiten. Eine zu klein gewählte getränkte Harzmatte führt zwangsläufig zu nicht ausreichenden Längsüberlappungen bis hin zu axial verlaufenden Spalten und somit ebenfalls zu Undichtigkeiten. Es ist daher unumgänglich, im Vorlauf zu den eigentlichen Sanierungsarbeiten eine Kalibrierung des Altrohres vorzunehmen.

2.1.3.3 Falsche Ausgangsmaterialien

Kurzliner müssen gegen häusliches und kommunales Abwasser resistent sein. Im Vorfeld der Reparaturarbeiten ist die Belastung des Abwassers hinsichtlich Temperatur und Chemie zu ermitteln und das gewählte Harz auf diese Belastung abzustimmen. Falsch gewählte Ausgangsmaterialien können zu Korrosion, frei liegendem Trägergewebe, einer fehlenden Harzmatrix, mangelhafter Durchhärtung sowie schlechtem Verbund zum Altrohr führen. Konsequenterweise dürfen nur von den Herstellern zugelassene Materialkombinationen verwendet werden. Idealerweise verfügt das gewählte Verfahren über eine allgemeine bauaufsichtliche Zulassung des DIBT oder eine gleichwertige Zertifizierung.

Um einer Glaskorrosion (siehe unten) entgegenzuwirken, ist ein hoch beständiges Glas (ECR-Glas) zu verwenden. Beim Falten der Glasfasermatte ist auf die richtige Faltung gemäß Herstellerangabe zu achten.

2.1.3.4 Falsche Lagerung des Materials

Überlagertes Material, unter falschen Temperaturen gelagerte Harze oder durchfeuchtete Trägermaterialien führen ebenfalls zu frei liegendem Gewebe, einer fehlenden Harzmatrix, mangelhafter Durchhärtung sowie schlechtem Verbund zum Altrohr. Dementsprechend sind die Lagertemperaturen laut Herstelleranweisungen einzuhalten, die Mindesthaltbarkeitsdaten der Materialien zu beachten. Überlagertes Material ist eindeutig zu kennzeichnen und zu sperren; zudem ist auf eine trockene Lagerung der Trägermaterialien zu achten.

2.1.3.5 Glaskorrosion

Eine Glaskorrosion kommt nur bei der Verwendung von Glasfasern als Trägermaterial vor. Sie kann beobachtet werden, wenn ein für die Beanspruchungen im Kanal nicht resistentes Glas verwendet wird und Glasfasern an der Oberfläche des Laminates frei liegen und nicht von Harz überdeckt sind. Glaskorrosion wird in der Regel durch die Verwendung von ECR-Glas vermieden.

2.1.3.6 Harzauswaschungen/Harzverseifungen

Kontakt mit Wasser führt zu Harzauswaschungen oder Harzverseifungen. Die Folge sind wiederum das Freiliegen von Trägergewebe, eine fehlende Harzmatrix, eine mangelhafte Durchhärtung sowie ein schlechter Verbund zum Altrohr. Es ist daher im Vorfeld zu prüfen, ob eine Vorabdichtung gegen Grundwasser nötig ist, außerdem ist zu planen, dass alle Arbeiten unter einer Abwasserüberleitung ausgeführt werden müssen (siehe hierzu auch die Ausführungen in Kapitel 2.1.3.7).

2.1.3.7 Unzureichende Abwasserüberleitung

Das Arbeitsverfahren und die Bauablaufplanung sind so zu wählen, dass vor Beginn der Arbeiten eine vollständige Abwasserüberleitung aufgebaut werden kann. Im Schutze dieser Abwasserüberleitung sollen die mechanische Untergrundvorbereitung, die Reinigung und das Setzen des Kurzliners erfolgen. Nur so kann gewährleistet werden, dass der vorbereitete Untergrund nicht wieder durch Abwasser verschmutzt wird. Die oft gesehene Vorgehensweise, zunächst mehrere Tage in verschiedenen Haltungen unter laufendem Kanalbetrieb die Untergrundvorbereitungen vorzunehmen, um dann anschließend auf die so vorbereiteten Schadstellen die Kurzliner zu installieren, verbietet sich somit.

2.1.3.8 Unzureichende Untergrundvorbehandlung

In den Bauablauf ist einzuplanen, dass alle Schadstellen vor dem Setzen des Kurzliners mittels mechanischer Reinigungsverfahren vorzubereiten sind. Der Einsatz entsprechenden Gerätes ist zu disponieren. Eine unzureichende Untergrundvorbereitung kann zu einem mangelnden Verbund des Kurzliners mit dem Altrohr führen.

2.1.3.9 Kurzliner zu kurz

Vor Konfektionierung des Kurzliners ist anhand einer aktuellen optischen Inspektion die genaue Schadenslänge zu ermitteln und die Harzmatte entsprechend zu zuschneiden. Zu berücksichtigen ist, dass speziell bei der Reparatur von Längsrissen die Länge der Harzmatte so gewählt werden muss, dass sie die gesamte Rohrlänge einschließlich der beiden Muffen erfasst.

2.1.4 *Fehler in der Reparaturausführung*

Die eingesetzten Verfahren dürfen nur durch mit den verbindlichen Festlegungen der Verfahrensanweisung vertrautes und darauf geschultes Personal durchgeführt werden. Qualifikationsnachweise, regelmäßige Schulungsmaßnahmen und Unterweisungen sind zu dokumentieren. Alle Arbeiten sind gemäß Verfahrensanweisung, einer beschriebenen Eigenüberwachung und Gütesicherung auszuführen.

2.1.4.1 Ungenügende Hindernisentfernung

In den Altrohrquerschnitt hineinragende Hindernisse müssen grundsätzlich im Rahmen der Vorbereitungsarbeiten mittels einer optischen Inspektion erkannt und mit Hilfe entsprechender Reinigungsverfahren entfernt werden. Einragende Hindernisse gefährden den Reparaturerfolg auf mehrerlei Weise: Sie können zu Behinderungen beim Einbauvorgang und somit zur Beschädigung des Packers oder der getränkten Trägermatte oder auch zum Abstreifen des Harzes oder der gesamten Trägermatte vom Packer führen; es besteht weiterhin die Gefahr des Verrutschens der Trägermatte auf dem Packer. Hindernisse im Bereich der Schadstelle führen zu einem nicht sicheren Anliegen des Kurzliners nach Aushärtung und gefährden letztlich die Betriebssicherheit des Kanals nach der Reparatur. An dieser Stelle sei nochmal auf die allgemeinen Ausführungen in Kapitel 2.1.3 verwiesen.

2.1.4.2 Unzureichende Untergrundvorbehandlung

Der nachhaltige Reparaturerfolg definiert sich über Wasserdichtheit, der Stabilisierung des Gesamtsystems und Lebensdauer der Reparatur; er ist abhängig von einer dauerhaften, möglichst form- und kraftschlüssigen Verbindung des Kurzliners mit dem Altrohr. Daher muss die Altrohrwandung unmittelbar vor Einbau des Kurzliners gereinigt und vorbehandelt werden. Die Altrohroberfläche ist vollständig von Fett und sonstigen Rückständen zu befreien. Glattwandige Rohre sind beidseitig den einschlägigen Normen entsprechend anzuschleifen, alle anderen Rohre sind anzufräsen. Eine nicht ausreichend vorgenommene Untergrundvorbehandlung oder Arbeiten unter Abwasserfluss führen zwangsläufig zu einem mangelhaften Verbund des Kurzliners zum Altrohr und somit zu Undichtigkeiten oder zum Verrutschen des Kurzliners.

2.1.4.3 Nichtbeachten der Arbeitstemperaturen / Falsche Topfzeit

Als Topfzeit wird die Zeitdauer bezeichnet, in der Reaktionsharzmassen verarbeitet, d. h. das Trägergewebe ausreichend getränkt und der Kurzliner sicher gesetzt werden kann. Die Topfzeit ist abhängig von der Einstellung der Reaktionsharzmassen, der Verarbeitungstemperatur und der angesetzten Menge. Zu beachten ist hier, dass sich bei größeren Verarbeitungsmengen die Verarbeitungszeit wesentlich verkürzen kann. Üblicherweise sind die Topfzeiten für eine Harztemperatur von 20 °C angegeben. Höhere Umgebungs- und Harztemperaturen führen zu einer Verkürzung, niedrigere Temperaturen zu einer Verlängerung der Topfzeiten.

Insofern kann es bei einer falschen Harzwahl oder einem falschen Mischungsverhältnis zu einer nicht gewollten vorzeitigen Aushärtung oder zu einer verlängerten Aushärtezeit bis hin zur nicht ablaufenden Reaktion kommen. Die Harzwahl ist dementsprechend auf die Umgebungstemperaturen – auch im Kanal – abzustimmen. Alle relevanten Temperaturen sind zu erfassen und zu dokumentieren.

2.1.4.4 Fehlerhafte Mischung / Unzureichende Tränkung

Eine unzureichende Tränkung des Trägermaterials führt zu einer schlechten Einbindung des Trägergewebes in die Harzmatrix, zu frei liegendem Trägergewebe, zu Lufteinschlüssen im Laminat und somit zu Fehlstellen und Undichtigkeiten des Kurzliners. Um die Umgebungseinflüsse möglichst gering zu halten, sollte die Mischung von der Umgebungsatmosphäre unabhängig in einem geschlossenen System erfolgen. Zu beachten ist ferner, dass bei mehrkomponentigen Systemen das Verhältnis der Einzelkomponenten exakt einzuhalten ist. Auf die Einhaltung der Mischanweisung des Herstellers sei an dieser Stelle nochmals verwiesen.

2.1.4.5 Lufteinschlüsse

Lufteinschlüsse im Laminat führen zu Undichtigkeiten und sind in der Regel die Folge von Lufteinmischungen während des Rührvorganges oder einer mangelhaften Tränkung. Bei der Auswahl des Rührwerkes sollte einem langsam laufenden Rührwerk der Vorzug gegeben werden. Die Tränkung des Trägergewebes sollte angepasst an die verwendeten Komponenten und die Viskosität der Reaktionsharzmasse – vorzugsweise unter Vakuum – erfolgen.

2.1.4.6 Vorzeitige Aushärtung

Eine vorzeitige Aushärtung führt zur Bildung von Falten oder Beulen und zu einem mangelnden Verbund zum Altrohr. Sie ist auf eine Überschreitung der Topfzeit des Harzes zurückzuführen. Neben den unter 2.1.4.3 genannten Gründen sind hier typische Einbauschwierigkeiten aufgrund mangelnder Arbeitsvorbereitung oder technischer Probleme beim Einziehen des Packers oder auch das Tränken des Trägergewebes auf durch die Sonne aufgeheiztem Untergrund zu nennen.

2.1.4.7 Ungenügender Arbeitsdruck

Ein ungenügender Arbeitsdruck des Packers kann zu einer Delaminierung des Kurzlinerlaminates sowie zur Bildung von Falten oder Beulen und somit zu einem mangelnden Verbund zum Altrohr führen. Die Vorgaben des Systemherstellers sind hier unbedingt zu beachten. Der vorgegebene Packerdruck ist während des gesamten Aushärtevorganges konstant zu halten, zu überwachen und im Rahmen der Eigenüberwachung vorzugsweise durch einen Datenlogger kontinuierlich zu dokumentieren.

2.1.4.8 Zu frühes Entfernen des Packers

Das vorzeitige Evakuieren des Packers und somit das Beenden des kontrollierten Aushärtevorganges kann zur Bildung von Falten oder Beulen und somit zu einem mangelnden Verbund zum Altrohr bis hin zum völligen Kollabieren des Kurzliners und der Blockierung des Kanales führen. Grundsätzlich ist der Packerdruck solange aufrechtzuerhalten, bis die in den technischen Merkblättern des Verfahrens angegebene Reaktionszeit erreicht ist. Hierbei sind vor allem die aktuellen Temperaturverhältnisse zu beachten.

2.1.4.9 Verrutschte Trägermatte / Abstreifen während der Installation

Während des Einziehens oder Einschiebens des Packers kann es zum Verrutschen der Trägermatte auf dem Packer oder zum teilweisen oder gänzlichen Abstreifen der Trägermatte vom Packer kommen. In diesem Fall sind der Packer und die getränkte Trägermasse unverzüglich vor Beginn der Aushärtung aus dem Kanal zu entfernen. Erfolgt der Einbauvorgang, so kann dieser Fehler sofort erkannt werden. Die Folgen dieses Fehlers sind wiederum die Bildung von Falten und Beulen. Maßnahmen zur Vermeidung kann eine verrutschsichere Befestigung der getränkten Trägermatte auf dem Packer sein, die Verwendung z. B. eines starren Rad-Packersystems, dass das Abstreifrisiko vermindert oder das Einziehen des Packers auf einer Unterziehfolie, die nach Positionierung vor dem Aufblasen des Packers entfernt wird.

Die Installation von Kurzlinern in Bereichen von Bögen oder Abwinkelungen ist mit besonderer Sorgfalt und grundsätzlich unter Beobachtung einer Kanal-Inspektionsanlage auszuführen.

2.1.4.10 Harzauswaschungen/Harzverseifungen

Kontakt mit Wasser führt zu Harzauswaschungen oder Harzverseifungen. Die Folge sind wiederum das Freiliegen von Trägergewebe, eine fehlende Harzmatrix, eine mangelhafte Durchhärtung sowie ein schlechter Verbund zum Altrohr. Der vollständige Aufbau einer Abwasserüberleitung, wie in 2.1.3.7 beschrieben, ist Grundvoraussetzung für die Installation von Kurzlinern.

Im Bereich von eindringendem Grundwasser besteht grundsätzlich die Gefahr der Harzauswaschung bzw. -verseifung. Hier ist im Vorfeld unbedingt zu prüfen, ob als Vorabmaßnahme eine Abdichtung im Bereich der Schadstelle ausgeführt werden muss. Diese ist nach Ausführung mittels optischer Inspektion nachzuweisen und zu dokumentieren.

2.1.4.11 Abstreifen des Harzes

Beim Einziehvorgang kann es wie unter 2.1.4.9 auch zum Abstreifen des Harzes kommen. Ein ähnlicher Effekt kann bei der Verwendung von langen Packern auftreten. Bei der Installation durch den Schacht kann es in dem Knickbereichen zu einem Herausquetschen des Harzes und somit zu einer unzureichende Tränkung des Trägermaterials kommen.

2.1.4.12 Stauchung im Bogenbereich

Bei der Installation von Kurzlinern in Bereichen von Bögen oder Abwinkelungen ist eine Stauchung der harzgetränkten Trägermatte kaum zu vermeiden; besonders im Bogeninnenbereich ist zusätzlich mit einer Faltenbildung zu rechnen, auch diese ist kaum zu vermeiden.

2.1.4.13 Falsch gesetzter Kurzliner

Ein nicht korrekt positionierter Kurzliner überdeckt nicht die Schadstelle. Es ist daher im Vorfeld im Rahmen der Arbeitsvorbereitung die Schadstelle genau einzumessen. Grundsätzlich sollte das Positionieren des Packers unter Beobachtung einer Kanal-Inspektionskamera erfolgen.

2.1.4.14 Fehler bei der Dichtheitsprüfung

Zur Qualitätskontrolle und zum Nachweis der Dichtigkeit hat zum Abschluss der Arbeiten eine Dichtheitsprüfung zu erfolgen. Hierbei ist darauf zu achten, dass die Prüfpacker außerhalb des installierten Kurzliners positioniert werden müssen. Andernfalls besteht die Gefahr, durch den Prüfpacker den installierten Kurzliner zu beschädigen.

2.1.5 Erkennen und Bewerten von fehlerhafter Reparatur aus technischer Sicht

Für den Reparaturerfolg und die Dauerhaftigkeit ist die Haftwirkung des Kurzliners auf der Rohroberfläche von besonderer Bedeutung. Besteht kein adhäsionsschlüssiger Verbund zwischen Kurzliner und Rohrwand, ist die Reparaturstelle undicht und die stabilisierende Wirkung der Reparatur fraglich. Im schlimmsten Falle kann der Kurzliner von der Rohrwand abgelöst, mit dem Abwasserstrom transportiert und zu einem Abflusshindernis werden.

Der Mangelbegriff ist ableitbar aus § 633 Abs. 1 BGB und modifiziert in § 13 Abs. 1 VOB/B. Danach liegt ein Mangel vor, wenn die Leistung nicht die vertraglich zugesicherten Eigenschaften hat, nicht den anerkannten Regeln der Technik entspricht oder mit Fehlern behaftet ist, die den Wert oder die Tauglichkeit zu den gewöhnlichen oder nach dem Vertrag vorausgesetzten Gebrauch aufheben oder mindern.

Damit der Auftraggeber diese Bewertung durchführen kann, muss für jede durchgeführte Kurzlinermaßnahme durch den Auftragnehmer eine lückenlose Dokumentation sämtlicher relevanter Prozessschritte angefertigt werden. Hierzu gehören auch eine rückverfolgbare Dokumentation aller eingesetzten Materialien sowie die vollständige und nachvollziehbare Dokumentation aller durchgeführten Arbeiten und der Arbeitsabläufe. Im Rahmen der Bewertung und der Abnahmefähigkeit der Reparaturmaßnahme muss zwischen drei grundsätzlichen Fehlerkategorien (Undichtigkeiten, Fehler in der Bauausführung und optische Fehler) unterschieden werden, die durch eine mögliche Dichtheitsprüfung und/oder eine optische Inspektion erkannt werden können:

2.1.5.1 Undichtigkeiten

Eine Überprüfung der Dichtheit stellt eine Betrachtung zum Prüfzeitpunkt dar. Mittels optischer Inspektion können Undichtigkeiten mit Wassereintritt erkannt werden. Ist ein Wassereintritt erkennbar, so ist der Reparaturerfolg nicht gegeben. Eine nicht bestandene Dichtheitsprüfung stellt eine Undichtigkeit im Prüfabschnitt fest. Der Reparaturerfolg auf Dichtheit ist nicht gegeben.

2.1.5.2 Fehler in der Bauausführung

Bestimmte Fehler in der Bauausführung können unter Umständen im Rahmen der Dichtheitsprüfung und der optischen Inspektion nicht erkannt werden. Dies können sein:

- Abflusslenkung (Sicherung der Vorflut)
- Untergrundbehandlung
- Materialauswahl
- Überlappung
- Positionierung usw.

Zur Bewertung ist es daher notwendig, die angefertigte Dokumentation auf Vollständigkeit zu prüfen und mit den Anforderungen der Ausschreibungsunterlagen, der Verfahrensbeschreibung und der vereinbarten technischen Regelwerke zu vergleichen. Der Auftraggeber ist hier in der Pflicht, die Dokumentation sorgfältig daraufhin zu prüfen, ob Verstöße gegen eine ordentliche Bauausführung erkennbar sind.

2.1.5.3 Optische Fehler

Optische Fehler können Unregelmäßigkeiten in der Oberfläche des Kurzliners (auch Beulen oder Falten) sein. Sind diese Fehler im Rahmen der optischen Inspektion erkennbar, so ist näher zu untersuchen, ob diese Fehler die Betriebssicherheit des Kanales beeinträchtigen und behoben werden müssen. Wird die Betriebssicherheit des Kanals beeinträchtig, so stellt dies einen Mangel dar.

2.1.6 Behebung von Reparaturfehlern bei Kurzlinern

Eine Nachbesserung einer Reparatur mit Kurzlinern, wie z. B. das Entfernen von Falten mittels Robotertechnik, kann nur unter bestimmten Voraussetzungen erfolgen und ist im Einzelfall zu prüfen. In der Regel sind die Entfernung des Kurzliners aus dem Kanal und eine erneute Reparatur erforderlich. Lediglich im Bereich der optischen Fehler ist für den Fall, dass die Betriebssicherheit des Kanals nicht beeinträchtigt wird, eine Tolerierung denkbar.

2.1.7 Qualitätssicherung

Grundlage der Qualitätssicherung sind qualitätssichernde Maßnahmen wie z. B. verfahrensspezifische Eignungsnachweise und eine beschriebene Eigen- und Fremdüberwachung. Maßnahmen zur Qualitätssicherung sind unter anderem in den Regelwerken ausführlich beschrieben. Auf DWA-Merkblatt 143-7 und RSV-Merkblatt 4 wird an dieser Stelle hingewiesen.

2.1.8 Einbindung von Anschlüssen und Schächten

Die Relevanz der Einbindung von Anschlüssen und Schächten ist bei Kurzlinern nicht gegeben.

2.1.9 Toleranzen

Es gibt keine einheitlichen speziellen Regelungen für Toleranzgrenzen für die Kurzlinerverfahren; hier kann auf die Regelwerke DWA-Merkblatt 143-7 und RSV-Merkblatt 4 verwiesen werden. Ansonsten gelten die Ausführungen der Leistungsbeschreibung.

2.1.10 Wie gehen Baufirmen und Auftraggeber bei fehlerhafter Ausführung der Reparatur auseinander?

Grundsätzlich ist jeder Fehler im Einzelfall zu prüfen und mit dem Bauherrn abzustimmen.

Kurzliner haben vorrangig die Abdichtung von Kanalabschnitten begrenzter Länge zum Ziel. Dementsprechend sind alle Fehler, die Zweifel am Erreichen dieses Zieles aufkommen lassen, kritisch zu betrachten, da das eigentliche Sanierungsziel nicht erreicht wurde. Ebenso darf durch eine (fehlerhafte) Reparatur die Betriebssicherheit des Kanals sowie des gesamten Kanalnetzes nicht beeinträchtigt sein.

2.1.11 Lebensdauer/Nutzungsdauer

Die Länderarbeitsgemeinschaft Wasser (LAWA) sieht für Reparaturmaßnahmen an Kanälen eine technische Nutzungsdauer von 5 bis 15 Jahren vor. In der Praxis ist die Nutzungsdauer stark von den Vorarbeiten, der Qualität der Bauausführung und den eingesetzten Materialien abhängig.

Literatur

[1] DWA-Merkblatt 143-7 „Sanierung von Entwässerungssystemen außerhalb von Gebäuden, Teil 7: Reparatur von Abwasserleitungen und -kanälen durch Kurzliner und Innenmanschetten“, 04-2003

[2] Leitlinien zur Durchführung dynamischer Kostenvergleichsrechnungen (KVR-Leitlinien). Juli 2012

[3] RSV-Merkblatt 4 „Reparatur von drucklosen Abwasserkanälen und Rohrleitungen durch vor Ort härtende Kurzliner (partielle Inliner); Anforderungen, Gütesicherung und Prüfung“, 06-2009

[4] Bosseler, B.; Harting, K.; Färber, D.; Gillar, M.; Bartel, M.: Untersuchungen zu Hafteigenschaften von Kurzlinern auf unterschiedlich vorbehandelten Oberflächen. IKT – Institut für Unterirdische Infrastruktur, Gelsenkirchen, 2011

[5] Ax, T.: Kanalbau von A–Z – Vergabe, Vertrag, Gütesicherung. 2., völlig neu überarbeitete Ausgabe, ASV – Ax Schneider Verlag GbR, April 2013

[6] Bosseler, B.; Harting, K.; Färber, D.: Endbericht zum „IKT-Warentest Reparaturverfahren für Hauptkanäle". Im Auftrag des Ministeriums für Umwelt und Naturschutz, Landwirtschaft und Verbraucherschutz des Landes NRW, des Umweltministeriums des Landes Baden-Württemberg und von IKT – Institut für Unterirdische Infrastruktur, Gelsenkirchen, 2009

[7] ALOCIT Kurzliner Handbuch. ALOCIT Chemie GmbH, Konstanz, Mai 2011

[8] Punktuelle Kanalsanierung – 3P-Plus-Kurzliner. Handbuch. sikotec GmbH, Lindau, Mai 2011

[9] DIN EN 1610 „Verlegung und Prüfung von Abwasserleitungen und -kanälen", 12-2015

[10] DWA-Merkblatt 143-20 „Sanierung von Entwässerungssystemen außerhalb von Gebäuden, Teil 20: Prüfung und Beurteilung von Sanierungsverfahren; Anforderungen, Prüfkriterien und Prüfempfehlungen – Schlauchliningverfahren und Kurzliner", 11-2005

[11] DIN EN 752 „Entwässerungssysteme außerhalb von Gebäuden", 04-2008

[12] DWA-Merkblatt 143-16 „Sanierung von Entwässerungssystemen außerhalb von Gebäuden Teil 16: Reparatur von Abwasserkanälen und -leitungen durch Roboterverfahren", 12-2006

[13] DWA-Merkblatt 143-3 „Sanierung von Entwässerungssystemen außerhalb von Gebäuden, Teil 3: Schlauchliningverfahren (vor Ort härtendes Schlauchlining) für Abwasserkanäle und -leitungen", 12-2005

[14] DIN EN ISO 11296-4 „Kunststoff-Rohrleitungssysteme für die Renovierung von erdverlegten drucklosen Entwässerungsnetzen (Freispiegelleitungen) – Teil 4: Vor Ort härtendes Schlauchlining", 07-2011

2.2 Manschettentechnik

(Daniel Korczinski)

2.2 Manschettentechnik

2.2.1 *Verfahrensbeschreibung*

Die Manschettentechnik dient in erster Linie dazu, örtlich begrenzte Schäden in statisch noch tragfähigen, drucklosen Freispiegel-Rohrleitungen zu reparieren.

Folgende Schäden können mittels Manschettentechnik repariert werden:

- Rissbildungen mit und ohne Grundwassereintritt
- Radial- und Querrisse
- Längsrisse
- Scherbenbildung
- Schadhafte/undichte Muffen bzw. Rohrverbindungen
- Verschließen von nicht mehr benötigten Stutzen oder Abzweigen
- Wurzeleinwüchse

Darüber hinaus können Manschetten zur Endabdichtung von Schlauchlineranfang und -ende verwendet werden.

Man unterscheidet zwei Arten von Manschetten: Bei der ersten Gruppe handelt es sich um Edelstahlmanschetten mit Elastomerdichtungen, die mittels Packersystemen in die Rohrleitung eingebracht werden. Die möglichen Rohrdurchmesser liegen hier zwischen DN 150 und DN 800. Eine Sonderform bilden hierbei die mehrteiligen Manschetten, die händisch in begehbare Leitungen ab DN 800 bis DN 1800 eingebracht werden können. Diese Manschetten können gleichermaßen auch zur Schlauchlinerendabdichtung verwendet werden.

Die zweite Gruppe stellen die Elastomermanschetten mit Edelstahlspannbändern dar. Diese werden händisch mittels einer hydraulischen Expanderpresse in die Rohrleitung eingebaut. Einsatzgebiet sind Schlauchlinerendabdichtungen ab DN 190 bis DN 1200 sowie Eiprofile. Des Weiteren können mit diesem System Schäden in begehbaren Leitungen ab DN 800 bis DN 2400 sowie Eiprofile saniert werden. Weitere Sonderprofile oder größere Durchmesser können in Abstimmung mit dem jeweiligen Hersteller in Anlehnung an die jeweilig gültige DiBT-Zulassung hergestellt werden.

2.2.2 *Mögliche Fehler bei der Manschettentechnik*

Nachfolgend sind in Tabelle 2.2.1 mögliche erkennbare Fehler, Ursachen und Möglichkeiten der Fehlervermeidung aufgeführt und im weiteren Text näher erläutert.

2.2.3 *Fehler in der Arbeitsvorbereitung*

Um ein zufriedenstellendes und dem Stand der Technik entsprechendes Sanierungsergebnis erzielen zu können, ist eine hinreichende Arbeitsvorbereitung unerlässlich. Bereits in der Vorbereitung können Fehler erkannt und verhindert werden.

Dadurch werden unnötige Kosten vermieden. Die Arbeitsvorbereitung umfasst neben den direkten Vorarbeiten zur Reparatur auch eine qualifizierte Planung der Maßnahme.

TABELLE 2.2.1: Fehlermatrix

Erkennbare Fehler im Einbauzustand	Mögliche Ursache	Möglichkeit der Fehlervermeidung	Kapitel
Verschlussmechanismus im benetzten Bereich	Fehlerhafte Positionierung der Manschette auf dem Packer	Kontrolle der Verschlussposition vor dem Einfahren in die Rohrleitung und vor dem Aufspannen der Manschette	2.2.4.1
	Der Packer hat sich während des Einfahrens gedreht	Kontrolle der Verschlussposition vor dem Aufspannen der Manschette	2.2.4.2
	Die Manschette hat sich auf dem Packer verdreht	Erhöhung des Anpressdruckes auf ca. 0,5 bar	2.2.4.1
Die Elastomerdichtung ragt unter der Edelstahlmanschette heraus oder ging auf dem Weg zur Schadenstelle verloren	Die Dichtung wurde nicht oder falsch abgelängt	Die Dichtung ist so abzulängen, dass diese auf jeder Seite der Edelstahlmanschette 0,5 bis 1,0 cm kürzer ist	2.2.4.3
	Die Dichtung hat es von der Manschette geschoben oder verschoben	Fixierung der Dichtung auf der Manschette mittels Sekundenkleber	2.2.4.3
	Die Dichtung wurde falsch auf der Manschette positioniert	Die Dichtung ist so zu positionieren, dass diese auf jeder Seite der Edelstahlmanschette 0,5 bis 1,0 cm kürzer ist	2.2.4.3
	Die Manschette ist zu groß für den vorhandenen Rohrdurchmesser	Überprüfung des Rohrdurchmessers mit dem Manschettendurchmesser inkl. Dichtung (Dichtung + Dichtlippen)	2.2.4.6
	Es wurde ein ungeeigneter Packer verwendet	Verwendung eines geeigneten vom Hersteller empfohlenen Packers	2.2.4.6
Die Manschette liegt nicht an der Rohrwandung an	Die Manschette ist zu klein für den vorhandenen Rohrdurchmesser	Überprüfung des Rohrdurchmessers mit dem Manschettendurchmesser (max. Aufspannmaß) inkl. Dichtung (Dichtung + Dichtlippen)	2.2.4.6
	Ein vorhandener Versatz ist zu groß für die Sanierung mittels Manschettentechnik	Die möglichen Versatzhöhen sind vor Einbau mit dem Hersteller/Lieferanten abzustimmen	2.2.4.6
		Die Vorfräsarbeiten sind auf das einzubauende Produkt abzustimmen	2.2.4.7
	Die Vorverformung des Rohres ist zu groß	Vor Einbau ist die Rohrgeometrie hinsichtlich Verformung zu überprüfen	2.2.4.6
	Es befinden sich Hindernisse unter der Manschette	Ausreichende Vorfräsung der Sanierungsstelle; Reinigung der Sanierungsstelle direkt vor Einbau; Abwasserlenkung nach Reinigung bis zur fertigen Sanierung	2.2.4.7

Erkennbare Fehler im Einbauzustand	Mögliche Ursache	Möglichkeit der Fehlervermeidung	Kapitel
Die Manschette steckt in der Rohrleitung fest, lässt sich nicht an die Schadstelle bringen und auch nicht mehr entfernen	Mangelnde Vorfräsarbeiten in der Leitung	Ausreichende Vorfräsung der Sanierungsstelle sowie der Rohrleitung bis zur Schadstelle	2.2.4.7
	Bögen in der Rohrleitung	TV-Vorbefahrung zur Überprüfung der Sanierbarkeit	2.2.4.6
	Keine oder unzureichende Rohrreinigung	Rohrreinigung vor Durchführung der Reparaturmaßnahme	2.2.4.7
	Keine oder mangelhafte Abwasserlenkung	Planen und Betreiben einer ausreichenden Abwasserlenkung über den kompletten Zeitraum der Reparaturmaßnahme	2.2.4.8
Manschette expandiert bereits vorzeitig auf	Transportsicherung wurde beschädigt oder fehlt	Wareneingangskontrolle	2.2.4.5
	Zu hoher Anpressdruck des Packers	Einhaltung des durch den Hersteller vorgegebenen Anpressdruckes	2.2.4.9
		Verwendung eines geeigneten Druckmanometers	2.2.4.9
Undichtigkeit der Manschette	Zu geringer Einbaudruck	Beachtung der vom Hersteller/Lieferanten vorgegebenen Anpressdrücke	2.2.4.10
	Mangelnde Vorbereitung der Schadstelle	Hindernisse und Ablagerungen rückstandslos entfernen	2.2.4.7
	Unzureichende Untergrundvorbereitung	Bei ausgewaschenen bzw. porösen Untergründen ist die Stelle, an der die Dichtlippen angepresst werden, vorzuprofilieren/ zu spachteln	2.2.4.7
	Stark drückendes Grundwasser	Bei drückendem Grundwasser sind zusätzlich noch Quellbänder einzubauen	2.2.4.12
	Längsriss im Bereich der Dichtlippen bzw. Schaden nicht überdeckt	Die Dichtung muss den Schaden komplett abdecken und die Dichtlippen müssen auf „gesunden" Untergrund gesetzt werden	2.2.4.2
	Zu kleine Manschette	Überprüfung des Rohrdurchmessers mit dem Manschettendurchmesser (max. Aufspannmaß) inkl. Dichtung (Dichtung und Dichtlippen)	2.2.4.6
	Eingerissene Dichtung	Kein stumpfes Schneidwerkzeug benutzen	2.2.4.3
	Falsche/ungeeignete Dichtung	Abgleich Fließmedium mit Resistenz Dichtung	2.2.4.3
	Mangelnde Vorbereitung der Schadstelle	Hindernisse und Ablagerungen rückstandslos entfernen	2.2.4.7
	Keine oder unzureichende Rohrreinigung	Rohrreinigung vor Durchführung der Reparaturmaßnahme	2.2.4.7
	Zu geringer Einbaudruck	Beachtung der vom Hersteller/Lieferanten vorgegebenen Anpressdrücke	2.2.4.10
	Mangelnde Vorbereitung der Schadstelle	Hindernisse und Ablagerungen rückstandslos entfernen	2.2.4.7

Erkennbare Fehler im Einbauzustand	Mögliche Ursache	Möglichkeit der Fehlervermeidung	Kapitel
Wurzeleinwuchs ist an der Manschette sichtbar	Fehlende Verwendung des Flex-Klebers	Verwendung des Flex-Klebers bei Wurzeln zur Verhinderung von erneutem Einwuchs	2.2.4.11
Korrosion der Manschette	Falsche Lagerung oder Einbau und Kontakt mit unedleren Metallen	Vermeidung von Kontakt der Edelstahlmanschette mit unedleren Metallen	2.2.4.5
	Verwendung/Bestellung der falschen Stahlsorte	Hinweis auf die erforderliche Stahlsorte bzw. den Anwendungsbereich in der Ausschreibung Kontrolle der gewählten Stahlsorte vor Ausführung	2.2.3.3

2.2.3.1 Fehler in der Planungsphase

- Mangelhafte optische Inspektion
  - » Veraltete, nicht mehr aktuelle Zustandsdaten
  - » Schlechte Bildqualität
  - » Schlechte Ausleuchtung
  - » Zu schnelle Befahrungsgeschwindigkeit
  - » Schäden nicht abgeschwenkt bzw. falsch oder gar nicht dokumentiert
  - » Leitungsverlauf nicht dokumentiert
  - » Keine Dokumentation des Schachtes (Lage; Schachtgerinne; Tiefe; Größe; Beschaffenheit; Zustand)
  - » Keine Abwasserlenkung während der optischen Inspektion
- Mängel der Planung
  - » Zu wenig Erfahrung mit den einzelnen Reparaturverfahren
  - » Keine Abfrage der erforderlichen Rahmenbedingungen für den Einsatz des Reparatursystems bei Sanierungsfirmen oder Herstellern
  - » Erforderliche Schachtdurchmesser
  - » Erforderliche Einbautechnik
  - » Sanierbare Rohrdurchmesser
  - » Reichweite des Systems
  - » Erforderliche Vorarbeiten
  - » Ablauf der Reparatur
  - » Dauer der Reparatur
  - » Zwänge bei Durchführung der Reparatur
  - » Speziallösungen in Sonderfällen
  - » Unzureichende Kenntnis über die örtlichen Verhältnisse
  - » Fehlende Beachtung der gängigen, einschlägigen Regelwerke wie z. B. DWA-M 143-5 „Sanierung von Entwässerungssystemen außerhalb von Gebäuden – Teil 5: Reparatur von Abwasserleitungen und -kanälen durch Innenmanschetten“

2.2.3.2 Fehler in der Baustellenvorbereitung

Bereits bei der Baustellenvorbereitung können durch den Bauleiter und/oder das Baustellenfachpersonal entscheidende Fehler gemacht werden:

- Ungeeignetes Personal auf der Baustelle (keine Erfahrung / falsche Ausbildung / keine Produktschulung)
- Dem Baustellenpersonal liegen nur unzureichende oder keine Informationen zur geplanten Arbeit vor
- Fehlende Verkehrssicherung
- Schlechtes, ungeeignetes oder unzureichendes Arbeitsgerät
- Falsches oder zu wenig Material
- Mangelhaftes Material
- Ungeeignetes Material
- Fehlende Genehmigungen
- Fehlende Kommunikation mit den Auftraggebern
- Nichtbeachtung der Witterung

2.2.3.3 Falsche Edelstahlmaterialien

Die Manschetten bzw. Spann- bzw. Stützbänder der Manschetten müssen Edelstahlwerkstoffen aus nichtrostendem Stahl der Stahlsorten 1.4307; 1.4301; 1.4404; 1.4401; 1.4571; 1.4303 oder 1.4567 nach EN 10088:1:2014; Tabelle 4 entsprechen. Bei anderen Stahlsorten ist die Gleichwertigkeit oder höhere Korrosionsbeständigkeit nachzuweisen.

Um Beschädigungen der Dichtungen oder Verletzungen der Anwender zu vermeiden, sind alle Bauteile zu entgraten.

2.2.3.4 Falsches Dichtungsmaterial

Die Dichtungen der Manschetten müssen aus EPDM gemäß DIN EN 681-1 „Elastomer-Dichtungen – Werkstoff-Anforderungen für Rohrleitungs-Dichtungen für Anwendungen in der Wasserversorgung und Entwässerung – Teil 1: Vulkanisierter Gummi“ bestehen. Ein dementsprechender Nachweis ist zu erbringen.

2.2.4 Fehler in der Reparaturausführung

2.2.4.1 Fehlerhafte Positionierung der Manschette auf dem Packer

Die Manschette ist so auf dem Versetzpacker zu positionieren, dass sich das Schlosssystem der Manschette auf 11 bzw. 13 Uhr befindet. Hierdurch wird verhindert, dass das Schloss später ein Abflusshindernis darstellt. Des Weiteren ist die Manschette mit dem vom Hersteller vorgegebenen Anpressdruck auf dem Packer zu fixieren. Bei einem zu geringen Anpressdruck besteht die Gefahr, dass die Manschette beim Einfahren in die Rohrleitung abgestreift, verdreht bzw. verloren wird.

Bei zu hohem Anpressdruck besteht die Gefahr, dass die Manschette bereits beim Fixieren auf dem Packer oder Einfahren aufexpandiert und somit nicht mehr positioniert werden kann und damit unbrauchbar ist. Um die Drücke korrekt aufbringen zu können, sind geeignete Druckmanometer zu verwenden und regelmäßig zu überprüfen (siehe hierzu **Bild 2.2.1** bis **Bild 2.2.3**; Quelle: Pipe-Seal-Tec GmbH & Co. KG).

Bild 2.2.1: Positionieren der vorbereiteten Edelstahlhülse auf dem Versetzpacker

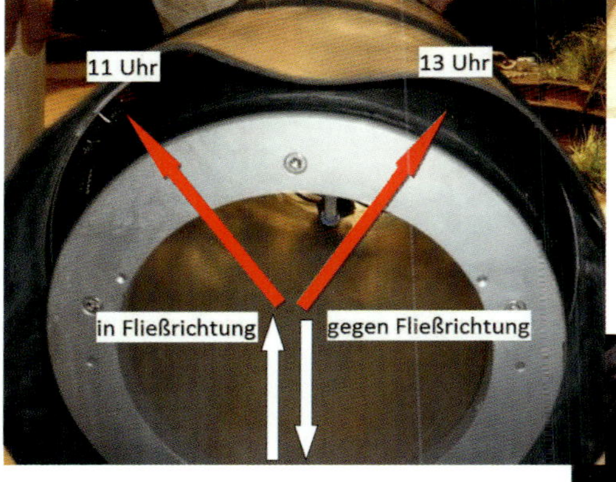

Bild 2.2.2: Ausrichtung des Schließmechanismus

Bild 2.2.3: Fixieren mit Anpressdruck

2.2.4.2 Fehlerhafte Positionierung der Manschette

Während des kompletten Reparaturprozesses sind alle Arbeiten mittels Kamera zu überwachen. Bereits während des Einfahrens der Manschette zur Schadstelle ist darauf zu achten, dass sich der Packer hierbei nicht dreht oder kippt.

Die Manschette ist dann so zu positionieren, dass sich der Schaden komplett zwischen den beiden Dichtlippenpaaren der Dichtung befindet. Bei längeren Schadstellen und/oder längsverlaufenden Rissen können die Manschetten auch im Serienversatz eingebaut werden. Bei Längsrissen sind generell die kompletten Rohrlängen zu überdecken. Hierbei muss jeweils ein Dichtlippenpaar der EPDM-Dichtung am Anfang und Ende der Reparaturstrecke auf einem unbeschädigten Rohr positioniert werden. Die genaue Vorgehensweise im Serienversatz entnehmen Sie bitte den jeweiligen Handbüchern der Hersteller (siehe hierzu **Bild 2.2.4** und **Bild 2.2.5**; Quelle: Pipe-Seal-Tec GmbH & Co. KG).

Bild 2.2.4: Positionieren der Manschette am Schaden

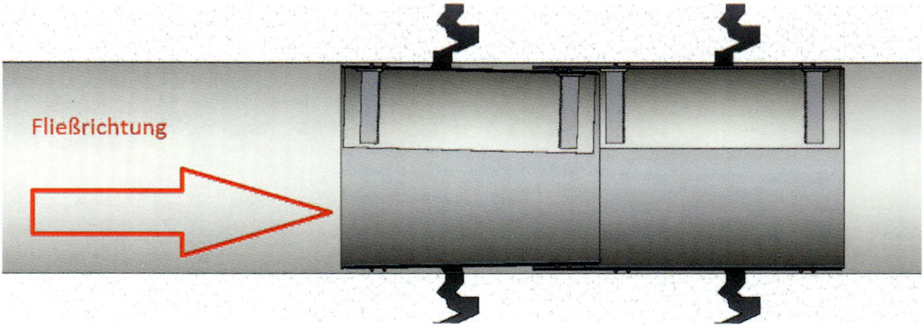

Bild 2.2.5: Manschetten im Serienversatz

2.2.4.3 Fehlerhafte Vorbereitung der Manschette und Dichtung

Um eine erfolgreiche Reparatur mittels Manschette durchführen zu können, ist die Manschette korrekt vorzubereiten. Zu Beginn sind die zur Lagesicherung angebrachten Klebestreifen mindestens 5 mm einzuschneiden, so dass die Manschette später expandieren kann. Danach sind die Schlosssysteme und das Blech zu schmieren. Hierbei ist auf die Verwendung eines nicht-gummilösenden Schmiermittels zu achten. Vor Aufziehen der Dichtung ist diese auf der Innenseite mit Talkum zu bestäuben. Hierdurch lässt sich die Dichtung einfacher und spannungsfrei auf die Hülse aufziehen. Danach sind die Dichtungsüberstände, bei Einzelverwendung oder als End-Hülse im Serienversatz, gemäß Herstellerangaben zu kürzen.

Um ein Verrutschen und/oder Verlieren der Dichtung während des Einfahrens zu verhindern, ist die Dichtung mittels Sekundenkleber auf der Hülse zu fixieren. Hierbei ist darauf zu achten, dass der Sekundenkleber weder die Dichtung auflöst noch zwischen die Blechüberlappung und/oder das Schlosssystem gelangt. Denn dadurch könnte die Funktion eingeschränkt oder verhindert werden (siehe hierzu **Bild 2.2.6** bis **Bild 2.2.10**; Quelle: Pipe-Seal-Tec GmbH & Co. KG).

Bild 2.2.6: Gummidichtung mit Talkum benetzen

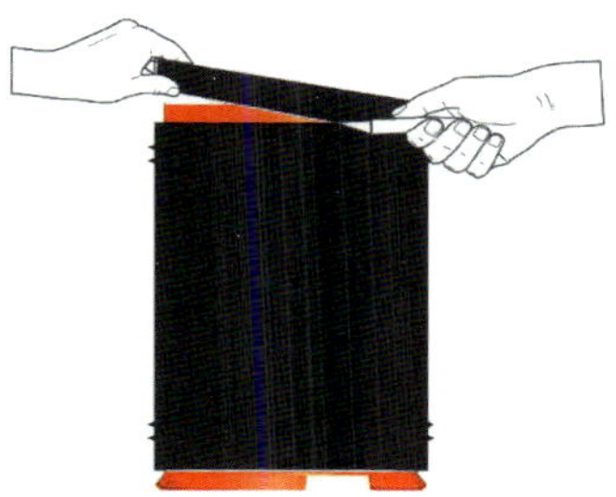

Bild 2.2.7: Kürzen der Dichtung

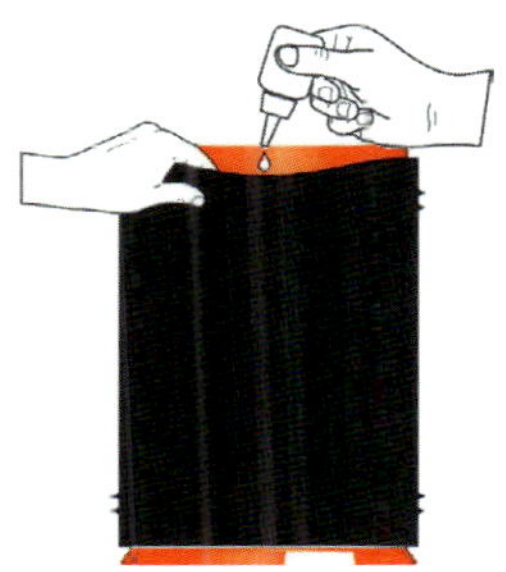

Bild 2.2.8: Fixieren der Dichtung mittels Sekundenkleber

Bild 2.2.9: Einschneiden den Klebestreifen

Bild 2.2.10: Schmieren der Manschette

2.2.4.4 Fehlerhafte oder fehlende Wareneingangskontrolle

Nach Erhalt der Warenlieferung ist die Ware eingehend auf Unversehrtheit zu überprüfen. Insbesondere ist darauf zu achten, dass die Manschette nicht verformt wurde. Des Weiteren ist zu überprüfen, ob eine mögliche Transportsicherung vorhanden ist und ob diese nicht beschädigt wurde. Außerdem ist zu prüfen, dass die Manschetten nicht bereits beim Transport expandiert sind. Bei den mitgelieferten Dichtungen ist zu überprüfen, ob die gewünschte Gummimischung geliefert worden ist und die gelieferten Dimensionen der Dichtungen zu den gelieferten und bestellten Dimensionen der Hülsen passen. Wird einer dieser Fehler festgestellt, dürfen diese Manschetten nicht eingebaut werden.

2.2.4.5 Fehlerhafte Lagerung/Transport

Bei Lagerung, Transport und Einbau ist unbedingt darauf zu achten, dass die Manschetten nicht mit unedleren Metallen in Berührung kommen. Ein Kontakt mit unedleren Metallen kann zu Kontaktkorrosion führen, was die Manschetten unbrauchbar macht.

2.2.4.6 Fehlerhafte Produktwahl

Die Auswahl des geeigneten Produktes zum vorhandenen Schaden bzw. zu den örtlichen Gegebenheiten ist Voraussetzung für eine erfolgreiche Reparatur.

Folgende Punkte sind hierbei besonders wichtig:

- Kontrolle der minimalen Manschettendurchmesser (Rollmaß der Hülse + Dichtung inkl. Dichtlippen)
- Maximal möglicher Durchmesser (Max. Aufspannmaß + Dichtung abzgl. Kompression der Dichtung inkl. Dichtlippen)
- Baulänge der Hülse
- Baulänge / erforderliche Länge Einbauwerkzeug (Packer)
- Vorhandene/erforderliche Versatzhöhen – Herstellerangaben zur Machbarkeit beachten
- Vorhandene Bögen müssen durchfahrbar sein
- Ausdehnung des Schadens (Sanierungslänge der Manschette im Einzel- bzw. Serienversatz möglich)
- Altverformung der Rohrleitung
- Manschettendurchmesser ist größer als die Einstiegsöffnung des Schachtes oder Bauwerkes, sodass die Manschette nicht eingebracht werden kann.

Die erforderlichen Informationen sind den technischen Datenblättern der Hersteller zu entnehmen (siehe hierzu **Bild 2.2.11** und **Bild 2.2.12**; Quelle: Pipe-Seal-Tec GmbH & Co. KG).

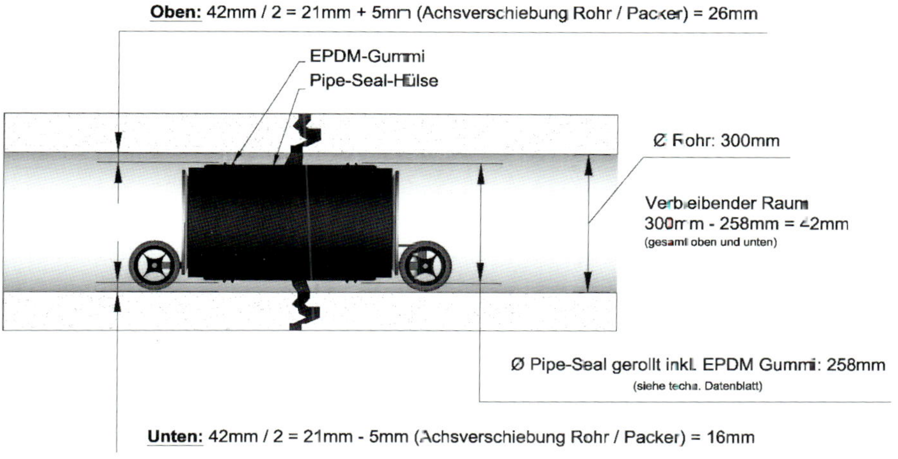

Bild 2.2.11: Erforderlicher Montageraum

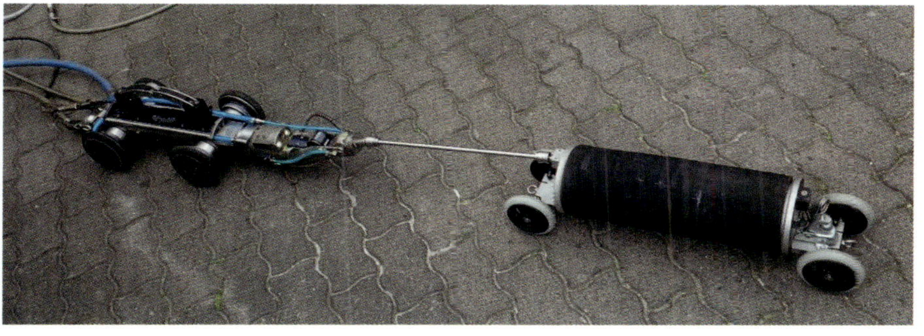

Bild 2.2.12: Mögliches Montagesystem TV-Kamera/Roboter und Versetzpacker mit Kupplungsstange

2.2.4.7 Fehlerhafte oder unzureichende Untergrundvorbereitung bzw. Hindernisentfernung

Vor Durchführung der Reparaturmaßnahme mittels Edelstahlmanschetten muss sowohl die Rohrleitung bis zum Schaden als auch die Schadstelle selbst so vorbereitet werden, dass eine Reparatur erfolgen kann. Das heißt, dass auf dem Teilstück zum Schaden die Hindernisse (Ablagerungen; Versätze; Wurzeleinwüchse; Verschmutzungen usw.) so zu entfernen sind, dass die Hülse unbeschädigt und ohne Verschieben der Hülse auf dem Packersystem an die Schadstelle transportiert werden kann. An der Schadstelle selbst ist der Untergrund ebenfalls frei von Verschmutzungen und/oder Ablagerungen und/oder zu großen Versätzen zu halten. Des Weiteren ist bei stark ausgebrochenen bzw. ausgewaschenen Untergründen eine Vorprofilierung erforderlich, so dass die Dichtlippen der Dichtung dauerhaft druckdicht an die Rohrwand angepresst werden können.

2.2.4.8 Fehlerhafte oder fehlende Abflusslenkung

Während der kompletten Vorfräs- und Reinigungsarbeiten bis zur Fertigstellung der Reparatur ist die Schadstelle durch geeignete Abflusslenkung frei von Abwasser und Verschmutzungen zu halten. Die Abflusslenkung erfolgt gemäß DIN EN 14654-1:2014-08, 8.5.

2.2.4.9 Fehlerhafter Anpressdruck des Packersystems

Um die Manschetten mit dem Montagesystem (siehe Bild 2.2.12) an die Schadstelle einfahren zu können, ist die Edelstahlmanschette auf dem Packer mit dem vom Hersteller vorgegebenen Anpressdruck zu fixieren (siehe Bild 2.2.3). Bei zu großem Anpressdruck besteht die Gefahr, dass die Hülse bereits beim Fixieren oder Einfahren an die Schadstelle beginnt aufzulaufen. Dies kann zur Folge haben, dass die Manschette nicht mehr an die zu sanierende Schadstelle eingebracht werden kann und somit unbrauchbar wird. Wenn die Manschette während des Einfahrens expandiert, besteht zusätzlich noch die Gefahr, dass die Hülse in der Rohrleitung stecken bleibt und aufwändig entfernt werden muss. Die auf den Packer aufzubringenden Drücke sind stets mit einem geeigneten Manometer kontrolliert aufzubringen.

2.2.4.10 Fehlerhafter Anpressdruck

Die einzuhaltenden Einbaudrücke sind den Herstellerangaben zu entnehmen. Bei zu geringem Einbaudruck kann es dazu kommen, dass die Dichtung mit ihren Dichtlippenpaaren nicht ausreichend fest an die Altrohrwandung angepresst wird und somit die erforderliche Kompression und die daraus resultierende Dichtwirkung nicht erzielt wird. Bei zu großem Einbaudruck besteht zum einen die Gefahr, dass der Packer zerstört wird oder zum anderen das Kanalrohr weitergehend beschädigt wird.

2.2.4.11 Fehler bei der Sanierung von Wurzeleinwüchsen

Bei vorhandenen Wurzeleinwüchsen sind diese vorab mit geeignetem Gerät zu entfernen. Die Edelstahlmanschette mit Dichtung ist im Bereich zwischen den beiden Dichtlippenpaaren auf einer Breite von ca. 15 cm mit hochalkalischem, mineralischem, selbsthaftendem Flex-Kleber bis maximal Dichtlippenhöhe zu umman-

BILD 2.2.13: Edelstahlmanschette mit Dichtung und Ummantelung mit Flexkleber (Quelle: Pipe-Seal-Tec GmbH & Co. KG)

teln. Hierdurch wird ein erneutes Einwachsen der Wurzeln gehemmt (siehe hierzu **BILD 2.2.13**).

2.2.4.12 Fehler bei der Sanierung von Schadstellen mit starkem Grundwassereintritt

Soll die Manschette bei Schäden mit starkem Grundwassereintritt verwendet werden, so sind zusätzlich Quellbänder einzubauen. Diese werden jeweils an der Innenseite der Dichtlippenpaare positioniert. Hierzu werden die Quellbänder auf Hülsenumfang abgelängt und mit Sekundenkleber zusammengeklebt. Bei der Wahl des Quellbandes ist darauf zu achten, dass dieses maximal so hoch ist wie die vorhandenen Dichtlippen der Hülsendichtung. Um eine Kompression der zusätzlichen Dichtflächen (Quellbänder) zu erzielen, ist mit einem erhöhten Anpressdruck gemäß Herstellerangaben zu arbeiten (siehe hierzu **BILD 2.2.14**).

BILD 2.2.14: Edelstahlmanschette mit Dichtung und zusätzlichen Quellbändern (Quelle: Pipe-Seal-Tec GmbH & Co. KG)

2.2.5 Erkennen und Bewerten von fehlerhafter Reparatur

Das Erkennen und das darauf folgende Bewerten einer fehlerhaften Reparatur kann durch Sichtung bzw. Durchführung folgender Unterlagen/Maßnahmen erfolgen:

- Dokumentation (gemäß Herstellervorgabe) des Manschetteneinbaus
- Optische Inspektion
- Dichtheitsprüfung der Sanierungsstelle

Bei der Bewertung einer fehlerhaften Reparatur sollte zuerst unterschieden werden zwischen einem optischen Mangel (keine Beeinträchtigung der Sanierungsziele) und einem Verfehlen eines oder mehrerer Sanierungsziele.

2.2.5.1 Optischer Mangel/Fehler

Von einem optischen Mangel kann dann gesprochen werden, wenn keines der Sanierungsziele beeinträchtigt ist. Ein optischer Fehler kann z. B. dann vorliegen, wenn die Schlösser der Manschette nicht im gleichen Raster angeordnet wurden oder wenn die Ränder der Manschette (mit oder auch ohne Aufbördelung) nicht vollflächig oder gleichmäßig anliegen und die Dichtwirkung der Manschette hiervon nicht beeinträchtigt ist.

2.2.5.2 Undichtigkeit

Eine Undichtigkeit kann dann vorliegen, wenn ein sichtbarer Wassereintritt durch drückendes oder anstehendes Grundwasser erfolgt. Dieser ist mittels einer optischen Inspektion des Kanal- oder Leitungsabschnittes zu erkennen. Sollte kein sichtbarer Wassereintritt zu erkennen sein, so lässt sich die Dichtigkeit mittels einer Dichtheitsprüfung nach den aktuell gültigen Normen und Richtlinien erkennen. Eine Undichtigkeit stellt in jedem Fall einen Mangel der Sanierung dar, sollte nicht etwas anderes im Leistungsverzeichnis oder einer anderen Vereinbarung zwischen Auftragnehmer und Auftraggeber vereinbart sein.

2.2.5.3 Beschädigung der Manschettenoberfläche

Eine Beschädigung der Manschettenoberfläche kann oftmals nicht sofort nach Durchführung der Sanierungsmaßnahme erkennbar sein. Kratzer oder Riefen in der Manschette können sowohl optische als auch technische Mängel sein. Sollten die Kratzer oder Riefen während der Manschettenproduktion durch gleich edle Metalle entstanden sein, so handelt es sich hierbei meist um optische Mängel, insofern die statischen Ansprüche noch erfüllt werden können.

Wurden die Kratzer oder Riefen jedoch durch unedlere Metalle verursacht, so kann an diesen Stellen Kontaktkorrosion entstehen. Je nach Zeitraum zwischen der Sanierung und Abnahmeinspektion kann bei dieser nicht unbedingt erkannt werden, welcher der beiden Fälle vorliegt. Oft kann eine Kontaktkorrosion erst später erkannt werden.

2.2.6 Behebung von Reparaturfehlern bei Manschettenreparatur

Sollte ein Mangel durch zu geringe Anpressung an die Altrohrwandung vorhanden sein, ist es möglich, die Manschette erneut mittels Versetzpacker (handbuchkonform) nachzupressen, so dass dann die Gummilippendichtung ausreichend komprimiert an die Rohrwandung angepresst wird und somit zuverlässig dichtet.

In allen anderen Fällen lässt sich die Manschette durch Ab-/Auffräsen des Schlosssystems wieder aus dem Altrohr entfernen. Die dadurch zerstörte Manschette ist nicht wiederverwendbar.

2.2.7 Qualitätssicherung

Als Qualitätssicherung der Produkte kann eine DIBT-Zulassung mit allen hierzu erforderlichen Prüfungen und Nachweisen herangezogen werden. Alternativ kann die Eignungsprüfung des Produktes durch ein zugelassenes Prüflabor durchgeführt werden.

Zur Qualitätssicherung bei der Ausführung bzw. dem Einbau der Manschetten sollten mindestens folgende Punkte beachtet werden:

- Nachweis der Eignung der ausführenden Firma
- Schulung der Mitarbeiter durch den Produkthersteller
- Kontrolle aller Rohrdurchmesser (Altrohr/Produktauswahl gemäß technischer Datenblätter des Herstellers)
- Prüfung der Eignung des Sanierungsverfahrens durch Auftraggeber/Planer und ausführende Firma
- Vorabkontrolle der Zugänglichkeiten vor Ort
- Einhaltung des Montagehandbuchs des Herstellers
- Dokumentation gem. Herstellervorgaben und/oder Leistungsbeschreibung

Darüber hinaus sollten die Anforderungen gemäß DWA-M 143-5 eingehalten werden.

2.2.8 Einbinden von Anschlüssen und Schächten

Die Einbindung von Anschlüssen und Schächten innerhalb einer Edelstahlmanschette ist derzeit technisch nicht möglich.

2.2.9 *Toleranzen*

Die Toleranzen für den Einsatz von Edelstahlmanschetten sollte den technischen Datenblättern der Hersteller entnommen werden.

2.2.10 *Wie gehen Baufirmen und Auftraggeber bei fehlerhafter Ausführung der Reparatur auseinander?*

Grundsätzlich sollte bei erfolgter fehlerhafter Ausführung in jedem Fall eine verhältnismäßige und einvernehmliche Lösung gesucht werden. Allgemein gültige Lösungsansätze sind hier nicht möglich.

2.2.11 *Lebensdauer/Nutzungsdauer*

Die Länderarbeitsgemeinschaft Wasser (LAWA) sieht für Reparaturmaßnahmen an Kanälen eine technische Nutzungsdauer von 5 bis 15 Jahren vor. In der Praxis ist die Nutzungsdauer stark von den Vorarbeiten, der Qualität der Bauausführung und den eingesetzten Materialien abhängig. Im Fall der Manschettentechnik können aber Nutzungsdauern von über 15 Jahren erreicht werden.

Literatur:

[1] DWA-Merkblatt 143-5 „Sanierung von Entwässerungssystemen außerhalb von Gebäuden – Teil 5: Reparatur von Abwasserleitungen und -kanälen durch Innenmanschetten“, 02-2014

[2] DIN EN 15885 „Klassifizierung und Eigenschaften von Techniken für die Renovierung und Reparatur von Abwasserkanälen und -leitungen“, 01-2016

2.3 Roboterverfahren

(Udo Thorak)

2.3 Roboterverfahren

2.3.1 *Verfahrensbeschreibung*

Unter Roboterverfahren wird die Reparatur von Schadstellen mit selbstfahrenden oder gezogenen Arbeitsgeräten in nichtbegehbaren Rohrleitungen verstanden. Der Roboter selbst kann sowohl für Reparaturen als auch für Vorarbeiten und Nacharbeiten bei anderen Sanierungsverfahren eingesetzt werden.

Insbesondere wird das Verfahren für die Behebung folgender Schäden eingesetzt:

- Fehlende Rohrwandungsteile
- Radialrisse
- Axialrisse
- Scherbenbildung
- Schadhafte Rohrverbindungen
- Vorstehende, zurückliegende oder nicht fachgerecht eingebunde Zuläufe
- Einbindung von Zuläufen nach einer erfolgten Renovierung
- Beseitigung von Abflusshindernissen wie Ablagerungen oder Wurzeleinwuchs.

Der Einsatzbereich der Robotertechnik als Reparaturverfahren umfasst im Kreisprofil den nichtbegehbaren Bereich ab DN 200. Ein eingeschränkter Einsatz ist bei Roboterverfahren ab DN 150 möglich. Diese Technik kann bedingt mit höherem Aufwand auch in Sonderprofilen eingesetzt werden.

Roboter werden über den nächstliegenden Kontrollschacht (lichte Weite ≥ 1000 mm, Deckel 630 mm!) in die geschädigte Leitung eingebracht, vom Bedienpersonal im Einsatzfahrzeug ferngesteuert und mit Hilfe einer schwenkbaren Kamera auf dem Roboter an die einzelnen Schadstellen positioniert.

Die Behebung der Schäden erfolgt mit Spezialwerkzeugen. Der Roboter ist in der Lage, unterschiedliche Arbeitsvorgänge wie Fräsen, Schleifen, Spachteln, Verpressen und weitere Leistungen auszuführen. Die zur Anwendung gelangenden Materialien und deren Einsatz sind sowohl vom Material und dessen Eigenschaften als auch von der Schadensart abhängig. Die Materialien müssen nach Vorgaben des Herstellers fachgerecht transportiert, gelagert und verarbeitet werden sowie dem Eignungsnachweis entsprechen. Das Bedienpersonal ist verpflichtet, den Nachweis der eingebauten Materialien und Materialchargen zu führen.

Damit Verunreinigungen die Arbeiten nicht behindern, negativ beeinflussen und vorhandene Schäden eindeutig sichtbar werden, muss die Schadstelle für die Dauer der Reparaturarbeiten abwasserfrei gehalten werden. Dies kann z. B. durch Aufstauen, Abpumpen oder Überleiten erfolgen.

Bei stark drückendem Grundwassereindrang kann hierfür ein geeignetes Roboterinjektionsverfahren eingesetzt werden. Alle systembedingten Arbeitsschritte, die für eine fachgerechte Reparatur erforderlich werden, sind mit einer schwenkbaren Farbkamera zu dokumentieren.

Eine sorgfältige Auswahl der Reparaturverfahren im Vorfeld der Sanierungsplanung ist eine Grundvoraussetzung für eine zielführende Fehlerbehebung. Die Auswahl der Sanierungsverfahren erfolgt in der Planungsphase. Hier hat das ausführende Unternehmen bzw. der Ausführende noch keinen Einfluss auf die Ergebnisse der Sanierung. Grundlegend gilt für die Roboterverfahren als Teil der Gesamtsanierung auch, dass der Erfolg von dem Einsatz des richtigen Verfahrens abhängig ist.

Die Angaben der Systemhersteller sind gerade in den Randbereichen vor der Planung genau zu hinterfragen, in kleinen Dimensionen gehen die Hersteller oft von „ideal gerade verlegten Rohren" aus. Dies führt bei der Ausführung zu dem Ergebnis, dass Sanierungsstellen nicht anfahrbar und somit nicht sanierbar sind. Ggf. muss in einem solchen Fall auf ein anderes Reparaturverfahren zurückgegriffen werden.

Grundsätzlich werden bei der Reparatur mittels Robotertechnik drei Systemvarianten unterschieden:

2.3.1.1 Roboterverpresssysteme

Nach den erforderlichen Vorarbeiten (wie z. B. Fräsen) wird das Verpresssystem vor der zu reparierenden Stelle positioniert und die Schalung verspannt. Über Öffungen in der Schalung im Altrohr wird das Verpressmaterial eingebracht. Bei der Stutzensanierung wird die Schalung im Zulauf gesetzt und ebenfalls verpresst.

Bei großflächigen oder mehreren nacheinander folgenden Schäden (d. h. zusätzlich fehlenden Wandungsteilen) können mehrere Schalungen/Arbeitsgänge erforderlich werden. Bei der Sanierung ist ein unkontrolliertes Austreten von Verpressmaterial zu vermeiden. Die Schalung muss bis zur Aushärtung des Materials an der Reparaturstelle verbleiben. Erst danach kann die Schalung inklusive der verwendeten Innenschalung aus dem Kanal entfernt werden. Die Aushärtung kann systembedingt thermisch unterstützt erfolgen. Ist überschüssiges Material vorhanden, das ein Abflusshindernis darstellt, ist dieses zu entfernen.

Bild 2.3.1: Stutzensanierung Schalungssystem (Quelle: KA-TE PMO AG)

2.3.1.2 Spachtelroboter

Nach den Vorarbeiten, wie z. B. Ausfräsen eines Risses, einer Muffe, Löcher oder einer Scherbenbildung wird der Spachtelroboter, ausgerüstet mit einem oder mehreren Spachtelarmen, an die Schadstelle positioniert. Die Schadstellen sind gemäß den Vorgaben des Materialherstellers so vorzubereiten, dass eine ausreichende Materialschichtdicke aufgetragen verspachtelt bzw. verpresst werden kann. Durch das Auspressen des Materials am Spachtelarm und das Glattziehen im zweiten Arbeitsgang wird das Material in die vorbereitete Schadstelle eingebracht. Es ist darauf zu achten, dass ein vollständiges Verspachteln der Fräsnut stattfindet. Nach der Aushärtung des Materials sind gegebenenfalls Nacharbeiten durchzuführen, wenn z. B. ein Abflusshindernis (Spachtelgrate usw.) entstanden ist. Bei diesen Nacharbeiten dürfen nur Werkzeuge zum Einsatz kommen, die eine Beschädigung der Glasur im Altrohr vermeiden.

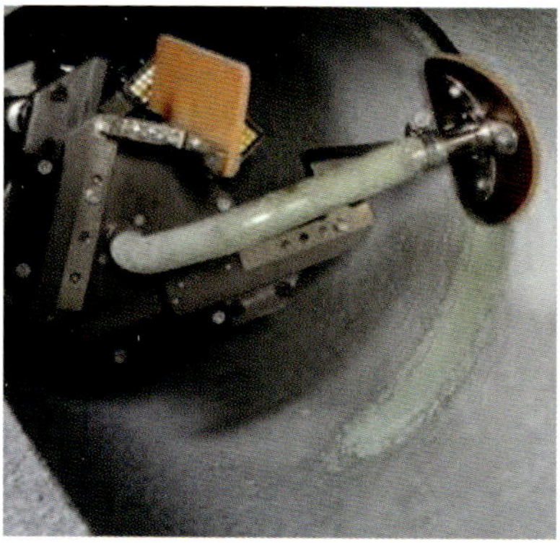

BILD 2.3.2: Risssanierung Spachtelverfahren Spachtelroboter (Quelle: KA-TE PMO AG)

Bei eindringendem Grundwasser muss ein geeignetes Roboterinjektionsverfahren als Vorabdichtung eingesetzt werden.

2.3.1.3 Roboterinjektionssysteme

Die Injektionseinheit wird nach dem Ausführen der Vorarbeiten an die Reparaturstelle gefahren bzw. gezogen. Die Positionierung der Packer oder Schalungssysteme erfolgt über am System installierte Kameras. Im Anschluss werden Packer oder Schalungssystem im Altrohr verspannt, wobei die vom Hersteller vorgegebenen Drücke eingehalten werden müssen. Danach wird der Schadensbereich über Auslassöffnungen vollständig mit Injektionsmaterial verpresst. Es kommen Polyurethan- und Silikatharze oder kunststoffmodifizierte Mörtel zum Einsatz. Wenn die vom Hersteller vorgegebene Aushärtungszeit erreicht ist, wird der Packer oder das Schalungssystem entfernt.

2.3.2 Mögliche Fehler bei Roboterverfahren

TABELLE 2.3.1: Fehlermatrix

Gesehene Fehler	Mögliche Ursachen	Möglichkeiten der Fehlervermeidung	Kapitel
Ablösen von Harzen	Untergrundvorbereitung fehlt/ unzureichend	Untergrund gemäß Eignungsnachweis vorbereiten	2.3.4.1
	Harztemperatur zu hoch bei kalter Rohrwandung	Verarbeitungstemperaturen und Mischzeiten einhalten	2.3.4.4
	Abwasser mit Spülwelle über nicht ausgehärtetes Harz	Wasserhaltung bis zur Aushärtung des Materials aufrecht erhalten	2.3.3.2
	Grundwassereintritt durch mangelnde Vorabdichtung (verfahrensbedingt)	Wirksame Vorabdichtung herstellen	2.3.4.4
	Einsatz bei falschem Altrohrwerkstoff	Nur gemäß Herstellerangaben anwenden	2.3.4.3
	Verunreinigte Oberfläche im Zuge der Fräsarbeiten oder fehlende, mangelhafte oder unzureichende Kanalreinigung	Kanalreinigung entsprechend des Reparaturfortschritts ausführen	2.3.3.1
	Kanalreinigung mit Wasserrückgewinner	Kanalreinigung mit sauberem (fettfreiem) Wasser ausführen	2.3.3.1
	Überströmen der vorbereiteten Reparaturstelle mit Abwasser	Reparaturbereich abwasserfrei halten	2.3.3.2
Harzüberschuss an der Sanierungsstelle	Fehlendes Nachschleifen der Sanierungsstelle	Erforderliche Nacharbeiten ausführen	2.3.4.4
	Ungenügender Verpressdruck, dadurch Abheben der Schalungsmanschette	Verpressdruck und Steifigkeit des Materials beachten	2.3.4.4
	Verpressdruck zu hoch	Herstellervorgaben einhalten	2.3.4.4
Einschlüsse von Fremdkörpern	Untergrundvorbereitung fehlt/ unzureichend	Vorarbeiten ausführen	2.3.4.1
	Fehlende Abwasserfreiheit	Abwasserfrei halten	2.3.3.2
	Fehlende Reinigung der Sanierungsstelle unmittelbar vor dem Einbringen des Harzes	Vorarbeiten ausführen	2.3.3.1
Verschluss von Zuläufen	Harz läuft durch zu geringen Anpressdruck beim Verpressen an der Schalungsblase vorbei	Verpressmenge und Materialverlauf beobachten, Sitz der Schalungsblase beachten, Auswahl der Schalungsblase beachten	2.3.4.4
Ausbreitung von Rissen	Altrohr statisch stärker geschädigt als sichtbar	Weitere Maßnahmen mit Auftraggeber abstimmen	2.3.4.4

Gesehene Fehler	Mögliche Ursachen	Möglichkeiten der Fehlervermeidung	Kapitel
Undichte Zulaufeinbindungen	Harzmenge zu gering	Korrekte Abschätzung des tatsächlichen Harzbedarfs durchführen	2.3.4.4
	Durch Überschreiten der Topfzeit keine ausreichende Harzverteilung möglich	Einhalten der Verarbeitungszeit	2.3.4.4
Keine Aushärtung des Materials	Falsches Mischungsverhältnis	Herstellerangaben einhalten	2.3.4.3
	Temperatur zu niedrig	Verarbeitung nur unter Einhaltung der Verarbeitungstemperatur des Harzherstellers	2.3.4.3
	Falsche Temperatur bei Lagerung und / oder Transport	Einhaltung der Temperatur bei Lagerung und Transport	2.3.4.3
Einsturz/ Rohrbruch bei Fräsarbeiten	Falsch eingeschätztes Rohr-Boden-System an der Reparaturstelle	Beachten der Standsicherheit bei Fräs- und Reparaturarbeiten	2.3.4.2
Nicht fertiggestellte Reparaturstellen	Abbruch der Arbeiten vor der Fertigstellung	Arbeiten fertigstellen ggf. nach dem Aushärten des ersten Arbeitsgangs die Arbeiten fortsetzen	2.3.6
	Schadstellen größer als die mitgeführte Harzmenge	Arbeiten in einem zweiten Arbeitsgang fertigstellen	2.3.6

2.3.3 *Fehler in der Arbeitsvorbereitung*

Eine sorgfältige Arbeitsvorbereitung ist eine Grundvoraussetzung für eine erfolgreiche Reparaturmaßnahme. Neben Fehlern in der Auswahl und Bauausführung können aber auch Fehler in der Arbeitsvorbereitung ein Grund für ein mangelhaftes Reparaturergebnis sein.

Folgende Punkte müssen im Vorfeld der Reparatur zur Vermeidung von Fehlern beachtet werden:

- Zustandserfassung der Kanäle vor der Reparatur
- Erstellen eines Sanierungskonzepts auf Grundlage der Zustandserfassung unter Berücksichtigung der örtlichen Rahmenbedingungen, Ablaufplanung, Festlegung der Sanierungstechniken und -materialien
- Verkehrssicherungsmaßnahmen und Arbeitsstellensicherung
- Anforderung an die Arbeitssicherheit

- Anforderung an die Wasserhaltungsmaßnahmen
- Anforderung an die Qualitätssicherung, wie Art und Umfang der Prüfungen; Art der Reinigung und Hindernisbeseitigung.

Folgende Punkte müssen in der Leistungsbeschreibung zur Vermeidung von Fehlern beachtet werden:

- Zugänglichkeit, Anfahrbarkeit, Lage, Abmessungen, Form und Werkstoff von Schächten und Bauwerken, Hindernisse/Erschwernisse in Schächten und Bauwerken
- Rohrgeometrie, Abmessungen, Werkstoffe, Gefälle, Lage, Richtungsänderungen, Tiefe und Haltungslänge der zu sanierenden Kanäle
- Wasserhaltung, wie Abwassermengen, die während der Sanierungsmaßnahme zurückgehalten, um- bzw. übergeleitet werden müssen
- Abwasser, wie Art, Beschaffenheit, Temperatur, chemische Zusammensetzung
- Grundwasser und Baugrund im Sanierungsbereich, wie Höhe des Grundwassers und dessen Beschaffenheit; ggf. Lage in Wasserschutzzonen
- Sanierungsstellen, wie Schadensart, Schadensumfang, Anzahl der Schäden
- Rohrstatik im Bereich der Sanierungsstellen zum Zeitpunkt der jeweiligen Sanierungsteilschritte.

2.3.3.1 Kanalreinigung / Reinigung der Schadstelle

Eine Reinigung muss unmittelbar vor allen Arbeiten erfolgen. Die Reinigungsverfahren sind so zu wählen, dass Verunreinigungen und lose Bestandteile entfernt werden. Eine weitere Schädigung des Kanals ist zu vermeiden. Die Ursache für viele Fehler beim Einsatz von Roboterverfahren ist, dass die Schadstellen unzureichend oder nicht gereinigt werden. Durch die fehlende Reinigung können viele der aufgeführten Fehler entstehen. Die Reinigung der Schadstelle muss nach bzw. vor jedem weiteren Arbeitsschritt erfolgen. Eine Dokumentation der Reinigung ist empfehlenswert.

Von einer Kanalreinigung mit einem Rückgewinner wird bei der Reparatur mit dem Roboterverfahren abgeraten, das Spülwasser kann bei der Rückgewinnung mit Fettpartikeln behaftet sein, die den Verbund der eingesetzten Materialien mit dem „gereinigten" Kanalrohr beeinträchtigen.

2.3.3.2 Abwasserhaltung

Während der Reparatur sind die Schadstellen abwasser-, fett- bzw. schmutzfrei zu halten. Ein Überströmen der vorbereiteten Sanierungsstelle mit fett-, schadstoffhaltigen Abwasser muss vermieden werden. So ist mindestens ein Rückstau des Abwassers für den Zeitraum zwischen Reinigung der Schadstelle und Verspachteln, Verpressen oder der Injektion erforderlich.

Folgende Randbedingungen sind zur fehlerfreien Ausführung zu beachten:

- Überprüfen und Überwachen der Rückstauebene
- Ggf. Einsatz von Pumpen
- Kontrollierte Freigabe/Aufheben des Rückstaus ohne Schwallspülung

Der Rückstau durch die Stutzensanierung/Zulaufsanierung kann zur Schädigung der Formgebung des eingeschalten Ringraumes führen. Hier ist im Besonderen bei angeschlossenen Hebeanlagen und sehr kurzen Rückstaulängen (straßennahe Bebauung) auf auch für die Sanierung schädlichen Rückstau zu achten.

Hebeanlagen müssen im Vorfeld der Sanierung ausgeschaltet und gegen wiedereinschalten gesichert werden. Bei sehr kurzen Rückstaulängen ohne Revisionsschacht, -öffnung darf die Sanierung des Anschlussbereiches nur bei Trockenwetter erfolgen.

Beim frühzeitigen Aufheben der Wasserhaltung (Ziehen der Rückstaublase) kann nicht ausgehärtetes Spachtelmaterial sich ablösen, verschieben oder aufstellen.

2.3.4 Fehler in der Reparaturausführung

2.3.4.1 Fehler bei Fräsarbeiten (Vorfräsen)

Die Ursache für viele Fehler beim Einsatz von Roboterverfahren ist, dass die Schadstellen unzureichend groß und tief aufgefräst werden. Das Ausfräsen der Risse, Scherben, Löcher, Stutzen usw. muss gründlich bis auf tragfähigen Untergrund erfolgen. Um eine fett- und schmutzfreie Kontaktfläche herzustellen, muss eine ausreichende Frästiefe und -breite eingehalten werden. Eine Nichteinhaltung kann die Haftung stören, im schlimmsten Falle sogar unterbinden. Für die Frästiefen und -breiten sind die im Eignungsnachweis vorgegebenen Angaben einzuhalten (siehe DWA-M 143-16, RSV-M 5).

2.3.4.2 Überschätzung der Reststatik

Beim Fräsen von komplexen Rissen, Scherbenbildungen oder losen Scherben im Verbindungsbereich besteht die Gefahr des Rohrbruches mit anschließendem Einsturz. Bei den Fräsarbeiten muss im Besonderen die Tragfähigkeit des statischen Systems (geschädigtes Altrohr – vorgefräste Schadstelle – dynamische Belastung durch Fräsarbeiten) beachtet werden. Dieser statische Zustand lässt sich nicht für jede Schadstelle nachweisen. Hierzu gibt es zu viele Unbekannte in dem statischen System. Weiterhin würden die geringen Kosten der Reparatur die erheblichen Aufwendungen für die statische Berechnung nicht rechtfertigen. Bei einer erkannten starken statischen Beeinträchtigung, bei der im Moment der Fräsarbeiten ein Sicherheitsbeiwert kleiner 1 zu erwarten ist, sind vor dem Beginn der Fräsarbeiten stabilisierende Maßnahmen zu ergreifen und der Auftraggeber ist unverzüglich zu informieren.

2.3.4.3 Fehler bei der Werkstoffauswahl

Auswahl der Werkstoffe

Je nach Einsatzgebiet sollte der passende (optimale) Werkstoff gewählt werden. Beachtet werden muss gleichzeitig, dass der Werkstoff auch für die Art der gewählten Sanierung/Reparatur eingesetzt werden kann – d. h. es muss ein oder mehrere erprobte Sanierungssysteme geben, die die Schadstelle mit dem vorgesehenen Material sanieren können. Je nach Werkstoff sind für die Verarbeitung unterschiedliche Vorgaben der Materialhersteller zu beachten. Diese Vorgaben sind bei allen eingesetzten Materialien zwingend einzuhalten. In den Vorgaben der Hersteller sind sowohl die Einsatzbereiche als auch die Anforderungen an den vorhandenen Kanal aufgeführt.

Für den Werkstoff PE-HD ist das Roboterverfahren mit Spachtel-, Verpress- oder Injektionstechnik ungeeignet. Dieser Rohrwerkstoff lässt keine kraftschlüssige Verbindung zu.

Fehler bei der Verarbeitung der Harze: Lagerung-Transport-Anmischen, Lagertemperatur/Haltbarkeitsdatum

Ein Nichteinhalten der Lagertemperatur (Vorgabe der Materialhersteller z. B. „frostfrei bzw. nicht unter +5 °C lagern) kann zu einer verminderten Qualität der eingesetzten Materialien führen. Diese verminderte Qualität lässt sich nur in extremen Randbereichen optisch erkennen. Dieser Aspekt ist bei Harz-/Materialbestellungen in den Wintermonaten zu beachten, denn nur selten wird bei dem Versand der Hinweis auf die Lagertemperatur eingehalten. Auch eine kurzzeitige Lagerung im Frostbereich (Speditionsfahrzeug über ein Wochenende) kann das Material dauerhaft schädigen.

Die Angaben der Hersteller über den Verarbeitungszeitraum sind einzuhalten. Nach Ablauf des vom Hersteller vorgegebenen Haltbarkeitsdatums soll das Material nicht mehr eingesetzt werden. Dieses Harz sollte an den Hersteller zurückgegeben werden, oder unter Beachtung der Vorgaben des Herstellers mit Bezug auf Umwelt- und Gesundheitsschutz ordnungsgemäß über einen Entsorgungsfachbetrieb entsorgt werden. Entsprechende Nachweise sind zu führen.

Fehler im Mischungsverhältnis der Komponenten

Zum Einsatz kommen meist zwei- oder mehrkomponentige Harzsysteme. Werden die Komponenten nicht in systemgebundenen Größen (aufeinander abgestimmtes, Mengenverhältnis – schadstellenbezogene Gebindeeinheit) geliefert so besteht ein häufiger Fehler in der falschen Abmessung bzw. Verwiegung der Einzelkomponenten. Zur Vermeidung von Fehlern sind, wenn möglich, aufeinander abgestimmte, werksseitig portionierte Gebindeeinheiten zu verwenden.

Die Komponenten und die Zusatzsoffe wie „Beschleuniger“ dürfen nicht herstellerübergreifend verwendet werden, auch optisch gleiche Materialien können chemisch völlig andere Eigenschaften besitzen.

Eine Verunreinigung der Komponenten und des Endproduktes ist zu verhindern. Zu den Verunreinigungen zählen nicht nur Fremdstoffe und Harzreste (z. B. bei der mehrfachen Benutzung der Mischbehälter), sondern auch Luft. Der Lufteintrag wird jedoch nicht bei der Verarbeitung der Harze sondern meistens bei der fehlerhaften Mischung der Komponenten verursacht.

Fehler bei der Mischung der Komponenten

Die Mischung der Komponenten erfolgt im Baustellenbetrieb. Umso wichtiger ist es, dass die Vorgaben eingehalten werden. Hierbei ist nicht nur die Art der Mischung von besonderer Bedeutung, sondern auch die Randparameter des Materials (der Einzelkomponenten) zu Beginn des Mischvorgangs sind zu beachten.

Der Mischvorgang muss mit geeigneten Maschinen nach Vorgabe des Materialherstellers erfolgen. Durch den richtigen Einsatz der geeigneten Misch- oder Rührmaschinen wird der o. g. Lufteintrag auch unter den Bedingungen auf der Baustelle minimiert. So kommen z. B. Handmischer, 2-Wellen-Mischgeräte oder Schneckenrührer zum Einsatz.

Bei elektronischen Zwangsmischern insbesondere beim Injektionsverfahren kann das Personal die Mischzeit nicht verlängern oder verkürzen. Eine Verkürzung der Mischzeit führt zu einer nicht vollständigen Vermischung der Komponenten und somit zu einer nicht vollständigen Aus- und Durchhärtung des Materials. Eine Verlängerung der Mischzeit kann zu einem erhöhten Energieeintrag in das Mischgut führen, dies führt dann zu einer Erhöhung der Produkttemperatur und verkürzt somit die Verarbeitungszeit (siehe unten). Durch den Einsatz dieser Zwangsmischer oder besser elektronisch gesteuerter Mischanlagen werden die menschlichen Fehler bei der Mischung weitestgehend ausgeschlossen.

Mischtemperatur

Für die Verarbeitung ist eine Mischtemperatur gem. der jeweiligen Herstellervorgabe einzuhalten. Dies geschieht vorteilsweise durch die Lagerung des Tagesbedarfs in einem Klimaschrank auf der Sanierungsanlage.

Fehler bei der Verarbeitung der Harze: Topfzeit

Wird die Topfzeit während des Verpressvorgangs überschritten, so kann das Harz nicht vollständig in die vorbereitete Sanierungsstelle eingebracht werden. Dies hat zur Folge, dass die Sanierungsstelle nicht vollständig gefüllt werden kann. Auch kann zu diesem Zeitpunkt nicht vorausgesetzt werden, dass sich das Material mit der geforderten Haftzugfestigkeit mit der vorbereiteten Sanierungsstelle verbindet. Die hierbei nicht vollständig verfüllten Bereiche müssen nachgearbeitet werden. Hierbei ist die Abhängigkeit zwischen Harztemperatur und Topfzeit zu beachten.

2.3.4.4 Fehler bei der Verarbeitung

Verspachteln gegen Grundwasser

Bei eindringendem Grundwasser ist eine Vorabdichtung vor dem eigentlichen Reparaturvorgang „Verspachteln“ erforderlich. Bei der Spachteltechnik wird das Harz ohne Unterstützung einer Schalung an der vorbereiteten Sanierungsstelle eingebracht. Geschieht eine Vorabdichtung nicht, dann führt dass eindringende Grundwasser auch bei nur geringem Druck zu einem Anheben und einer Ablösung des eingebrachten Spachtelmaterials.

Verspachteln, Verpressen, Injezieren Sanieren „unter Abwasser“

Die Forderung des RSV-Merkblattes M 5, dass die Schadstellen während der Reparatur „abwasser-, fett- bzw. schmutzfrei“ zu halten sind, zeigt, dass es sich hierbei um einen Grundsatz in der Robotersanierungstechnik handelt. Anbieter, die auf eine Vorbehandlung der Sanierungsstellen durch Fräsarbeiten verzichten, können keine dauerhafte Reparatur erzielen.

Die Sanierungsstellen müssen frei von Abwasser und Fräsgut sein. Dieser Schritt sollte dokumentiert werden. Auch Werkstoffe, die eine Anwendung unter Wasser ermöglichen (Herstellerangabe) sind nicht in der Lage, unter Abwasser diese im Labor ermittelten Werte und Eigenschaften zu erzielen.

Einbau in falschen Temperaturbereichen

Beim Einsatz von Reparaturmaterialien ist eine Mindesttemperatur gemäß Herstellerangaben einzuhalten. Im Allgemeinen gilt eine Untergrenze von 5 °C. Treten große Temperaturunterschiede zwischen Altrohr und Reparaturmaterial auf, kann dies zu Ablösungen an der Flanke führen. Der Einsatz von Harzen bei einer zu kalten Kanalrohrtemperatur führt zu keinem Sanierungserfolg, da das Harz unter einer bestimmten Temperatur nicht mehr aushärtet. Diese Temperaturen sind hersteller- und systemabhängig. Die Einbaugrenzen sind den jeweiligen Zulassungen zu entnehmen und genauestens einzuhalten.

Bei den Verpressverfahren ist sowohl die Harztemperatur als auch die Kanaltemperatur maßgebend für die minimale Ausschalzeit. Wird die Schalung zu zeitig gezogen, kann dies zu einer mangelbehafteten Sanierungsstelle führen (siehe auch nächster Abschnitt).

Ausschalzeiten nicht eingehalten

Die als Beispiel in Tabelle 2.3.2 aufgezeigten minimalen Ausschalzeiten müssen mindestens eingehalten werden. Ein vorzeitiges „Ziehen“, d. h. Entfernen der Schalung oder des Verpressschildes kann nicht nur zum „Aufziehen“ des Harzes führen, sondern auch zum Ablösen des gesamten Harzkörpers aus der Sanierungsstelle. In beiden Fällen muss die Sanierungsstelle nachgefräst und erneut saniert werden.

TABELLE 2.3.2: Verarbeitungs- und Ausschalzeiten am Beispiel von EX-1824-rapid

Ausgangstemperatur am Ende des Mischvorganges [3] in °C	Verarbeitungszeit (auspressbar bis zu XX Minuten nach Mischbeginn) [2] in Minuten	Temperatur im Kanal [4] in °C	Minimale Ausschalzeit [1] in Stunden	Bemerkungen
15	45	10	min. 10	
		15	ca. 8	
20	35	10	min. 8	
		15	ca. 6	
25	30	10	min. 8	
		15	ca. 5	
30	25	10	min. 8	
		15	ca. 4	
35	20	10	ca. 6	
		15	ca. 3	Werte von 35 °C und mehr sollten nur in Ausnahmefällen praktiziert werden

1) Minimale Ausschalzeit bei günstigen Bedingungen. Für den Einfluss anderer Bedingungen, siehe Tabelle 2.3.1.

2) Diese Zeiten wurden im Baustelleneinsatz getestet und können als sicher angenommen werden.

3) Gemessen mit Stechthermometer in der gemischten Harzmasse nach Beendigung des Mischvorganges.

4) Hier kann ersatzweise annähernd die Temperatur am Übergang Schacht/Kanal gemessen werden.

Verpressdruck zu hoch / Harzmenge zu groß

Die eingeschalten Sanierungsstellen werden nahezu drucklos mit Harz verfüllt. Wird jedoch mit Druck zu viel oder zu schnell das Harz eingebracht, so kann dies zu einem Abheben der Schalungsmanschette führen. Das Abheben der Schalungsmanschette oder des Verpressschildes führt zu einem unkontrollierten Harzauftrag im Bereich der Sanierungsstelle. Dieser Harzauftrag kann als mangelhafte Sanierung betrachtet werden, wenn der Harzauftrag größer 2 % des Rohrquerschnittes oder 6 mm beträgt, wobei der jeweils größere Wert maßgebend ist. Wenn der Harzaustrag im Sohlbereich auch nur den kleineren Wert erreicht, kann dies als Abflusshindernis angesehen werden. Zur Vermeidung von fehlerbehafteten Sanierungsstellen durch einen übermäßigen Harzauftrag ist es erforderlich, den Harzauftrag mittels eines Fräsroboters mit passendem Fräswerkzeug abzutragen.

Thermische Aushärtung falsch eingestellt

Die Vorgaben der Materialhersteller müssen auch auf Bezug der erforderlichen Zeit- und Temperaturvorgaben eingehalten werden. Wird einer der Faktoren nicht eingehalten, so führt dies zu einer Veränderung der Aushärtezeiten des Materials an der Schadstelle. Nimmt man dann fälschlicherweise an, dass das Material nach Abschluss der thermischen Unterstützung ausgehärtet ist, und entfernt das Schalungssystem von der Schadstelle, kann dies zu ähnlichen Schadensbildern führen, wie sie oben unter dem Punkt „Ausschalzeiten nicht eingehalten" bereits beschrieben wurden.

Erweiterung/Unterbrechung durch Schadensausweitung oder Materialmangel

Bei größeren Reparaturstellen oder auch bei komplexen Riss- und Scherbenbildungen kann im Zuge der Reparaturarbeiten der Riss über die Frässtelle hinaus weiterlaufen. Diese Ausweitung des Schadensbildes wird oftmals erst nach der „Fertigstellung" der Reparaturarbeit sichtbar. Daraus ergibt sich, dass die Ausweitung des Schadensbildes in einem gesonderten Arbeitsgang repariert werden muss. Gleiches gilt bei Spachtelsystemen, die nur einen begrenzten Vorrat an Spachtelmaterial mit sich führen können. Ist das mitgeführte Spachtelharz aufgebraucht, so muss der Reparaturvorgang unterbrochen und mit einer neuen Harzmischung fortgesetzt werden. Bei verschiedenen Schadensbildern kann es sinnvoll sein, das im ersten Arbeitsgang eingebrachte Harz aushärten zu lassen, bevor man mit dem zweiten Arbeitsgang beginnt.

2.3.5 Erkennen und Bewerten von fehlerhafter Reparatur aus technischer Sicht

Reparaturstellen werden nach Abschluss der Arbeiten optisch geprüft und beurteilt. Bei der Beurteilung sind im Besonderen Fehlstellen in dem eingebrachten Material durch Lufteinschlüsse, Materialauftrag, Verfärbung sowie die Übergangskanten zwischen Harz und Rohrmaterial zu begutachten. Bei der Begutachtung der Reparaturstelle ist die Qualität der optischen Inspektion entscheidend.

Ein Harzauftrag kann als mangelhafte Reparatur betrachtet werden, wenn der Harzauftrag größer 2 % des Rohrquerschnittes oder 6 mm beträgt, wobei der jeweils größere Wert maßgebend ist. Wenn der Harzauftrag im Sohlbereich auch nur den kleineren Wert erreicht, kann dies als Abflusshindernis angesehen werden und die Reparaturstelle ist als mangelhaft zu betrachten und nachzubessern.

2.3.6 Behebung von Reparaturfehlern

Bei festgestellten mangelhaften Reparaturen müssen diese ausgefräst werden. Nach dem Ausfräsen muss die Reparatur der Schadstelle neu ausgeführt werden. Zu beachten sind jeweils die Einsatzgrenzen der Reparatursysteme. Sollte sich bei der wiederholten Reparatur einer Schadstelle kein akzeptables Reparaturergebnis einstellen, sollte in Absprache mit dem Auftraggeber ggf. das Reparaturverfahren in Frage gestellt und geändert werden.

Bei einem festgestellten übermäßigen Harzauftrag ist dieser mittels rohrschonender Fräsung oder z. B. einer Stahlbürste am Fräsroboter nachzuarbeiten.

2.3.7 Qualitätssicherung

Neben den allgemeine Qualitätssicherungsmaßnahmen, die für alle Reparaturverfahren gleich sind, sind beim Roboterverfahren die folgenden Maßnahmen zu ergreifen:

- Dokumentation der Schadstelle vor der Reparatur (bei jeder Schadstelle)
- Dokumentation der Reparaturstelle nach den Vorfräsarbeiten (von jeder Reparaturstelle)
- Dokumentation der Reparaturstelle unmittelbar vor dem Verpressen/Verspachteln (von jeder Reparaturstelle)
- Dokumentation des verarbeiteten Materials mit folgenden Angaben: Material, Chargennummer, Umgebungstemperatur, Kanaltemperatur.

Die Hersteller unterliegen im Rahmen ihrer Qualitätssicherung einer Eigen- bzw. Fremdüberwachung.

Die Dokumentation von jeder Reparaturstelle erfolgt mit den einzelnen Arbeitsschritten wie oben beschrieben jeweils mit einer Videosequenz, einem oder mehreren Digitalbildern und einem Arbeitsbericht.

Für jede Haltung, in der Reparaturen mit einem Roboterverfahren durchgeführt wurden, ist ein Reparaturprotokoll (Arbeitsbericht) gemäß BILD 2.3.3 zu erstellen. In diesem Arbeitsbericht erfolgt auch die Dokumentation der eingebauten Materialien mit Chargennummer und Herstellungsdatum und den Verarbeitungszeiten.

Die Arbeiten dürfen nur von ausgebildetem Fachpersonal mit ausreichender Berufserfahrung ausgeführt werden.

2.3.8 Toleranzen

Als Toleranz für den Harzauftrag kann der Wert aus der Renovierung mit Schlauchliner übernommen werden, somit ist der Toleranzbereich bis zu 2 % des Rohrquerschnittes oder 6 mm, wobei der jeweils größere Wert maßgebend ist.

Systembedingter Harzauftrag, z. B. bei Schalungsmanschetten im Bereich der Einfüllöffnungen, liegt dementsprechend im Toleranzbereich.

2.3.9 Wie gehen Baufirmen und Auftraggeber bei fehlerhafter Ausführung der Reparatur auseinander?

Fehlerhaft ausgeführte Reparaturstellen sind anzuzeigen und mit dem Auftraggeber zu besprechen. Bei der Besprechung werden die Art und Weise der Nachar-

*: Mischungsverhältnis und weitere technische Parameter, siehe Rückseite

Aufmaßblatt

Roboter/Stutzensanierung/Sideliner

Wetter:	Temperatur: Außen- in °C: Kanal- in °C:	Datum:	Anlage:
Bauleiter AN:	Reinigung: □ ja □ nein / Wasserhaltung: St./m	Auftraggeber:	Blatt Nr.: / Baustellen-Nr.:
Operateur:	DN:	Einsatzort:	Straße:
Mitarbeiter:	Haltungslänge:	TV-Voruntersuchung: □ ja □ nein	TV-Nachuntersuchung: □ ja □ nein
		Material:	Kanalart:
		Von Schacht: / Fließrichtung	**Nach Schacht:**

Schad.	Station	DWA	Einl. vorber.		Einlauf			Risse/	Hind-	Haft-	Re-	Mat.-	Verw.	Chargen-Nr.:		Mat-Mischz.		Mat-Topfz.		Ausschalzeit		Bemerkung
			Vorst.	Zurl.	San.	öffnen	Sidel	Muffen	nisse	grund	gie	verbr.	Material	Harz	Härter	soll	ist	soll	ist	soll	ist	
Nr.	(m)	Kürzel	(St.)	(St.)	(St.)	(St.)	(St.)	(St./m)	(St.)	(St.)	(Std.)	(kg)				(min.)		(min.)		(Std.)		
Gesamtsummen:																						

LV-Positionen:		
	St./m	
Wasserhaltg.		
Reinigung		
Umsetzen		

Lag.temp. 5 – 30 °C	□ ja □ nein
Mat.qualit. i.O.	□ ja □ nein
Haltbar bis:	
Vorreaktionszeit 10 Min eingehalten	□ ja □ nein

Aufgestellt:	Unseren Leistungen liegen die Ihnen bekannten "Allgemeinen Geschäftsbedingungen" zugrunde, auf die der Auftraggeber ausdrücklich hingewiesen wird. Sofern ich in fremden Namen handle, versichere ich, entsprechende Vollmacht zu haben.	Bemerkung:
Geprüft:		
Unterschrift AG:		

BILD 2.3.3: Muster eines Reparaturprotokolls

beit festgelegt. Da es sich bei der Reparaturstelle immer nur um einen örtlich begrenzten Bereich handelt, ist eine Nacharbeit meist unproblematisch.

Bei berechtigten Einwendungen muss ggf. das Reparaturverfahren geändert werden, auch wenn vor der Ausführung keine Bedenken gegen die Art und Weise der geforderten Reparatur geäußert wurden.

2.3.10 Lebensdauer/Nutzungsdauer

Bei der Reparatur mit dem Roboterverfahren wird gem. RSV-Merkblatt 5 von einer Lebens-/Nutzungsdauer von 15 Jahren ausgegangen. Bei einer fachgerechten Auswahl der Reparaturverfahren und einer optisch mangelfreien Ausführung kann die Lebens-/Nutzungsdauer jedoch erheblich höher sein.

Literatur

[1] RSV-Merkblatt 5 „Reparatur von Entwässerungsleitungen und Kanälen durch Roboterverfahren – Anforderungen, Gütesicherung und Prüfung“, 02-2007

[2] DWA-Merkblatt 143-16 „Sanierung von Entwässerungssystemen außerhalb von Gebäuden – Teil 16: Reparatur von Abwasserleitungen und -kanälen durch Roboterverfahren“, 12-2006

[3] RSV-Merkblatt 1 „Renovierung von Entwässerungskanälen und -leitungen mit vor Ort härtendem Schlauchlining – Anforderungen, Gütesicherung und Prüfung“, 11-2011

[4] DWA-Arbeitsblatt 143-3 „Sanierung von Entwässerungssystemen außerhalb von Gebäuden – Teil 3: Vor Ort härtender Schlauchliner“, 01-2013

2.4 Injektionsverfahren

(Ludger Wehr)

2.4 Injektionsverfahren

2.4.1 Verfahrensbeschreibung

Injektions-Verfahren werden zur Behebung örtlich begrenzter Schäden eingesetzt. Sie zählen somit zu den Reparaturverfahren und haben vornehmlich die Abdichtung von Kanalabschnitten zum Ziel, die durch

- undichte Rohrverbindungen,
- Radialrisse,
- Löcher,
- Scherbenbildungen,
- Längsrisse oder
- fehlerhafte Anschlusseinbindungen

geschädigt sind.

Bei den Injektionsverfahren werden Materialien durch Bohrpacker oder flexible Rohrpacker in das Bauteil oder den umgebenden Boden verpresst. Man unterscheidet Verfahren ohne und mit stabilisierender Wirkung.

Bei Verfahren ohne stabilisierende Wirkung werden in der Regel Gele in den umgebenden Boden verpresst. Sie enthalten zu einem großen Bestandteil Wasser und sind daher in einem eher trockenen Milieu nicht volumenstabil; daher besteht bei fehlender Umgebungsfeuchte aufgrund des Volumenschrumpfes die Gefahr der Bildung erneuter Undichtigkeiten. Diese Verfahren gelten mittlerweile nicht mehr als eigenständige Maßnahme, sondern werden fast ausschließlich zur temporären Vorabdichtung gegen Grundwassereintritt eingesetzt.

Bei Verfahren mit stabilisierender Wirkung werden Harze in das Bauteil oder den umgebenden Boden verpresst. Die Injektionsmaterialien haben somit sowohl abdichtende als auch bei Strukturschäden stabilisierende Wirkung.

Auch wenn Injektionsverfahren in den Bereich der Reparaturverfahren eingestuft sind, müssen sie Mindestansprüchen über die angesetzte Lebensdauer, die in der Literatur mit ca. zwei bis 15 Jahren angegeben wird, genügen.

Der durch Injektion reparierte Kanal muss nach den allgemein anerkannten Regeln der Technik dicht, standsicher und resistent gegen physikalische, chemische, biochemische und biologische Angriffe des Abwassers und auch widerstandsfähig gegen mechanischen Angriff bei der Kanalreinigung sein. Injektionsmaterialien müssen gegen häusliches und kommunales Abwasser resistent sein. Abweichende Betriebsbedingungen (z. B. Industriekanäle) erfordern eine spezifische Werkstoffauswahl.

Dies gilt auch dann, wenn der Einsatz von Injektionsverfahren dazu dient, die Nutzungsdauer von Kanälen mit Einzelschäden bis zu einer grundlegenden Sanierung zu verlängern. Dementsprechend sind sowohl an das Verfahren an sich, als auch an das ausführende Unternehmen zu erfüllende Anforderungen zu stellen, die im einschlägigen Regelwerk definiert sind.

Vornehmliches Ziel der Reparatur ist die dauerhafte oder temporäre Wiederherstellung der Dichtheit der Abwasserleitungen und -kanäle.

2.4.2 *Fehlermatrix für Verfahren ohne und mit stabilisierender Wirkung*

In TABELLE 2.4.1 sind mögliche erkennbare Fehler, Ursachen und Möglichkeiten der Fehlervermeidung bei Verfahren ohne stabilisierende Wirkung aufgeführt und im weiteren Text näher erläutert.

TABELLE 2.4.1: Fehlermatrix bei Verfahren ohne stabilisierende Wirkung

Erkennbare Fehler im Einbauzustand	**Mögliche Ursache**	**Möglichkeit der Fehlervermeidung**	**Kapitel**
Auslaufen des Injektionsmaterials am Packer	Kein druckdichtes Anliegen des Packers	Geeignete Packer verwenden	2.4.4.2
	Ungeeigneter Altrohruntergrund – Korrosion	Im Rahmen der Arbeitsvorbereitung vor Ausführung der Arbeiten Verfahren auf technische Durchführbarkeit prüfen	2.4.4.1
	Ungeeigneter Altrohruntergrund – ungenügende Hindernisentfernung	Hindernisentfernung Hindernisentfernung mittels optischer Inspektion kontrollieren	2.4.4.6
	Ungeeigneter Altrohruntergrund – poröse Rohrwerkstoffe	Im Rahmen der Arbeitsvorbereitung vor Ausführung der Arbeiten Verfahren auf technische Durchführbarkeit prüfen	2.4.4.1
	Ungenügender Arbeitsdruck	Geeignete Packer verwenden Einbauanweisung beachten	2.4.4.9
	Falsche Packerdimension	Arbeitsvorbereitung Kalibrierung	2.4.4.2
	Anschluss im Arbeitsbereich	Im Rahmen der Arbeitsvorbereitung vor Ausführung der Arbeiten Verfahren auf technische Durchführbarkeit prüfen Arbeiten unter Kamerabeobachtung Alternative Reparaturverfahren auswählen	2.4.4
	Risse, Brüche über den Arbeitsbereich hinaus	Im Rahmen der Arbeitsvorbereitung vor Ausführung der Arbeiten Verfahren auf technische Durchführbarkeit prüfen Optische Inspektion vor Arbeitsaufnahme	2.4.4.1 2.4.4.10
	Deformation, instabiles Altrohr	Im Rahmen der Arbeitsvorbereitung vor Ausführung der Arbeiten Verfahren auf technische Durchführbarkeit prüfen Optische Inspektion vor Arbeitsaufnahme	2.4.4.1
	Rohrversatz	Im Rahmen der Arbeitsvorbereitung vor Ausführung der Arbeiten Verfahren auf technische Durchführbarkeit prüfen Geeignete Packer verwenden Optische Inspektion vor Arbeitsaufnahme	2.4.4.1

Erkennbare Fehler im Einbauzustand	Mögliche Ursache	Möglichkeit der Fehlervermeidung	Kapitel
Geschädigtes Altrohr	Längsrisse	Im Rahmen der Arbeitsvorbereitung vor Ausführung der Arbeiten Verfahren auf technische Durchführbarkeit prüfen Optische Inspektion vor Arbeitsaufnahme	2.4.4.1
	Unzureichende Altrohrsubstanz	Im Rahmen der Arbeitsvorbereitung vor Ausführung der Arbeiten Verfahren auf technische Durchführbarkeit prüfen Optische Inspektion vor Arbeitsaufnahme	2.4.4.1
	Zu hoher Packerdruck	Im Rahmen der Arbeitsvorbereitung vor Ausführung der Arbeiten Verfahren auf technische Durchführbarkeit prüfen Geeignete Packer verwenden Einbauanweisung beachten	2.4.4.9
Mangelhafte Abdichtwirkung	Packer zu früh gezogen	Einbauanweisung des Materialerstellers beachten	2.4.4.10
	Falsche Topfzeit	Einbauanweisung des Materialerstellers beachten	2.4.4.7
	Zu starke Verdünnung z. B. durch Grundwasserströmungen	Im Rahmen der Arbeitsvorbereitung vor Ausführung der Arbeiten Verfahren auf technische Durchführbarkeit prüfen Geeignetes Material verwenden Kurze Topfzeiten wählen	2.4.4.2 2.4.4.7
	Arbeitstemperatur nicht eingehalten	Einbauanweisung des Materialerstellers beachten	2.4.4.7
	Volumenschrumpf beim „Trockenfallen“	Im Rahmen der Arbeitsvorbereitung vor Ausführung der Arbeiten Verfahren auf technische Durchführbarkeit und Eignung prüfen	2.4.4.2
	Fehlerhafte Mischung	Mischanweisung des Herstellers beachten Misch-/Rührzeit einhalten Rührgeschwindigkeit einhalten Materialtemperaturen einhalten Komponenten vor Umwelteinflüssen (Temperaturen, Luftfeuchtigkeit usw.) schützen	2.4.4.8
	Falsche Materialkomponenten	Abgestimmte Materialkomponenten verwenden Einbauanweisung des Herstellers beachten	2.4.4.2
	Falsche Ausgangsmaterialien (Harz)	Nur von den Herstellern zugelassene Materialkombinationen verwenden	2.4.4.2
	Falsche Lagerung des Materials	Lagertemperaturen laut Herstelleranweisung einhalten Mindesthaltbarkeitsdatum der Materialien beachten	2.4.4.3

In TABELLE 2.4.2 sind mögliche erkennbare Fehler, Ursachen und Möglichkeiten der Fehlervermeidung bei Verfahren mit stabilisierender Wirkung aufgeführt und im weiteren Text näher erläutert.

TABELLE 2.4.2: Fehlermatrix bei Verfahren mit stabilisierender Wirkung

Erkennbare Fehler im Einbauzustand	Mögliche Ursache	Möglichkeit der Fehlervermeidung	Kapitel
Auslaufen des Injektionsmaterials am Packer	Kein druckdichtes Anliegen des Packerprüfraumes	geeignete Packer verwenden	2.4.4.2
	Ungeeigneter Altrohruntergrund Korrosion	im Rahmen der Arbeitsvorbereitung vor Ausführung der Arbeiten Verfahren auf technische Durchführbarkeit prüfen	2.4.4.1
	Ungeeigneter Altrohruntergrund Ungenügende Hindernisentfernung	Hindernisentfernung Hindernisentfernung mittels optischer Inspektion kontrollieren	2.4.4.6
	Ungeeigneter Altrohruntergrund Poröse Rohrwerkstoffe	im Rahmen der Arbeitsvorbereitung vor Ausführung der Arbeiten Verfahren auf technische Durchführbarkeit prüfen	2.4.4.1
	Ungenügender Arbeitsdruck	geeignete Packer verwenden Einbauanweisung beachten	2.4.4.9
	Falsche Packerdimension	Arbeitsvorbereitung Kalibrierung	2.4.4.4
	Anschluss im Arbeitsbereich	im Rahmen der Arbeitsvorbereitung vor Ausführung der Arbeiten Verfahren auf technische Durchführbarkeit prüfen Optische Inspektion vor Arbeitsaufnahme Arbeiten unter Kamerabeobachtung	2.4.4
	Risse, Brüche über den Arbeitsbereich hinaus	Im Rahmen der Arbeitsvorbereitung vor Ausführung der Arbeiten Verfahren auf technische Durchführbarkeit prüfen Optische Inspektion vor Arbeitsaufnahme Arbeiten unter Kamerabeobachtung	2.4.4.1 2.4.4.10
	Deformation, instabiles Altrohr	Im Rahmen der Arbeitsvorbereitung vor Ausführung der Arbeiten Verfahren auf technische Durchführbarkeit prüfen Optische Inspektion vor Arbeitsaufnahme Arbeiten unter Kamerabeobachtung	2.4.4.1
	Rohrversatz	Im Rahmen der Arbeitsvorbereitung vor Ausführung der Arbeiten Verfahren auf technische Durchführbarkeit prüfen Geeignete Packer verwenden Hindernisentfernung	2.4.4.1 2.4.4.5

Erkennbare Fehler im Einbau-zustand	Mögliche Ursache	Möglichkeit der Fehlervermeidung	Kapitel
Geschädigtes Altrohr	Längsrisse	im Rahmen der Arbeitsvorbereitung vor Ausführung der Arbeiten Verfahren auf technische Durchführbarkeit prüfen Optische Inspektion vor Arbeitsaufnahme Arbeiten unter Kamerabeobachtung	2.4.4.1 2.4.4.10
	Unzureichende Altrohrsubstanz	Im Rahmen der Arbeitsvorbereitung vor Ausführung der Arbeiten Verfahren auf technische Durchführbarkeit prüfen Optische Inspektion vor Arbeitsaufnahme Arbeiten unter Kamerabeobachtung	2.4.4.1
	Zu hoher Packerdruck	Im Rahmen der Arbeitsvorbereitung vor Ausführung der Arbeiten Verfahren auf technische Durchführbarkeit prüfen Geeignete Packer verwenden Einbauanweisung beachten	2.4.4.9
Mangelhafte Abdichtwirkung	Packer zu früh gezogen	Einbauanweisung des Materialerstellers beachten	2.4.4.10
	Falsche Topfzeit	Einbauanweisung des Materialerstellers beachten	2.4.4.7
	Zu große Rissbreite	Im Rahmen der Arbeitsvorbereitung vor Ausführung der Arbeiten Verfahren auf technische Durchführbarkeit prüfen Geeignetes Material verwenden	2.4.4.1 2.4.4.2
	Zu starke Verdünnung z. B. durch Grundwasserströmungen	Im Rahmen der Arbeitsvorbereitung vor Ausführung der Arbeiten Verfahren auf technische Durchführbarkeit prüfen Geeignetes Material verwenden Kurze Topfzeiten wählen	2.4.4.2 2.4.4.7
	Arbeitstemperatur nicht eingehalten	Einbauanweisung des Materialerstellers beachten	2.4.4.7
	Fehlerhafte Mischung	Mischanweisung des Herstellers beachten Misch-/Rührzeit einhalten Rührgeschwindigkeit einhalten Materialtemperaturen einhalten Komponenten vor Umwelteinflüssen (Temperaturen, Luftfeuchtigkeit usw.) schützen	2.4.4.8
	Falsche Materialkomponenten	Abgestimmte Materialkomponenten verwenden Einbauanweisung des Herstellers beachten	2.4.4.2
	Falsche Ausgangsmaterialien (Harz)	Nur von den Herstellern zugelassene Materialkombinationen verwenden	2.4.4.2
	Falsche Lagerung des Materials	Lagertemperaturen lt. Herstelleranweisung einhalten Mindesthaltbarkeitsdatum der Materialien beachten	2.4.4.3

Erkennbare Fehler im Einbauzustand	Mögliche Ursache	Möglichkeit der Fehlervermeidung	Kapitel
Aufgebrochene Risse	Rissbewegung	Im Rahmen der Arbeitsvorbereitung vor Ausführung der Arbeiten Verfahren auf technische Durchführbarkeit prüfen; prüfen, ob das Bauteil in Ruhe ist Mechanische Belastungen hinsichtlich Scherfestigkeit, Elastizität ermitteln	2.4.4.1
	Rissbewegung	Geeignetes Material verwenden Im Druckbereich: Injektionsmittel mit ähnlichem E-Modul wie Bauteilfestigkeit verwenden Im Zugbereich: hochelastisches, gut haftendes Injektionsmittel verwenden	2.4.4.1
	Falsches, zu starres Injektionsmittel	Geeignetes Material verwenden	2.4.4.2
	Rissbewegung	Ursache für Bauteilbewegung beheben	2.4.4.1
	Rissbewegung	Bewegungsfugen herstellen mit plasto-elastischer Abdichtwirkung	2.4.4.2
Hoher Injektionsmittelverbrauch	Falsches Injektionsmittel	Auf Kornverteilung des umgebenden Bodens abgestimmtes Material verwenden Hohlraum größer als vermutet	2.4.4.2
	Zu lange Reaktionszeiten	Im Rahmen der Arbeitsvorbereitung vor Ausführung der Arbeiten Verfahren auf technische Durchführbarkeit prüfen Geeignetes Material verwenden Kurze Topfzeiten wählen	2.4.4.7

2.4.3 *Fehler in der Arbeitsvorbereitung*

Grundvoraussetzung für eine erfolgreiche Reparatur ist eine sorgfältige Ist-Aufnahme und Planung der Arbeiten. Hierfür sind dem ausführenden Unternehmen vom Auftraggeber alle notwendigen Planunterlagen zur Verfügung zu stellen.

Beachtet werden müssen beim Einsatz von Injektionspackern insbesondere folgende Punkte:

- Dimensionswechsel
- Richtungsänderungen
- Rohrversätze
- Anschlüsse
- Wurzeleinwüchse
- Grundwasserinfiltration
- Abflusshindernisse
- Deformationen

- Rohrwerkstoff
- Korrosion
- Beschaffenheit der Altrohroberfläche.

Baustellenverantwortliche haben sich mit den technischen Beschreibungen und Bedingungen des Leistungsverzeichnisses vertraut zu machen, diese mit den realen Bedingungen der Baustelle zu vergleichen und im Rahmen der Vorarbeiten zunächst zu klären, ob das Injektionsverfahren unter Beachtung der ermittelten Bedingungen zur Reparatur der Altleitung eingesetzt werden kann.

Qualifikationsnachweise, regelmäßige Schulungsmaßnahmen und Unterweisungen sind zu dokumentieren. Alle Arbeiten sind gemäß Verfahrensanweisung, einer beschriebenen Eigenüberwachung und Gütesicherung auszuführen.

Die maschinelle Ausstattung ist so zu gestalten, dass sie den gewerberechtlichen Auflagen entspricht und alle Misch- und Imprägniervorgänge vor Witterungseinflüssen geschützt ausgeführt werden können. Die notwendigen Prüfmittel (Waagen, Messbecher, Thermometer) sind zur Verfügung zu stellen. Alle eingesetzten Materialien sind gemäß den Herstellerangaben zu lagern, vorzubereiten und zu verarbeiten. Bei der Auswahl des Injektionsmittels sind neben der Leistungsbeschreibung auch die vorgefundenen Baustellenbedingungen (Abwassertemperatur, chemische Belastung, Altrohrzustand usw.) zu berücksichtigen.

Die Materialien sind einer Eingangskontrolle sowohl im Lager als auch auf der Baustelle zu unterziehen. Die Eingangskontrolle umfasst:

- Abgleich von Bestellung und Lieferscheinen
- Kontrolle der Werkszeugnisse
- Kontrolle des Verfallsdatums
- Visuelle Kontrolle der gelieferten Ware und der Verpackung.

2.4.3.1 Fehlerhafte Einschätzung der Beschaffenheit des Altrohres

Bei der Arbeitsvorbereitung ist die Beschaffenheit des Altrohres zu beachten. Zu raue, z. B. durch Korrosion geschädigte Oberflächen können zu einer Beschädigung oder zu einem nicht druckdichten Anliegen des Packers führen mit der Folge, dass Injektionsmaterialien in den Kanal laufen und dort eventuell zur Aushärtung kommen.

2.4.3.2 Falsche Ausgangsmaterialien

Die Injektionsmaterialien müssen gegen häusliches und kommunales Abwasser resistent sein. Im Vorfeld der Reparaturarbeiten ist die Belastung des Abwassers hinsichtlich Temperatur und Chemie zu ermitteln und das gewählte Injektionsmittel auf diese Belastung abzustimmen. Ebenso muss stehendes, drückendes oder fließendes Grundwasser an den Injektionsstellen bei der Wahl des Verfahrens und des Injektionsmittels berücksichtigt werden.

2.4.3.3 Falsche Lagerung des Materials

Überlagerte oder unter falschen Temperaturen gelagerte Injektionsmittel können dazu führen, dass das Material mangelhaft oder gar nicht reagiert. Dementsprechend sind die Lagertemperaturen laut Herstelleranweisungen einzuhalten, die Mindesthaltbarkeitsdaten der Materialien sind zu beachten. Überlagertes Material ist eindeutig zu kennzeichnen und zu sperren.

2.4.3.4 Fehlerhafte Dimensionierung

Eine falsche Dimensionierung des ausgewählten Packers kann zu folgenden Fehlerbildern führen:

- Undichtigkeiten
- Auslaufendes Injektionsmittel
- Einbauschwierigkeiten.

Ein zu groß gewählter Packer führt hierbei in der Regel zu Schwierigkeiten beim Einbau des Packers, im Extremfall zum Steckenbleiben des Packers. Wird ein zu klein dimensionierter Packer verwendet, führt dies zu einem nicht vollflächigen Anliegen des gesetzten Packers. Es ist daher unumgänglich, im Vorlauf zu den eigentlichen Sanierungsarbeiten eine Kalibrierung des Altrohres vorzunehmen

2.4.4 Fehler in der Reparaturausführung

Vor Ort sind vorab die Randbedingungen der Baustelle abzuklären (Zugänglichkeit der Schächte, Lagermöglichkeiten, Vorflut usw.) sowie baustellen- und verfahrensbezogen die Gefährdungen zu ermitteln und eine entsprechende Gefährdungsbeurteilung zu erstellen. Das Baustellenpersonal ist entsprechend zu unterweisen.

Die eingesetzten Verfahren dürfen nur durch mit den verbindlichen Festlegungen der Verfahrensanweisung vertrauten und darauf geschultes Personal durchgeführt werden.

2.4.4.1 Unzureichende Untergrundvorbehandlung

In den Bauablauf ist einzuplanen, dass alle Schadstellen vor dem Setzen des Packers mit einer dem Verfahren angemessenen Reinigung vorzubereiten sind. Der Einsatz entsprechenden Gerätes ist zu disponieren. Eine unzureichende Untergrundvorbereitung kann zu einem mangelnden Anliegen des Packers am Altrohr führen.

2.4.4.2 Ungenügende Hindernisentfernung

In den Altrohrquerschnitt hineinragende Hindernisse müssen grundsätzlich im Rahmen der Vorbereitungsarbeiten mittels einer optischen Inspektion erkannt und mit Hilfe entsprechender Reinigungsverfahren entfernt werden. Einragende Hindernisse gefährden den Reparaturerfolg auf mehrerlei Weise. Sie können zu Behinderungen beim Einbauvorgang und somit zur Beschädigung des Packers führen. Hindernisse im Bereich der Schadstelle verhindern ein sicheres Anliegen des Packers am Altrohr; hierdurch werden Dichtheitsnachweise verfälscht, Injektionsmaterialien können am Packer vorbei in den Kanal laufen und dort zur Aushärtung kommen. An dieser Stelle sei nochmal verwiesen auf die allgemeinen Ausführungen in Kapitel 2.4.3.

2.4.4.3 Nichtbeachten der Arbeitstemperaturen / falsche Topfzeit

Als Topfzeit bezeichnet man die Zeitdauer bis zur Reaktion des Injektionsmittels. Die Topfzeit ist abhängig von der Einstellung der Reaktionsharzmassen, der Verarbeitungstemperatur und der angesetzten Menge. Zu beachten ist hier, dass sich bei größeren Verarbeitungsmengen die Verarbeitungszeit wesentlich verkürzen kann. Üblicherweise sind die Topfzeiten für eine Injektionsmitteltemperatur von 20 °C angegeben. Höhere Umgebungs- und Injektionsmitteltemperaturen führen in der Regel zu einer Verkürzung, niedrigere Temperaturen zu einer Verlängerung der Topfzeiten. Insofern kann es bei einer falschen Injektionsmittelauswahl zu einer nicht gewollten vorzeitigen Aushärtung oder zu einer verlängerten Aushärtezeit bis hin zur nicht ablaufenden Reaktion kommen. Die Injektionsmittelauswahl ist dementsprechend auf die Umgebungstemperaturen – auch im Kanal – abzustimmen. Alle relevanten Temperaturen sind zu erfassen und zu dokumentieren.

2.4.4.4 Fehlerhafte Mischung

Um die Umgebungseinflüsse möglichst gering zu halten, sollte die Mischung von der Umgebungsatmosphäre unabhängig in einem geschlossenen System erfolgen. Zu beachten ist, dass bei den meisten Injektionsmitteln die Reaktion bereits unmittelbar mit dem Mischvorgang beginnt. Verschiedene Injektionsmittel reagieren beim Kontakt mit Wasser und somit bereits schon mit der in der Umgebungsluft enthaltenen Luftfeuchtigkeit. Bei mehrkomponentigen Systemen ist das Verhältnis der Einzelkomponenten exakt einzuhalten. Auf die Beachtung der Mischanweisung des Herstellers sei an dieser Stelle nochmals verwiesen.

2.4.4.5 Falscher Packerdruck

Ein zu geringer Packerdruck kann zu einem nicht druckdichten Anliegen des Packers führen mit der Folge, dass Injektionsmaterialien in den Kanal laufen und dort eventuell zur Aushärtung kommen.

Je nach Vorschädigung des Altrohres kann ein zu hoher Packerdruck zu einer weiteren Schädigung des Altrohres bis zum Kollabieren des Rohres führen. Die Vorgaben des Systemherstellers sind hier unbedingt zu beachten. Der vorgegebene Packerdruck ist während des gesamten Aushärtevorganges konstant zu halten, zu überwachen und im Rahmen der Eigenüberwachung vorzugsweise durch einen Datenlogger kontinuierlich zu dokumentieren.

2.4.4.6 Falsch gesetzter Packer

Ein nicht korrekt positionierter oder zu kurzer Packer überdeckt nicht die Schadstelle. Im Rahmen der Arbeitsvorbereitung ist die Schadstelle daher genau einzumessen. Grundsätzlich sollte das Positionieren des Packers unter Beobachtung einer Kanal-Inspektionskamera erfolgen.

2.4.5 Erkennen und Bewerten von fehlerhafter Reparatur

Für den Sanierungserfolg und die Dauerhaftigkeit ist die Abdichtwirkung des Injektionsmaterials auf der Bauteiloberfläche von besonderer Bedeutung. Besteht kein adhäsionsschlüssiger Verbund zwischen Injektionsmittel und Bauteil, ist die Sanierungsstelle undicht und die abdichtende Wirkung der Reparatur fraglich.

Der Mangelbegriff ist ableitbar aus § 633 Abs. 1 BGB und modifiziert in § 13 Abs. 1 VOB/B. Danach liegt ein Mangel vor, wenn die Leistung nicht die vertraglich zugesicherten Eigenschaften hat, nicht den anerkannten Regeln der Technik entspricht oder mit Fehlern behaftet ist, die den Wert oder die Tauglichkeit zu den gewöhnlichen oder nach dem Vertrag vorausgesetzten Gebrauch aufheben oder mindern.

Damit der Auftraggeber diese Bewertung durchführen kann, muss für jede durchgeführte Injektionsmaßnahme durch den Auftragnehmer eine lückenlose Dokumentation sämtlicher relevanter Prozessschritte angefertigt werden. Hierzu gehören auch eine rückverfolgbare Dokumentation aller eingesetzten Materialien sowie die vollständige und nachvollziehbare Dokumentation aller durchgeführten Arbeiten und der Arbeitsabläufe. Im Rahmen der Bewertung und der Abnahmefähigkeit der Reparaturmaßnahme muss zwischen vier grundsätzlichen Fehlerkategorien unterschieden werden:

2.4.5.1 Fehler in der Planung und Arbeitsvorbereitung

Planer und Baustellenverantwortliche haben sich im Vorfeld mit den technischen Beschreibungen und Bedingungen des Leistungsverzeichnisses vertraut zu machen, diese mit den realen Bedingungen der Baustelle zu vergleichen und im Rahmen der Vorarbeiten zunächst zu klären, ob das Injektionsverfahren unter Beachtung der ermittelten Bedingungen zur Reparatur der Altleitung eingesetzt werden kann.

2.4.5.2 Undichtigkeiten

Jede Injektionsstelle wird nach ihrer Fertigstellung im Rahmen der Qualitätssicherung einer Dichtheitsprüfung gemäß DIN EN 1610 und einer optischen Inspektion unterzogen. Die bestandene Dichtheitsprüfung ist unabdingbare Voraussetzung für die Bescheinigung des Reparaturerfolges. Einer Reparatur mit einer nicht bestandenen Dichtheitsprüfung fehlt die Funktionstauglichkeit; dies stellt nach Ansicht herrschender Meinung einen wesentlichen Mangel dar, der zur Verweigerung der Abnahme führen muss.

2.4.5.3 Fehler in der Bauausführung

Die Dichtheitsprüfung stellt jedoch nur eine Betrachtung zu einem Zeitpunkt, nämlich dem Prüfzeitpunkt, dar. Die Bewertung, ob eine Reparatur erfolgreich war, sollte den kompletten Zeitraum der angestrebten technischen Nutzungsdauer, zumindest jedoch den Zeitraum bis zum Ablauf der Gewährleistungsfrist umfassen.

Bestimmte Fehler in der Bauausführung können u. U. im Rahmen der Dichtheitsprüfung und der optischen Inspektion nicht erkannt werden. Zur Bewertung ist es daher notwendig, die angefertigte Dokumentation auf Vollständigkeit zu prüfen und mit den Anforderungen der Ausschreibungsunterlagen, der Beschreibung der bauaufsichtlichen Zulassung und der technischen Regelwerke zu vergleichen. Der Auftraggeber ist hier in der Pflicht, die Dokumentation sorgfältig daraufhin zu prüfen, ob Verstöße gegen eine ordentliche Bauausführung erkennbar sind. Denn sind dem Auftraggeber bei der Abnahme bereits Mängel bekannt, so muss er bei der Abnahme einen Vorbehalt machen, wenn er nicht sein Recht auf Nachbesserung oder Minderung verlieren will.

Als Mängel in der Bauausführung müssen u. a. alle Verstöße gegen die anerkannten Regeln der Technik, die Ausführungen im Verfahrenshandbuch sowie in der allgemeinen bauaufsichtlichen Zulassung betrachtet werden.

2.4.5.4 Optische Fehler

Solche Fehler können z. B. geringe Mengen Injektionsmittel sein, die sichtbar den Schadstellen anhaften. Sind diese Fehler im Rahmen der optischen Inspektion bei korrekter Bauausführung und nach bestandener Dichtheitsprüfung erkennbar, so ist näher zu untersuchen, ob diese Fehler die Betriebssicherheit des Kanales beeinträchtigen und behoben werden müssen. Wird die Betriebssicherheit des Kanales beeinträchtigt, so ist auch hier wieder von einem wesentlichen Mangel zu sprechen, der die Abnahmefähigkeit der Reparaturmaßnahme verhindert.

2.4.6 Behebung von Sanierungsfehlern

Die Behebung von Sanierungsfehlern einer Injektionsmaßnahme besteht in der Regel aus der Wiederholung der Reparaturmaßnahme. Lediglich im Bereich der optischen Fehler ist für den Fall, dass die Betriebssicherheit des Kanales nicht beeinträchtigt wird, eine Tolerierung denkbar. Dies ist jedoch im Einzelfall zu prüfen.

2.4.7 Qualitätssicherung

Grundlage der Qualitätssicherung sind qualitätssichernde Maßnahmen wie z. B. verfahrensspezifische Eignungsnachweise und eine beschriebene Eigen- und

Fremdüberwachung. Maßnahmen zur Qualitätssicherung sind u. a. in den Regelwerken ausführlich beschrieben. Auf DWA-Merkblatt 143-8 und die RSV-Merkblätter sei an dieser Stelle nochmals hingewiesen.

2.4.8 Einbindung von Anschlüssen und Schächten

Für die Einbindung von Anschlüssen und Schächten sei auf das einschlägige technische Regelwerk DWA-M 143-16, RSV-Merkblatt 5, RSV-Merkblatt 6.2 und die entsprechenden Kapitel in diesem Werk verwiesen.

2.4.9 Toleranzen

Es gibt keine einheitlichen speziellen Regelungen für Toleranzgrenzen für die Injektionsverfahren; hier kann das einschlägige Regelwerk für die Dichtheitsprüfungen DIN EN 1610 hinzugezogen werden. Ansonsten gelten die Ausführungen der Leistungsbeschreibung und die Ausführungen im Verfahrenshandbuch.

2.4.10 Wie gehen Baufirmen und Auftraggeber bei fehlerhafter Ausführung der Reparatur auseinander?

Grundsätzlich ist jeder vermeintliche Schaden im Einzelfall zu prüfen und mit dem Bauherrn abzustimmen. Injektionen werden zur Abdichtung von Kanalabschnitten begrenzter Länge eingesetzt. Dementsprechend sind alle Fehler, die Zweifel am Erreichen dieses Zieles aufkommen lassen, kritisch zu betrachten, da das eigentliche Sanierungsziel nicht erreicht wurde. Ebenso darf durch eine (fehlerhafte) Reparatur die Betriebssicherheit des Kanales sowie des gesamten Kanalnetzes nicht beeinträchtigt sein.

2.4.11 Lebensdauer/Nutzungsdauer

Die Länderarbeitsgemeinschaft Wasser (LAWA) sieht für Reparaturmaßnahmen an Kanälen eine technische Nutzungsdauer von fünf bis 15 Jahren vor. In der Praxis ist die technische Nutzungsdauer stark vom vorhandenen Untergrund und von der Qualität der Bauausführung abhängig.

Literatur

[1] Leitlinien zur Durchführung dynamischer Kostenvergleichsrechnungen (KVR-Leitlinien), 07-2012

[2] ATV-DVWK-Merkblatt 143-8 „Injektionsverfahren zur Abdichtung von Abwasserleitungen und -kanälen", 08-2004

[3] RSV-Merkblatt 4 „Reparatur von drucklosen Abwasserkanälen und Rohrleitungen durch vor Ort härtende Kurzliner (partielle Inliner); Anforderungen, Gütesicherung und Prüfung", 06-2009

[4] Ax, T.: Kanalbau von A-Z – Vergabe, Vertrag, Gütesicherung, 2013

[5] DIN EN 1610 „Einbau und Prüfung von Abwasserleitungen und -kanälen“, 12-2015

[6] DWA-Merkblatt 143-16 „Sanierung von Entwässerungssystemen außerhalb von Gebäuden, Teil 16: Reparatur von Abwasserkanälen und -leitungen durch Roboterverfahren“, 12-2006

[7] RSV-Merkblatt 5 „Reparatur von Entwässerungsleitungen und -kanälen durch Roboterverfahren“, 01-2014

[8] DWA-Merkblatt 143-7 „Sanierung von Entwässerungssystemen außerhalb von Gebäuden, Teil 7: Reparatur von Abwasserleitungen und -kanälen durch Kurzliner, T-Stücke und Hutprofile (Anschlusspassstücke)“, 07-2016

[9] DIN EN 752 „Entwässerungssysteme außerhalb von Gebäuden“, 07-2017

[10] RSV-Merkblatt 6 „Sanierung von begehbaren Entwässerungsleitungen und -kanälen sowie Schachtbauwerken – Montageverfahren“, 02-2007

[11] RSV-Merkblatt 6.2 „Sanierung von Bauwerken und Schächten in Entwässerungssystemen – Reparatur/Renovierung“, 09-2012

[12] DIN EN 15885 „Klassifizierung und Eigenschaften von Techniken für die Renovierung und Reparatur von Abwasserkanälen und -leitungen“, 03-2011

2.5 Hutprofiltechnik

(Reinhold Amthor)

2.5 Hutprofiltechnik

2.5.1 Verfahrensbeschreibung

Unter Hutprofiltechnik wird ein Verfahren zur Sanierung seitlicher Zuläufe und Anschlüsse in Kanälen mit einem hutähnlichen Stutzen einschließlich Krempe aus unterschiedlichen Materialien (siehe Bild 2.5.1) verstanden. Dabei kann das Verfahren als Reparaturverfahren oder auch als Ergänzung oder in Kombination zu Renovierungsverfahren eingesetzt werden. Dieses Verfahren wird in nicht begehbaren Rohrleitungen mit ferngesteuerten Arbeitsgeräten ausgeführt. In begehbaren Kanälen erfolgt der Einbau manuell. Diese Sanierungstechnik wird in drucklosen, überwiegend erdverlegten Entwässerungsleitungen im öffentlichen und privaten Bereich angewendet. **Bild 2.5.1** zeigt eine schematische Darstellung der Hutprofiltechnik.

Der Anwendungsbereich dieses Sanierungsverfahrens im Bereich der Reparatur sind Anschlüsse mit Rissen, Spalten und Scherbenbildung. Im Bereich einer Renovierung wird das Verfahren zur hinterwanderungsfreien Einbindung von bereits sanierten Haltungen mit Schlauchliningverfahren (siehe Kapitel 3.1) oder mit Close-Fit-Verfahren (siehe Kapitel 3.2) eingesetzt.

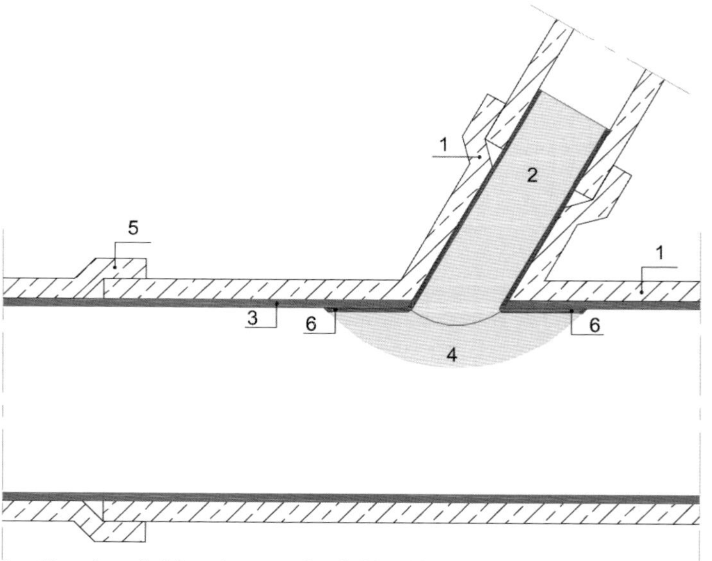

1 Abzweigmuffe/Abzweig
2 Hutprofil aus härtenden Formmassen in der Anschlussstelle
3 Schlauchliner im Kanal
4 Hutprofilkrempe
5 Kanalrohr (alt)
6 verklebte Verbindung

Bild 2.5.1: Schema Hutprofil zur Reparatur/Einbindung von Zuläufen (Quelle: RSV-Merkblatt 7.2)

Für die Einbindung von Anschlüssen stehen verschiedene vorkonfektionierte Varianten von Hutprofilen für den jeweiligen Anwendungsfall zur Verfügung.

Zum Einbinden von zuvor mit PE-HD-Neurohren sanierten Hauptkanälen werden Hutprofile mit einer PE-HD-Krempe verwendet. Die Krempe verfügt über aufgebrachte Heizwendel, mit denen eine „Verschweißung" hergestellt wird. Für den Schlauchliner (GFK oder Nadelfilz) kommen harzgetränkte Hutprofile mit flexibler Krempe zum Einsatz; diese werden mit dem Inliner verklebt.

Eine Variante bilden die Anschlussprofile mit „harter" Krempe (aus PP/PVC), die verklebt werden und daher auch kleinere Rohrausbrüche im Anschlussbereich überdecken können. Diese Variante ist auch für die Einbindung in Kanälen ohne Inliner anwendbar.

Alle vorher genannten Hutprofile können bei Zulaufwinkeln von mindestens 45 bis 90° eingesetzt werden.

Die Ausführung des Hutprofilverfahrens ist in folgenden Dimensionen möglich:

- Hauptrohr DN 200 (saniert, freier Querschnitt) bis DN 700
- Anschlussrohr DN 100 bis DN 200
- Ab DN 800 können die Hutprofile von Hand eingebaut werden.

Die Verbindung der Hutmanschette mit dem vorhandenen Anschluss sollte dauerhaft dicht sein. Die Verbindung muss der betrieblichen hydraulischen Hochdruckreinigung dauerhaft standhalten.

Eine schematische Darstellung des Einbauvorgangs zeigt **Bild 2.5.2**.

Schematische Darstellung des Einbauvorganges

Nach erfolgter Montage des vorbereiteten Hutprofils auf das Setzgerät muss die Facheinheit über einen Schacht in das Kanalrohr eingeführt werden.

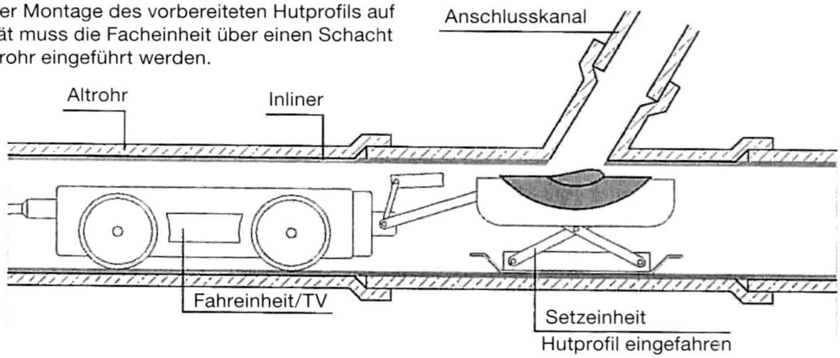

Die Fahreinheit mit TV-Kamera einschließlich Lasertechnik wird vor dem aufgefrästen Anschluss gedreht und so axial positioniert, dass das Hutprofil zentrisch in den Zulauf eingeführt werden kann.

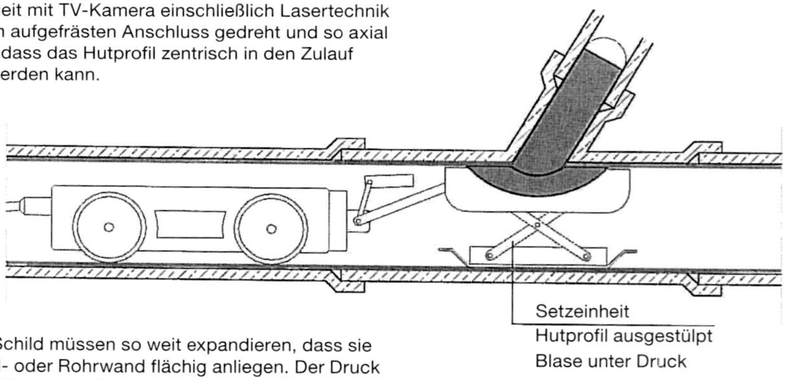

Blase bzw. Schild müssen so weit expandieren, dass sie an der Kanal- oder Rohrwand flächig anliegen. Der Druck zwecks Einstülpen und Anpressen muss den Herstellerangaben entsprechen.

Fertig eingebautes Hutprofil

Anmerkung: Die vorhandene Geometrie der Reparaturstelle gibt die Oberflächenbeschaffenheit vor. Nebenarbeiten können somit notwendig werden.

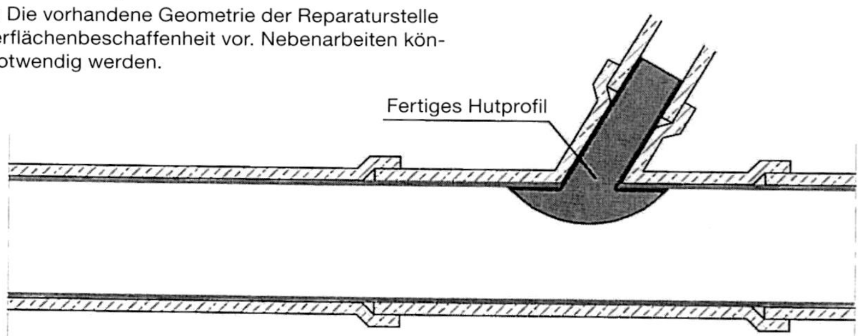

BILD 2.5.2: Schematische Darstellung des Einbauvorganges (oben und Mitte) und eingebautes Hutprofil (unten)

2.5.2 Mögliche Fehler der Hutprofiltechnik

Tabelle 2.5.1 zeigt mögliche Fehler in der Planungs- und Ausführungsphase.

TABELLE 2.5.1: Fehlermatrix

	Fehler	Mögliche Ursachen	Möglichkeiten der Fehlervermeidung	Kapitel
Planungsphase / Arbeitsvorbereitung	Fehler in der Planungsphase	Veraltete Planungsunterlagen	Nur aktuelle Planungsunterlagen verwenden	2.5.3
	Fehlerhafte Erfassung des Ist-Zustandes für die Planungsphase	Falsche Annahmen	Abgleich mit der Örtlichkeit	2.5.3
	Mängel in der Zustandsbewertung	Mangelnde Fachkompetenz des Zustandsbewerters	Einsatz von qualifizierten Fachleuten	2.5.3
	Nichtbeachtung des Grundwasserstandes	Nachlässigkeit	Einbau nur bei äußerst geringem Grundwasserstand Eventuell Vorabdichtung erforderlich	2.5.3
	Fehler in der Planungsphase/Arbeitsvorbereitung	Fehlerhafte optische Inspektion z. B. Abwasser im Kanal	Ausschließlich fehlerfreie und aktuelle optische Inspektionen zugrunde legen. Kanal nur abwasserfrei befahren	2.5.3
Reparaturausführung	Fehler bei der Reparatur	Mangelnde Fachkunde des Personals Unpassende Gerätetechnik	Einsatz von fachkundigem Personal Verwendung passender Gerätetechnik	2.5.4
	Nicht ausreichender Haftgrund	Mangelnde Vorbearbeitung z. B. durch Aufrauen der Kontaktstellen	Fachgerecht vorarbeiten	2.5.4
	Falsche Ausführung der Einbindung	Falsche Vorbewertung bzw. Verfahrensauswahl Nichteinhaltung der Verfahrensgrenzen	Wahl des passenden Verfahrens eventuell Einbindung in offener Bauweise erforderlich Verfahrensgrenzen einhalten	2.5.4
	Nicht aufeinander abgestimmtes Material und Härteverfahren	Fehlende Fachkenntnis	Einhaltung der Herstellervorgaben	2.5.4
	Missachtung der Mindestlängen	Nichtbeachtung der Vorgaben bzw. Einhaltung der vertraglichen Vorgaben	Einhaltung der Vorschriften und vertraglichen Vorgaben	2.5.4

	Fehler	Mögliche Ursachen	Möglichkeiten der Fehlervermeidung	Kapitel
Reparaturausführung	Erhebliche Querschnittsreduzierung des Anschlussbereiches	Ausführung Korrektur	Fräsarbeiten	2.5.4
	Nichtverklebung des Anschlussbereiches	Nicht passender Haftgrund zur Größe der Krempe	Einhalten von Vorgehen der Produktbeschreibung	2.5.4
	Undichte Einbindung	Fehlerhafte Vorbereitung / falsches Hutprofil / unkorrekte Ausführung	Fachgerechte Produktwahl einschließlich angepasster Ausführung	2.5.4
	„abstehender Kragen" im Hauptkanal	Größe des Kragens / Krempe nicht flächig geklebt Haftgrund nicht korrekt	Sorgfältige Ausführung Produktbeschreibung beachten	2.5.4 2.5.5
	„hochstehender Schaft" im Anschlusskanal	Mangelhafter Anpressdruck Verklebung am Schaftende mangelhaft	Sauber auslaufender Materialkeil Herstellerangaben beachten	2.5.4 2.5.5

2.5.3 Fehler in der Planungsphase und Arbeitsvorbereitung

Zu Beginn der Ausführungsplanung muss unbedingt gewährleistet sein, dass aktuelle und aussagekräftige Planunterlagen vorliegen. Eine fehlerhafte Erfassung des Ist-Zustandes ohne Abgleich mit der Örtlichkeit bewirkt eine Fehleinschätzung hinsichtlich der Reparaturfähigkeit mit dieser Technik. Die Beurteilung der Sanierungsfähigkeit sollte daher schon beim Erstellen des Sanierungskonzeptes ingenieurmäßig durchgeführt werden.

Der Einsatz von fachkundigem Personal zur Bewertung des Bestandes bzw. der optischen Inspektion ist wichtig. Ist der Auftraggeber nicht in der Lage, qualifizierte Angestellte zur Ausarbeitung einzusetzen, sollte ein Ingenieurbüro mit zertifiziertem(n) Kanalsanierungsberater(n) beauftragt werden.

Mängel in der baulichen Zustandsbewertung können auftreten infolge

- ungenauer TV-Untersuchung mit mangelhaften Angaben zu Rohrdurchmesser und Material,
- unkorrekter Einmessung/Stationierung des Zulaufkanals mit der Folge von Fehlbohrungen,
- falscher Annahme des Anschlusswinkels,
- allgemeiner Fehleinschätzung der Anschlussgeometrie,
- falscher Auswahl des Setzgerätes; ein Umbau wäre notwendig gewesen.

Anschlussbereiche mit großen Rohrausbrüchen sowohl des Hauptrohres als auch bei ankommenden (HA-)Rohrleitungen können mit einem Hutprofil allein nicht fachgerecht angebunden werden. Notwendig können zusätzliche Maßnahmen, wie Vorabdichten, Fräsen oder Vorprofilieren des Anschlussbereiches sein.

Eindringendes Grundwasser muss in geeigneter Weise vor dem Einbau abgedichtet werden. Es besteht die Gefahr der Auswaschung. Durch das eindringende Wasser wird Harz aus dem Laminat ausgespült bzw. das Harz verseift und kann somit nicht ausreichend aushärten. Eventuell vorhandene Feuchtigkeit beeinträchtigt das Sanierungsergebnis im Allgemeinen nicht. Das gilt auch für heizwendelverschweißte PE-Hutprofil-Krempen.

2.5.4 Fehler in der Reparaturausführung

Die Ausführung der Arbeiten sollte nur durch fachkundiges Personal erfolgen. Der Auftraggeber sollte bei der Ausschreibung auf einer lückenlosen Auflistung der Anforderungen bestehen. Die o. g. Problematik besteht bei Firmen ohne Qualifikationsnachweise. Auch hier muss im Vorfeld eine genaue Beurteilung erfolgen. Auf folgende Merkmale ist zu achten:

- Nachgewiesene Fachkunde
- Ausgebildetes Personal
- Geeignete Gerätschaften
- Fachbetrieb nach WHG § 19.

Das mechanische Bearbeiten der Reparaturstelle ist von großer Bedeutung. Zum einen als Haftgrundvorbereitung, zum anderen zum Abfräsen von einragenden Hindernissen und Unregelmäßigkeiten. Dies gilt für den Anschlussbereich im Hauptkanal wie auch für den Anschlussbereich im ankommenden seitlichen Rohr. Der Fräsaufwand richtet sich nach der Hutprofilgeometrie, d. h. Länge des Hutprofils und Größe der Krempe. Wichtig ist, dass ein fettfreier, fester Haftgrund entsteht, dem keine losen (Schmutz-)Partikel anhaften.

Auch die eventuell noch vorhandene Innenfolie beim Inliner im Hauptkanal muss sorgfältig entfernt (abgefräst) werden, damit die geharzte Hutkrempe mit dem Inliner verklebt werden kann.

Ein weiterer wichtiger Punkt ist der Übergang von Hutprofil in/auf die seitliche Zuleitung. Hier entsteht naturgemäß eine (geringe) Querschnittseinengung, die jedoch kein Abflusshindernis darstellen darf; idealerweise entsteht ein auf null auslaufender Materialkeil.

Beim Öffnen der Anschlüsse nach der Sanierungsmaßnahme muss auf Folgendes geachtet werden: Bei Nadelfilz-Linern aus UP-Harz ist mit der Einbindung des Anschlusses mindestens drei Wochen zu warten. Bei Epoxidharz-Linern kann sofort gearbeitet werden. Der zu sanierende Abzweig oder Anschlussstutzen darf nicht mit dem falschen Verfahren ausgeführt werden. Eine genaue und korrekte Beurteilung ist unumgänglich. Einzubauende Einbindungen von Anschlüssen müssen in Form, Lage und Zustand normgerecht sein.

Die Hutprofile werden als „Halbwaren“ zum Teil fabrikmäßig hergestellt und auf der Baustelle dem Anwendungsfall entsprechend konfektioniert (geändert/gekürzt) und geharzt. Der Operateur hat sich vor dem Setzen der Profile zu vergewissern, dass das vorgesehene Hutprofil für den Schadensfall geeignet ist. Die Hutkrempen sind aus flexiblen Materialien (Nadelfilz/Gewebe) hergestellt und können durch ihre Flexibilität unterschiedliche Geometrien im Bereich des seitlichen Anschlusses am Hauptrohr bewältigen. Bei abknickenden Zulängen kann in der Bogeninnenseite ein Materialüberschuss (Falte) entstehen; dies darf jedoch nicht ein Abflusshindernis darstellen.

Eine weitere Fehlerquelle ist die Missachtung der vorgeschriebenen und klassifizierten Mindestlängen nach DIN EN 13566-4. Auf eine sorgfältige Arbeitsweise ist in jedem Fall zu achten. Dies kann in der Regel nur durch fachkundiges Personal von Fachfirmen mit den entsprechenden Qualifikationsnachweisen erreicht werden (siehe oben). Die Einbaurichtlinien der Harzhersteller sind unbedingt zu beachten. Ein Einbauhandbuch muss auf der Anlage sein; hier sind alle verfahrenstechnischen Vorgaben genau aufgeschlüsselt.

Zu beachten ist auch die Beruhigungszeit der jeweiligen Inlinermaterialien; so kann bei einem epoxidharzgetränkten Inliner sofort angebunden werden, bei anderen Materialien (auch PE-HD) ist eine bestimmte „Beruhigungszeit“ einzuhalten.

Ein nicht korrekt und flächig anliegendes Hutprofil am Hauptkanal kann eine erhebliche Querschnittsreduzierung verursachen.

Ein nicht verklebter Anschlussbereich kann durch eine ursachgemäße Vorbereitung des Haftgrundes einschließlich der nicht passenden Verklebungsfläche zur Kragengröße entstehen.

Eine undichte Einbindung kann durch vielschichtige Fehler, wie in der Matrix aufgeführt, entstehen. Durch Anwendung der richtigen Produktauswahl und deren geforderten Ausführung ist dieses zu vermeiden.

Als erheblicher Mangel ist ein „abstehender Kragen im Hauptkanal“ zu bezeichnen. Dieser kann, wie im vorletzten Absatz beschrieben, durch

- mangelnde Vorbereitung des Haftgrundes oder durch
- nicht passende Verklebungsfläche zur Kragengröße

kurz- bzw. langfristig entstehen.

Des Weiteren ist die sachgemäße Handhabung des Setzgerätes zur Erlangung der notwendigen Einbaukriterien von Wichtigkeit (siehe folgende Beschreibung).

Bei einem „hochstehenden Schaft“ im Anschlusskanal spricht man von einem Mangel.

Die richtige Bedienung des Setzgerätes einschließlich der Expandierung der Blase mit notwendigem Anpressdruck ist nach Herstellerangaben zu beachten.

2.5.5 *Erkennen und Bewerten von fehlerhafter Reparatur aus technischer Sicht*

Das Erkennen und Bewerten von Fehlern bei der Abnahme von Hutprofilen können über Einbauprotokolle, Dichtheitsprüfungen und optische Inspektionen erfolgen. Eine Fehlerbestimmung kann in den Bereichen

- Dichtheit,
- Ausführungsfehler oder
- Optischer Fehler

erfolgen.

Als Nachweis der Dichtheit wird die korrekte Durchführung der beschriebenen Arbeiten und die optische Inspektion bei der Abnahme herangezogen. Werden zusätzlich zur optischen Inspektion Dichtheitsprüfungen (mit Luft oder Wasser) gefordert, sollten diese stichprobenartig erfolgen.

Daher sollte die Abnahmeuntersuchung mit geeignetem Gerät nach Regelwerk durchgeführt werden.

Werden bei der Abnahmeuntersuchung Infiltrationen festgestellt, so ist die Reparatur als erfolglos zu werten.

Anmerkung: Festzustellen ist, dass bei der Dichtheitsprüfung des Anschlussbereichs (Sanierung mit Hutprofil) noch erheblicher Handlungsbedarf besteht. Es wäre notwendig und wünschenswert, dass die Hersteller vorhandene Systeme weiterentwickeln oder in der Betrachtung völlig neue Wege gehen.

Bei einer notwendigen Fehlerbewertung sind die vorliegenden Einbauprotokolle und Materiallisten zu prüfen. Ein Abgleich mit den Forderungen und Beschreibungen in den Ausschreibungstexten ist vorzunehmen.

Die nachfolgenden Fehlerbeispiele sind als „Mangel“ zu werten. Nicht flächig verklebte Teile des Formteils, wie

- abstehender Kragen im Hauptkanal oder
- hochstehender Schaft im Anschlusskanal.

Im Anschlussbereich des Hutstutzens können im Innenradius der Abwinkelung Falten auftreten.

Optischer Fehler / technischer Fehler

Wenn die Funktionsfähigkeit nicht beeinträchtigt ist, haben optische Fehler keinen Einfluss auf die Qualität. Technische Fehler sind als Mangel einzustufen. Diese können wie folgt aussehen:

- Unzureichende Tränkung
- Mangelnde Haftung
- Sichtbare Ablösung einzelner Bereiche
- Mangelnde Abdeckung des Schadensbereiches.

2.5.6 Behebung von Sanierungsfehlern

Abflusshindernisse, Undichtheiten, lose Teile (Ablösungen/Harzüberschuss) usw. können meistens nur durch Entfernen (Ausfräsen) des gesamten Hutprofils und anschließendes Neusetzen behoben werden. Hier ist die Fehlerursache zu ergründen.

2.5.7 Qualitätssicherung

Für eine ordnungsgemäße Qualitätssicherung müssen sämtliche relevanten Prozessschritte lückenlos dokumentiert werden. Diese sind im Einzelnen:

2.5.7.1 Eignungsnachweise

Die verfahrensspezifischen Eignungsnachweise der verwandten Materialien sind unerlässlich (Hinweis: Der Eignungsnachweis gilt auch als erbracht, wenn eine bauaufsichtliche Zulassung vorliegt). Erforderliche Qualitätsprüfungen der Materialien kann der Hersteller durch Fremdüberwachung mit Zeugnisaufstellung erreichen. Durch die Eigen- und Fremdüberwachung bei der

- Herstellung,
- Eignungsprüfung und
- Baustellenbeprobung

werden die vorgegebenen Qualitätsanforderungen erreicht.

2.5.7.2 Dokumentation

Die Arbeitsprozesse sind durch erforderliche Aufzeichnungen nachzuweisen. Diese Dokumente müssen folgende Auflistungen beinhalten:

- Baustellenprotokoll
- Videoaufzeichnungen (Reparatur, Einmessungen, verfahrensbedingte Vorarbeiten)
- Tagesberichte.

2.5.7.3 Prüfungen

Alle relevanten Prozessschritte, wie z. B. Nachweis der Fräßarbeiten und Öffnung der Anschlüsse usw., müssen durch Videoaufzeichnung dokumentiert werden.

2.5.8 Einbindung von Anschlüssen in nicht begehbaren Freispiegelleitungen

Die Hutprofiltechnik ist ein Verfahren ausschließlich zur Einbindung von Anschlussleitungen, so dass an dieser Stelle keine spezielle Erläuterung erfolgt, da diese ausführlich bereits in der Verfahrensbeschreibung enthalten ist.

2.5.9 Toleranzen

Es bestehen keine einheitlichen Regelungen für Toleranzgrenzen. Bei auftretenden Abflusshindernissen ist die betriebliche Beeinflussung zu prüfen. Jede Abweichung von der Planungsvorgabe ist individuell zu betrachten, zu prüfen und zu bewerten.

2.5.10 Wie gehen Baufirmen und Auftraggeber bei fehlerhafter Ausführung der Reparatur auseinander?

Auftraggeber und Auftragnehmer müssen kooperativ und mit Augenmaß miteinander umgehen. Beim Beheben von Schäden sollten beide Seiten eine „Verschlimmbesserung" vermeiden – Nachbesserungen bringen nicht immer den gewollten Erfolg. Beide Seiten können auch über Preisnachlässe verhandeln, um unnötigen Zeitaufwand und weitere Fehler zu vermeiden.

2.5.11 Lebensdauer/Nutzungsdauer

Die Hutprofiltechnik ist ein eigenständiges Reparaturverfahren, kann aber auch in Verbindung, Ergänzung oder Kombination mit Renovierungsverfahren eingesetzt werden. Es ist bei einer Reparatur von einer Lebens- und Nutzungsdauer von mehr als zehn Jahren auszugehen.

Literatur

[1] DIN EN 13566-4 „Kunststoff-Rohrleitungssysteme für die Renovierung von erdverlegten drucklosen Entwässerungsnetzen (Freispiegelleitungen) – Teil 4: Vor Ort härtendes Schlauchlining", 04-2003

[2] RSV-Merkblatt 7.2 „Hutprofiltechnik zur Einbindung von Anschlussleitungen – Reparatur/Renovierung", 02-2009

[3] Rohrleitungen – Verbinden Europa. IRO-Schriftenreihe Band 26, Vulkan-Verlag, Essen

[4] Instandhaltung von Kanalisation – Titel 5: Sanierung. 3. Auflage, Ernst und Sohn Verlag

[5] Einbindung von Hausschlüssen. bi-Umweltbau (2007), Nr. 5

[6] Klaum, D.; Amthor, R.: Vortrag, Nürnberger Kolloquium zur Kanalsanierung, 3. Juli 2008

[7] Münch, U.: Nachweis der Dichtheit bei Hutprofilen im Anschlussbereich. In: Rohrleitungen im Zeichen des Klimawandels, Tagungsband zum 27. Oldenburger Rohrleitungsforum, 2013

3. Fehler bei der Renovierung

3.1 Vor Ort härtende Schlauchliner

(Stefan Schikora)

3.1 Vor Ort härtende Schlauchliner

3.1.1 Verfahrensbeschreibung

Die Hersteller und Anwender von Schlauchlinern arbeiten seit mehr als 30 Jahren auf dem Gebiet der Sanierung von Abwasserkanälen und -leitungen. Beim Schlauchlining wird ein flexibler Schlauch aus Träger- und/oder Verstärkungsmaterial mit Reaktionsharz imprägniert und dann über einen Schacht in grabenloser Bauweise nach dem Inversions- (mit Wasser- oder Luftdruck) oder nach dem Einziehverfahren mit einer Winde in den zu sanierenden Kanal eingebracht. Die Härtung (Polymerisation) erfolgt durch Wärme oder Licht.

Das Schlauchlining erfolgt vorzugsweise im öffentlichen Kanalnetz, aber auch in Grundleitungen industrieller und privater Entwässerungsanlagen, die der Ableitung häuslicher und gewerblicher Abwässer dienen. Schlauchlining kann sowohl in begehbaren als auch in nichtbegehbaren Kanälen aller Querschnittsformen, unabhängig vom vorhandenen Werkstoff des Altrohres eingesetzt werden. Der gängige Durchmesserbereich reicht von DN 100 bis DN 2000. Die sanierten Kanäle werden im Regelfall drucklos als Freispiegelleitungen betrieben. Eine zusätzliche Innendruckbelastung (außer durch Überstau) tritt dabei nicht auf. Bei der Beurteilung des Tragverhaltens der Schlauchliner und deren Materialeigenschaften ist zu berücksichtigen, dass Linertypen mit unterschiedlichen Harzen und Trägern bzw. Verstärkungsmaterialien sowie Kombinationen daraus zum Einsatz kommen. BILD 3.1.1 zeigt den schematischen Aufbau eines Schlauchliners.

Die spezifischen mechanischen Kenndaten fallen aus diesem Grund sehr unterschiedlich aus. Sie sind daher nur produktbezogen zu betrachten und nicht direkt vergleichbar.

Die Vorkonfektionierung und Harzimprägnierung der Schläuche erfolgen größtenteils baustellenbezogen mit Anlagen im eigenen Unternehmensbereich oder in zugelassenen stationären Imprägnierbetrieben.

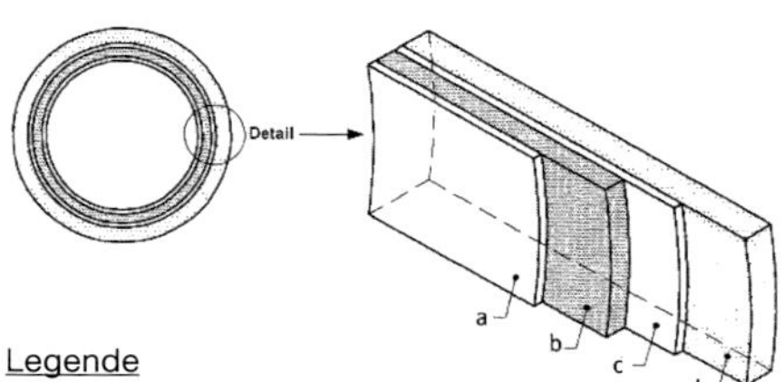

Legende
a: Innenfolie
b: Verbund (Harz in Trägermaterial/Verstärkung)
c: Außenfolie
d: Altrohr

BILD 3.1.1: Schematischer Aufbau eines Schlauchliners

Eine mobile Imprägnierung auf der Baustelle (vor Ort) für die haltungsweise Sanierung ist nur in dafür vorgesehenen speziellen mobilen Tränkungsanlagen zu empfehlen. Ohne eine solche Vorrichtung ist jegliche Anwendung zu vermeiden, da verschiedene Einflussfaktoren den ungestörten Arbeitsablauf gefährden können.

3.1.2 Mögliche Fehler bei vor Ort härtenden Schlauchlinern

TABELLE 3.1.1 zeigt die Fehlermatrix bzw. die zulässigen Imperfektionen für Schlauchliner.

TABELLE 3.1.1: Fehlermatrix für vor Ort härtende Schlauchliner

Gesehene Fehler	Mögliche Ursachen	Möglichkeiten der Fehlervermeidung	Kapitel
Fehler in der Planung	Veraltete Planungsunterlagen	Nur aktuelle Planungsunterlagen verwenden	3.1.3.1
Mängel in der Zustandsbewertung	Die Zustandsbewertung ist nicht fachkundig erstellt worden	Fachkundige Bewertung vornehmen lassen	3.1.3.1
Fehler in der Arbeitsvorbereitung	Fehlerhafte optische Inspektion	Nur fehlerfreie, aktuelle optische Inspektionen verwenden	3.1.3.1
Axial verlaufende Falten	Falsche Kalibrierung des Altrohres Falsche Konfektionierung des Liners Ungenügender Aufstelldruck (Liner liegt nicht am Altrohr an)	Exakte Kalibrierung vor Linerkonfektion Eigenkontrolle beim Fertigen des Liners Eigenkontrolle bei der Druckbeaufschlagung und beim Einbauvorgang	3.1.4.4
Radial verlaufende Falten	Stauchung beim Einbau, besonders in Innenradien Gestörter Einbauvorgang Unkontrolierte Dehnung der Schutzfolien Versatz	Nur in begrenzten Maße vermeidbar z. B. größere Radien Abhilfe durch gleichmäßigen Einbau Geeignete Schutzfolien verwenden Nur durch Vorbehandlung vermeidbar	3.1.4.5
Wanddickenüberschreitung (statisch tragende Wanddicke)	Zu geringer Verdichtungsdruck Falsche Konfektionierung des Liners	Kontrolle bei der Verdichtung Eigenkontrolle beim Fertigen des Liners	3.1.4.8
Wanddickenunterschreitung (statisch tragende Wanddicke)	Zu hoher Verdichtungsdruck Falsche Konfektionierung des Liners	Kontrolle Trägermaterial Eigenkontrolle beim Fertigen des Liners	3.1.4.8
Korrosion	Verwendung falscher Ausgangsmaterialien	Liner-Herstellung genau nach Anforderungsprofil	3.1.4.9

Gesehene Fehler	Mögliche Ursachen	Möglichkeiten der Fehlervermeidung	Kapitel
Lufteinschlüsse	Ungenügender Verdichtungsdruck Ablösen der Einbaufolie vor der Harzreaktion Imprägnierfehler	Kontrolle bei der Verdichtung Schwankender Verdichtungsdruck vermeiden Eigenüberwachung	3.1.4.10
Axiale Lageveränderungen nach der Aushärtung	Auftretende Schrumpfspannung Thermisch bedingte Lageänderung durch Abkühlung	Einbauparameter einhalten Vollständiges Öffnen der Anschlüsse nach Abklingen der Schrumpfspannung	3.1.4.11
Nicht erreichte Materialkennwerte	Mangelnde Aushärtung Ungenügender Aufstelldruck Grundwasser	Sorgfältige Beachtung der Verfahrensabläufe Konzept zur Abflusslenkung erstellen	3.1.4.7
Einbauschwieriegkeiten	Verfrühte Harz-Reaktion auf dem Transportweg bzw. bei unsachgemäßer Lagerung	Lagerungsvorschriften des Herstellers beachten	3.1.4.12
Zulaufeinbindungen undicht	Mangelhafte Ausführung der Anbindung Falsche Auswahl der Einbindungstechnik	Einbauanweisung beachten Auf die Situation abgestimmte Einbindungstechnik auswählen	3.1.8
Schachteinbindungen undicht	Schachteinbindung hergestellt bevor Restspannungen abgebaut sind	Zeitlich verzögerte Schachteinbindungen	3.1.8

3.1.3 Fehler in der Arbeitsvorbereitung

Um eine Sanierungsmaßnahme erfolgreich auszuführen, ist eine sorgfältige Planung und Arbeitsvorbereitung notwendig. Denn neben Fehlern in der Bauausführung sind oftmals schon Fehler in der Arbeitsvorbereitung der Grund für ein mangelhaftes Sanierungsergebnis. Vor jeder Schlauchliningmaßnahme steht somit die Planung der Maßnahme.

3.1.3.1 Fehler in der Planung

Die Grundlagen der Planung sind im Merkblatt DWA-M 143-1 dargestellt. Die Ursachen einer fehlerhaften Planung sind vielfältig. Oft ist die optische Inspektion der Leitung nicht fachgerecht durchgeführt worden, oder die Überprüfung liegt schon Jahre zurück und zeigt nicht mehr den aktuellen Stand des zu sanierenden Kanalabschnittes. Dieser ist wichtig, um Veränderungen bezüglich Rohrversatz, Wurzeleinwuchs, Grundwasserinfiltration, Deformation usw. zu berücksichtigen. Gerade bei starken Grundwasserinfiltrationen ist ein Einziehverfahren nicht die erste Wahl.

Eine weitere Fehlerquelle ist die nicht oder nur mangelhaft durchgeführte Überprüfung von Anschlussleitungen. Somit werden häufig nicht benötigte Anschlüsse nach der Sanierung wieder geöffnet.

Zu einer umfassenden Planung gehört auch ein statischer Nachweis gemäß DWA-A 143-2. Hierzu müssen auch alle erforderlichen Parameter, wie z. B. Altrohrzustand (Angabe der Verformung), seitliche Bettung bei Altrohrzustand II und III, usw., festgelegt werden. Dabei unterlaufen dem Planer regelmäßig Fehler, die dann Auswirkungen auf die Gebrauchsfähigkeit des Schlauchliners haben.

Für einen ungestörten Arbeitsablauf sind zusätzlich folgende vorbereitende Arbeiten notwendig: Beantragen und Einholen von Genehmigungen, Informieren der Leitungsträger und der Anwohner sind häufig Ursache für einen gestörten Arbeitsablauf, dies kann zu Schwierigkeiten bei der zur Verfügung stehenden Topfzeit der Harze führen.

3.1.3.2 Fehler in der Abflusslenkung (Aufrechterhaltung der Vorflut)

Vor Beginn der Arbeiten ist der zu renovierende Kanal abwasserfrei zu halten, daher ist das Abwasser umzuleiten, oder schadlos rückzustauen. Hierbei wird oft die Wassermenge unterschätzt und mögliche Regenfälle nicht berücksichtigt, dies führt zu Überflutung der Schächte und beeinträchtigt den Aushärtevorgang.

3.1.3.3 Fehler bei Reparaturarbeiten vor Einbau des Schlauchliners

Bei Undichtigkeiten, Lageabweichungen oder fehlenden Wandungsteilen kann es notwendig sein, Reparaturarbeiten vor dem Einbau des Schlauchliners durchzuführen. Bei diesen Vorarbeiten ist zu beachten, dass der Querschnitt des Altrohres nicht zu stark verengt wird. Bei Nichtberücksichtigung kann es zu Faltenbildungen in diesen Bereichen kommen.

3.1.3.4 Fehler beim Einmessen der Anschlüsse

Anschlüsse müssen vor dem Einbau des Schlauchliners exakt nach Station und Lage eingemessen und dokumentiert werden, um diese nach der Sanierung wiederzufinden. Wird diese Arbeit nicht sorgfältig durchgeführt, kommt es gerade bei stärkeren Linerwanddicken zu Fehlbohrungen. Diese Fehlbohrungen sind zwingend mit geeigneten Maßnahmen zu verschließen.

3.1.3.5 Fehler bei der Kalibrierung

Vor jeder Sanierung muss der Kanal kalibriert werden, hierzu eignen sich verschiedene Verfahren. Fehler bei der Kalibrierung können zur Faltenbildung in Längsrichtung oder zu einem Überdehnen des Liners bzw. Ringspalt zwischen Altrohr und Schlauchliner führen.

3.1.3.6 Fehlerquellen bei der Fertigung der Schlauchliner

Der Schlauchliner besteht aus der trockenen Komponente des Trägermaterials, das zur Aufnahme des Harzes dient, und der flüssigen Komponente des Harzsystems (Polyesterharze UP, Epoxidharze EP oder Vinylesterharze VE).

Zusätzlich zu diesen Grundkomponenten können Schlauchliner auch Verstärkungen, Füllstoffe und Folien bzw. Beschichtungen aufweisen.

Im Werk wird der Schlauchliner konfektioniert, hierbei kann es zu Fehlern in der Dimensionierung des gesamten Liners oder der einzelnen Lagen untereinander kommen. Ebenso können Beschädigungen der Beschichtungen durch mangelnde Sorgfaltspflicht auftreten.

3.1.4 Fehler in der Renovierungsausführung

Beim Schlauchlining werden unterschiedliche Einbau- und Härtungsverfahren eingesetzt. Hierbei kann es zu unterschiedlichen Fehlern kommen.

3.1.4.1 Überdehnung des Liners

Beim Einziehverfahren müssen die zulässigen Zugkräfte eingehalten werden. Hierzu sollten Winden mit einer Zugkraftbegrenzung oder ausgestattet mit einem Schreiber eingesetzt werden. Bei einer Überschreitung der zulässigen Zugkraft kann es zur Überdehnung oder, im Extremfall, zum Reißen des Schlauchliners kommen.

Beim Inversionsverfahren (Krempeln bzw. Umstülpen) muss der Innendruck konstant so gewählt werden, dass der imprägnierte Schlauch vollständig an der Kanalwandung anliegt. Bei Nichteinhaltung kann es zu Faltenbildung kommen (BILD 3.1.2).

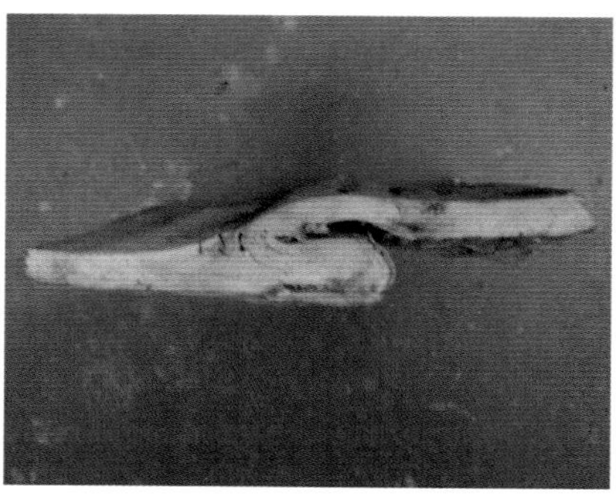

BILD 3.1.2: Faltenbildung (Quelle: A. Haacker)

3.1.4.2 Beschädigungen der Außenfolie/Beschichtung

Vor dem Einbringen des Schlauchliners sind alle störenden Hindernisse im Kanal zu beseitigen, dies ist unmittelbar vorher durch eine optische Kontrolle zu dokumentieren. Bei nicht sachgemäßer Ausführung, kann die Außenfolie/Beschichtung beschädigt werden.

3.1.4.3 Beschädigungen der Innenfolie/Beschichtung

Schäden an der Innenfolie/Beschichtung können durch Nichteinhalten der Aufstelldrücke bzw. Aufstellgeschwindigkeiten infolge von Überbelastung hervorgerufen werden. Ebenso können Beschädigungen durch zu hohe Temperaturen, hervorgerufen durch die UV-Strahler, entstehen.

3.1.4.4 Axial verlaufende Falten

Bei Querschnittsverengungen oder Bögen im Bereich der Innenradien kann es zu Faltenbildung bei Materialüberschuss kommen. Derartige Materialüberschüsse (Falten) sind, wie die einzelnen Lagen aus dem Wandaufbau, normal verdichtet und verfügen auch über die gleiche interlaminare Zug-Scherfestigkeit. Auspressungen von etwaigen Harzüberschüssen treten in der Regel dabei nicht auf, so dass keine Undichtheiten oder Laminatschwächungen an diesen Stellen auftreten.

Demgegenüber können Falten auch durch folgende Fehler verursacht werden:

- Falsche oder fehlerhafte Kalibrierung
- Falsche oder fehlerhafte Konfektionierung
- Ungenügender Aufstelldruck.

Durch diese Fehler herbeigeführte Falten weisen hingegen keine normale Verdichtung des Laminates und somit keine massive Struktur auf. Hierbei kann es zu Undichtigkeiten kommen.

3.1.4.5 Radial verlaufende Falten

Es können sich ebenso radial verlaufende Faltenbildungen zeigen. Der Grund hierfür liegt – besonders beim Durchfahren von Innenkurven – in einer Stauchung des Schlauchliners.

Diese Charakteristik lässt sich nur im begrenzten Maße vermeiden, z. B. durch Berücksichtigung der örtlichen Gegebenheiten wie Kurvenlage und Radien in Abstimmung der Geschwindigkeit des Einzieh- bzw. Inversionsvorganges.

Die infolge eines schleppenden Einbaus auftretenden Radialfalten (Anfahren und Stoppen des Schlauchliners) können durch eine gewissenhafte Vorplanung vermieden werden. Damit kann ein gleichmäßiges Fortschreiten der Ausführung gewährleistet werden.

Behinderungen, wie das Auftreten von Versätzen innerhalb der Altrohrleitung, führen beim Liner-Einbau zwangsläufig zu örtlich begrenzten Falten, auch hier schafft eine gewissenhafte Vorbereitung vor der Sanierung Abhilfe.

3.1.4.6 Örtlich begrenzte Beulen

Beulen können beim Einschließen (Überfahren) von im Kanal liegenden Hindernissen entstehen. Diese können auftreten, wenn zwischen der Reinigung und der Sanierung ein zu großer Zeitraum liegt.

Beulen im Schlauchliner können zusätzlich durch zu hohen Grundwasserstand in Verbindung mit zu geringem Innendruck bei der Inversion bzw. Aushärten des Schlauchliners entstehen.

3.1.4.7 Materialkennwerte nicht erreicht

Der eingebaute Schlauchliner ist nach dem Einbau optisch zu inspizieren. Zusätzlich ist eine repräsentative Materialprobe aus dem Schacht oder aus der sanierten Haltung zu entnehmen.

Oft wird zur Überprüfung der Kennwerte eine nicht geeignete Materialprobe entnommen, dies führt immer wieder zu unnötigen Diskussionen zwischen Auftraggeber und Auftragnehmer. Abhilfe schafft hierbei das gemeinsame Bestimmen des Probeentnahmeortes.

Die im Rahmen der Erstprüfung oder des Eignungsnachweises festgelegten Eigenschaften eines Schlauchliners müssen auch im Einbauzustand auf der Baustelle erreicht werden und sind abhängig von der richtigen Verdichtung des eingezogenen oder inversierten Schlauchliners und vor allem von der vollständigen Aushärtung der Harzmatrix.

Zur Beurteilung der Qualität des Schlauchliners und dessen Aushärtung werden die Ermittlung der mechanischen Kennwerte Dreipunkt-Biegeversuch radial bzw. axial, Scheiteldruckversuch, Messung der Gesamt- und Verbunddicke sowie E-Modul gemäß DIN EN ISO 178 und DIN EN ISO 11296-4 oder bei Ringproben gemäß DIN EN 1228 an den Prüfstück als Standardprüfung herangezogen. Sind alle Sollwerte erreicht, ist die mechanische Prüfung bestanden.

Sollten hierbei Abweichungen auftreten, besteht die Möglichkeit, die Aushärtung über den Reststyrolgehalt (UP-Harze) oder DDK (EP-Harze) zu überprüfen. Treten hierbei immer noch Abweichungen auf, besteht die Möglichkeit der Zweitbeprobung.

Wie auch bei anderen biegeweichen Rohren ist die Ringsteifigkeit in Abhängigkeit von dem Durchmesser und der Wanddicke als Berechnungsgrundlage unter Verwendung der produkteigenen Kennwerte anzusetzen.

Von jedem Aushärtungsvorgang ist der erforderliche Nachweis als „Erfolgskontrolle“ in Übereinstimmung mit dem DWA-Merkblatt 144, Teil 3, des fertiggestellten Schlauchliners zu erbringen.

In den ZTV – Zusätzliche Technischen Vertragsbedingungen – für die Materialprüfung an Probestücken vor Ort härtender Schlauchliner sind sämtliche notwendigen Prüfungen beschrieben und in einem Ablaufdiagramm die notwendigen Entscheidungswege aufgezeigt.

Die für eine aussagefähige Aushärtungskontrolle wesentlichen Indikatoren sind die erreichten Kennwerte von Biegefestigkeit (s_{bB}) und Elastizitätsmodul (E_b) aus dem Dreipunkt-Biegeversuch in radialer Richtung des Schlauchliners. Voraussetzung ist, dass die Material- und Bauteileigenschaften, die bei der oben angesprochenen Erstprüfung ermittelt wurden, unter Baustellenbedingungen erreichbar sind (keine Laborwerte). Die von Fall zu Fall zu erwartenden Belastungen und Randbedingungen sind dann Bestandteil der jeweiligen Ausschreibung bzw. der Qualitätssicherung. **Bild 3.1.3** zeigt das Bewertungsschema.

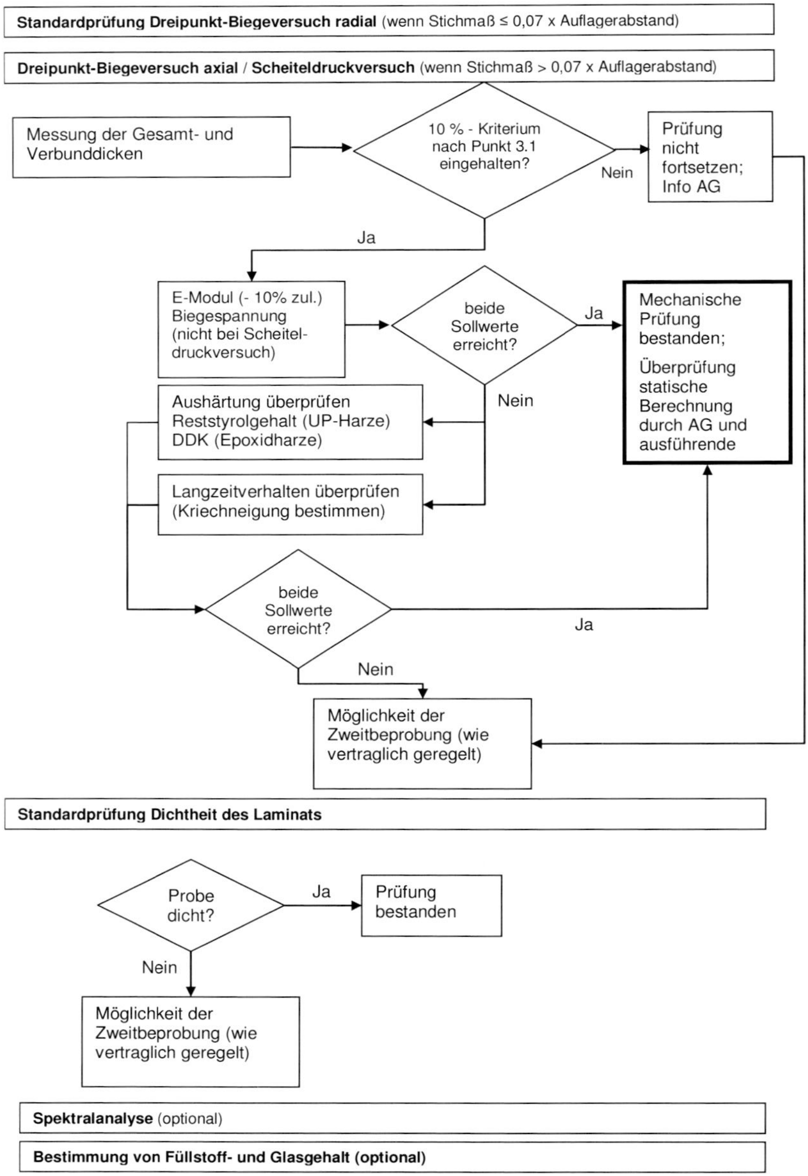

Bild 3.1.3: Ablaufdiagramm für Standardprüfung aus der technischen Prüfvorschrift für die Materialprüfung vor Ort härtender Schlauchliner (Quelle: RSV-Merkblatt 1 „Renovierung von Entwässerungskanälen und -leitungen mit vor Ort härtendem Schlauchlining“)

In diesem Zusammenhang ist es technisch unzulässig, z. B. aus Sicherheitsgründen niedrigere als nach Wandaufbau und Harzrezeptur erreichbare Kenndaten als Nachweisbasis anzusetzen, da hierdurch eine realistische Beurteilung nicht möglich ist und darüber hinaus ein negativer Einfluss auf das Langzeitverhalten entstehen würde.

3.1.4.8 Wanddickenüberschreitung oder -unterschreitung (Mittlere Verbunddicke e_m)

Ein Fehler bei der Sanierung von Abwasserkanälen und -leitungen ist das Nichterreichen der laut Statik in Ansatz gebrachten Wanddicke. Sie ist zum einen abhängig von der Materialzusammensetzung und zum anderen von dem aufgebrachten Verdichtungsdruck während der gesamten Aushärtungszeit, ungeachtet des gewählten Aushärtungsverfahrens (UV-Härtung, Warmhärtung mit Wasser oder Dampf).

Die Materialzusammensetzung, die statische Belastbarkeit und speziell die Komprimierbarkeit des Trägermaterials sind verfahrensspezifische Merkmale und sind vom Hersteller (Entwickler) eines Schlauchsanierungsverfahrens durch individuelle Versuchsdurchführungen zu ermitteln und durch den Eignungsnachweis zu dokumentieren. Im Eignungsnachweis sind unter anderem folgenden Punkte definiert:

- Eigenschaften und Beschreibung der Ausgangsstoffe
- Aufbau der gehärteten Schlauchliner
- Standsicherheit
- Betriebliche Eigenschaften
- Umweltverträglichkeit

3.1.4.9 Korrosion

Das Langzeitverhalten ist abhängig von der Korrosionsbeständigkeit der eingesetzten Materialien.

Wurde bei der Auswahl der zur Verwendung kommenden Materialien nicht auf die Korrosionsbeständigkeit der Einzelkomponenten geachtet, besteht an Schnittkanten, wie z. B. beim Öffnen eines Seitenzulaufes, die Gefahr der Korrosion durch schweflige Gase (H_2S) und schwefligen Säure (H_2SO_3) an ungeschützten Oberflächen.

Anhand von Versuchsergebnissen konnte belegt werden, dass sich die mechanischen Eigenschaften aufgrund ungünstiger Materialauswahl erheblich verschlechterten.

3.1.4.10 Lufteinschlüsse und Undichtigkeiten

Die verfahrensspezifischen Harzrezepturen weisen in den meisten Fällen eine zusätzliche Beimengung von monomerem Styrol auf (siehe Kapitel 1.3.2.1), um die

Fließeigenschaft (Viskosität) des Harzes zu verbessern (gilt nicht für die Verwendung von Epoxidharzen). Der Styrolanteil der Gesamtmasse (Harz, Trägermaterial und Zuschlagstoffe) sollte bei maximal 25 % liegen und nach vollständiger Aushärtung gebunden oder als Überschuss freigesetzt worden sein. Unter Umständen kann dieser Vorgang durch einen freien Monomeranteil gestört werden, da Überschüsse nicht dem Härtungsverlauf entsprechend umgesetzt werden können, und es dann zu einer Styrolverkochung kommen kann.

Neben der eben genannten Verdünnung bei ungesättigten Polyesterharzen mit Styrol werden bei Epoxidharzen sogenannte „reaktive Verdünner" eingesetzt. Diese reaktiven Verdünner helfen bei der Tränkung, gerade bei mobilen Tränkungsanlagen, die Tränkungsgeschwindigkeit zu erhöhen und eine bessere Harzverteilung im Laminat zu erreichen. Wird jedoch bei der Dimensionierung des reaktiven Verdünners zu sehr auf diese eben genannten Leistungsmerkmale Wert gelegt, ist die Dichtigkeit des Liners nicht mehr gewährleistet. Der Grund hierfür ist, dass das Harz während des Aushärtungsprozesses noch weiter in der Viskosität abnimmt, d. h. es wird dünnflüssiger. Dieses wiederum führt zu einem Verlaufen des Harzes aus dem Kämpferbereich in die Sohle. Dieses Verhalten konnte anhand der Massenverteilung, also der Ermittlung des spezifischen Gewichtes an im Umfang verteilten Proben bereits bei mehreren Untersuchungen belegt werden.

Des Weiteren können sich durch ungenügenden Verdichtungsdruck Luftnester im Laminat einschließen (BILD 3.1.4), die sowohl auf die mechanischen Eigenschaften einen Einfluss ausüben als auch die Gefahr einer Undichtheit durch Kapillare mit sich bringen (vgl. Kapitel 3.1.4.8).

Ebenfalls können Lufteinschlüsse durch kurzzeitigen Abfall des Innendruckes zum Zeitpunkt der Gelierung auftreten, insbesondere dann, wenn die Dauer des Druckabfalls bis zum Übergang in die exotherme Reaktion anhält.

Ferner ist bei der Schlauchliner-Produktion darauf zu achten, dass das Laminat durch geeignete Maßnahmen (wie z. B. Vakuum) weitgehend von Lufteinschlüssen befreit wird. Außerdem besteht das Risiko, dass bei der Imprägnierung zu viel Harz aus dem Laminat hinausgepresst wird. Dies kann ebenso zur Undichtigkeit führen.

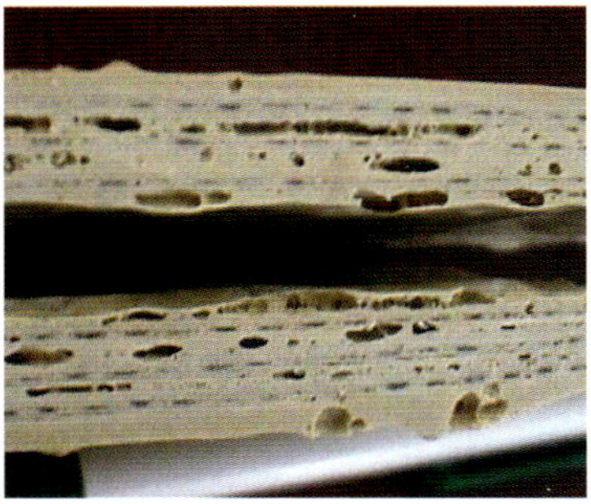

BILD 3.1.4: Lufteinschlüsse (Quelle: A. Haacker)

Die Überprüfung der Wasserdichtigkeit erfolgt vor Öffnen der Zuläufe gemäß DIN EN 1610 mit einer haltungsweisen Dichtheitsprüfung.

3.1.4.11 Radialer Schrumpf nach der Aushärtung

Bei Linern auf Basis von Polyadditionsprodukten (Epoxidharzen) verläuft die Aushärtung ohne irgendeinen Reaktionsschrumpf ab, so dass der ausgehärtete Schlauchliner theoretisch ohne Ringspalt an der Kanalwand anliegt. Bedingt durch den Wärmeausdehnungskoeffizienten von ca. $40 \cdot 10^{-6}$ K tritt eine Längenänderung in Umfangsrichtung ein, die zu einem minimalen Ringspalt führt.

Bei Schlauchlinern auf Basis von Reaktionsharzmassen (Vinylester-, Polyester- und Bisphenolharze) tritt bei der Aushärtung ein Reaktionsschrumpf bis zu 7 % im Harzanteil auf, der je nach gewähltem Härtungsverfahren in Abhängigkeit vom Härtungsverlauf zeitlich unterschiedlich sein kann und in Rohrumfangsrichtung als lineare Schrumpfung berechenbar ist. Nach der Aushärtung und Abkühlung des Liners unterliegt die Rohrwand einer Schwindspannung, die sich aus der Härtungsschrumpfung und thermischer Längenänderung zusammensetzt.

Die bei härtbaren Formmassen auftretenden geringen Ringspalte werden grundsätzlich nicht wie übliche Ringräume betrachtet und nicht verfüllt. Daraus ergibt sich die Gefahr der Grundwasserhinterläufigkeit.

Da Schlauchliner (GFK oder Synthesefaserfilz) jeweils einen Harzanteil von ca. 65 % aufweisen, kann bei vergleichbaren Rohrdurchmessern und vergleichbaren Wanddicken die gleiche lineare Schrumpfung vorausgesetzt werden.

Diese Annahme ist rein theoretisch, denn durch Unregelmäßigkeiten in der Kanaloberfläche und bei Kurvenfahrten der entsprechenden Liner können partiell Harzüberschüsse auftreten. Durch die Zugabe von Füllstoffen und dem Anteil an Trägermaterialien wird der Volumenschrumpf stark reduziert, so dass die lineare Schrumpfung kaum noch wahrnehmbar ist.

3.1.4.12 Einbauschwierigkeiten

Wie in dem Punkt Wanddickenüberschreitung/-unterschreitung schon bereits beschrieben, sind verfahrensspezifische Versuchsdurchführungen in Bezug auf das Reaktionsverhalten eines Schlauchliningverfahrens notwendig: zum einen, um die angestrebten statischen Eigenschaften zu erreichen, und zum anderen, um eine vorzeitige Reaktion des imprägnierten Liners von der Produktionsstätte bis zur Baustelle zu vermeiden.

In diesem Zusammenhang muss auch eine zeitlich begrenzte Lagerstabilität nach erfolgter Produktion berücksichtigt werden. Um einen optimalen Schutz vor Umgebungseinflüssen zu gewährleisten und Risiken beim Einbau vor Ort und Schädigungen im Endzustand zu vermeiden, ist die zusätzliche Absicherung unter Verwendung einer speziellen Verpackung laut Herstellerangaben zu empfehlen.

3.1.4.13 Nahtbruch und Nahtimperfektion

Schlauchliner-Konstruktionen, die nur einen durchgehenden Nahtbereich aufweisen, haben Schwierigkeiten die Wasserdichtheit zu garantieren – unabhängig davon, ob der Nahtbereich genäht oder geschweißt (nur bei Synthesefaservlies möglich) worden ist. Daher sind die Hersteller bestrebt, mehrlagige Schlauchliner mit versetzten Nähten herzustellen.

Trägermaterial, das im Bereich einer Verschweißung durch thermische Beeinflussung zusammengefügt worden ist, wird an dieser Fügenaht nicht in der Lage sein, genügend Harz aufzunehmen und kann somit über keine gleichmäßige Bauteilkennwerte verfügen. Dies wird ebenso über ein Versetzen der Fügenähte ausgeglichen.

3.1.5 Optischer Schaden

Optische Schäden stellen nicht zwangsläufig einen Mangel da, der behoben werden muss, oder Reparaturmaßnahmen erforderlich machen. Zu den optischen Schäden zählen:

3.1.5.1 Faltenbildung

Als Grenzwerte für die Faltenbildung gelten:

- Auf geraden Strecken und Bögen mit einem Radius $R_{Bogen} > 10 \cdot DN$ gelten die Grenzen der DIN EN ISO 11296-4.
- Falten dürfen 2 % des Nenndurchmessers bzw. bei Eiprofilen des kleineren Durchmessers oder 6 mm nicht überschreiten. Es gilt der größere Wert.
- In Bögen mit einem Radius von $5 \cdot DN < R_{Bogen} < 10 \cdot DN$ sind folgende Grenzen einzuhalten.
- Im Kreisprofil maximal Falten bis zu einer Tiefe von 3 % des DN bzw. 2 cm. Im Eiprofilen maximal Falten bis zu einer Tiefe von 3 % des hydraulischen Ersatzkreises bzw. 2 cm. Bei Bögen gilt jeweils der kleinere Wert.

Wichtig ist, dass durch die Faltenbildung die Standsicherheit, die Betriebssicherheit und die Nutzungsdauer nicht beeinträchtigt werden, daher ist immer die Lage der Falten zu berücksichtigen.

3.1.5.2 Ringspalt (produktspezifisch)

Grundsätzlich sind bei Polyadditionsprodukten keine Reaktionsschrumpfungen zu erwarten. Eine Ausnahme bildet der Wärmeausdehnungskoeffizient $40 \cdot 10^{-6}$ K, der nach erfolgter Aushärtung durch Wärme eine Längenänderung in Umfangsrichtung zur Folge hat und zu einem minimalen Ringspalt führt.

Bei Linern aus Polymerisationsprodukten tritt bei der Aushärtung ein Reaktionsschrumpf auf (7 % Volumenschrumpf im Harzanteil). Durch die Zugabe von Füllstoffen wird der Volumenschrumpf stark reduziert, so dass die lineare Schrumpfung kaum noch wahrnehmbar ist. Die thermisch bedingte Längenänderung bei der Abkühlung entspricht der von Polyadditionsprodukten.

Grundsätzlich wird auch bei Berechnung der Beulsteifigkeit (äußerer Wasserdruck) ein theoretisch vorhandener Ringspalt angenommen.

3.1.5.3 Lufteinschlüsse

Die zulässige Anzahl an Lufteinschlüssen und deren Einzelgröße ist in der GFK-Anwendungsnorm DIN 18820 Teil 4 beschrieben. Oberflächliche Lufteinschlüsse, ungleiche Wanddicken und Harzanreicherungen sind nicht zwingend Hinweise auf Tränkungsfehler, sondern vielmehr Indizien für mögliche Einbaufehler.

3.1.5.4 Verformungen bis maximal 3 %

Diese Art eines scheinbaren Fehlers ist tolerierbar, da sie in statischen Berechnungen berücksichtigt werden.

3.1.6 Behebung von Renovierungsfehlern

Vor der Behebung von Fehlern muss grundsätzlich unterschieden werden, ob es sich hierbei um einen optischen, hydraulischen oder einen anderen technischen Fehler handelt.

Optische Fehler stellen nicht zwangsläufig einen Mangel dar, der behoben werden muss oder Reparaturmaßnahmen erforderlich machen. Anders kann es bei hydraulischen bzw. technischen Fehlern sein. Deren Ursache sollte im Einzelnen überprüft und bewertet werden.

Sind bei der Sanierung Falten aufgetreten, ist zu prüfen, ob durch die Faltenbildung die Standsicherheit, die Betriebssicherheit und die Nutzungsdauer nicht beeinträchtigt werden. Daher ist immer die Lage der Falten zu berücksichtigen. Das bedeutet nicht zwangsläufig, dass damit die Gebrauchsfähigkeit des Schlauchliners infrage gestellt werden muss.

3.1.7 Qualitätssicherung

Neben den allgemeinen Qualitätssicherungsmaßnahmen, sind beim vor Ort härtenden Schlauchliner zusätzlich die nachfolgenden Maßnahmen zu berücksichtigen:

- Sorgfältige Arbeitsvorbereitung incl. Bauablaufplanung
- Anforderungen an die Arbeitsmittel wie Werkzeuge, Maschinen und Hilfseinrichtungen gemäß RSV-Merkblatt 1

- Vorbereitende Baumaßnahmen für den Einbau des Schlauchliners
- Anforderungen an das einzusetzende Material
- Eingangsprüfung der Materialien auf der Baustelle
- Lagerung der Materialien auf der Baustelle
- Dokumentation (Einbauprotokoll, optische Inspektion, Dichtheitsprüfung usw.).

Die Arbeiten dürfen nur von ausgebildeten bzw. unterwiesenen Personal mit mehrjähriger Berufserfahrung ausgeführt werden.

3.1.8 Einbindung von Anschlüssen und Schächten

Für die Schachteinbindung haben sich folgende Techniken/Materialien bewährt:

- Quellband
- GFK-Laminat
- Manschettentechnik (Linerendmanschetten)
- Reaktionsharzmörtel
- Reaktionsharzsysteme.

Je nach verwendeter Technik ist bei der Planung eine dadurch verursachte hydraulische Einschränkung zu berücksichtigen.

Hauptursache für eine undichte Schachteinbindung ist der oft unterschätzte Grundwasserdruck, der auch jahreszeitlich bedingt schwanken kann.

Für die Einbindung der Zuläufe stehen folgende Techniken zur Verfügung:

- Hutprofiltechnik
- Handlaminate im begehbaren Bereichen
- Spachtelverfahren
- Verpressverfahren
- Injektionsverfahren.

Die Forderung an die Einbindetechnik ist eine dauerhaft dichte Ausführung. Das erfordert, je nach Zustand des Einbindungsbereiches, die geeignete Technik auszuwählen. Eine Fehlerquelle ist das zu schnelle Einbinden der Zuläufe. Dieses sollte erst nach Abklingen des Schrumpfes (bedingt durch die Harzreaktion) erfolgen.

3.1.9 Toleranzen

Das Sanierungsziel ist ein faltenfreier Schlauchliner ohne Fehlstellen, mit einer homogenen Harzverteilung und ohne Lufteinschlüsse.

Örtliche Randbedingungen, wie z. B. Zwangspunkte, Querschnittsveränderungen, Rohrversätze, Bögen usw. können Ursachen dafür sein, dass es zu Faltenbildung kommen kann und dass von diesem Idealzustand abgewichen werden muss. Das bedeutet nicht, dass damit die Gebrauchsfähigkeit des Schlauchliners infrage gestellt werden muss.

3.1.10 Wie gehen Baufirmen und Auftraggeber bei fehlerhafter Ausführung der Sanierung grabenloser Bauweise (Schlauchliner) auseinander?

Wie unter 3.1.6 beschrieben, müssen Auftraggeber und Auftragnehmer die fehlerhafte Ausführung mit Augenmaß bewerten.

Beim Beheben von Schäden sollten beide Parteien eine „Verschlimmbesserung“ vermeiden – Nachbesserungen bringen nicht immer den gewünschten Erfolg. Bei fehlerhaften Ausführungen werden oft Gewährleistungsverlängerung bzw. Preisnachlässe vereinbart, um einen unnötigen Zeitaufwand und weitere Fehler zu vermeiden.

3.1.11 Lebensdauer/Nutzungsdauer

Für das Produkt Schlauchliner liegen umfangreiche Langzeituntersuchungen wie z. B. Hochdruckspülfestigkeitsprüfung, Abriebprüfung, chemische Beständigkeitsversuche und Zeitstanduntersuchungen vor, die in Verbindung mit den langjährigen Erfahrungen die Schlussfolgerung zulassen, eine Mindestnutzungsdauer von 50 Jahren für das Produkt festzusetzen. Weitergehende Untersuchungen haben gezeigt, dass die Lebensdauer der Schlauchliner wesentlich höher anzusetzen ist.

Was die Einbindung von Schächten und Leitungen anbelangt, kann es abhängig von der eingesetzten Technik notwendig sein, in diesen Zeitraum Nacharbeiten durchzuführen.

Literatur

[1] RSV-Merkblatt 1 „Renovierung von Entwässerungskanälen und -leitungen mit vor Ort härtendem Schlauchlining; Anforderungen, Gütesicherung und Prüfung“, 12-2006

[2] DWA-Arbeitsblatt 143-2 „Sanierung von Entwässerungssystemen außerhalb von Gebäuden, Teil 2: Statische Berechnung zur Sanierung von Abwasserleitungen und -kanälen mit Lining- und Montageverfahren“, 07-2015

[3] DWA-Arbeitsblatt 143-3 „Sanierung von Entwässerungssystemen außerhalb von Gebäuden, Teil 3: Schlauchliningverfahren (vor Ort härtendes Schlauchlining) für Abwasserkanäle und -leitungen“, 12-2005

[4] DWA-Merkblatt 144-3 „Zusätzliche Technische Vertragsbedingungen (ZTV) für die Sanierung von Entwässerungssystemen außerhalb von Gebäuden, Teil 3: Renovierung mit Schlauchliningverfahren (vor Ort härtendes Schlauchlining) für Abwasserkanäle“, 11-2012

[5] ATV-DVWK-Arbeitsblatt 127 „Statische Berechnung von Abwasserkanälen und -leitungen“, 08-2000

[6] DIN EN 13566-4 „Kunststoff-Rohrleitungssysteme für die Renovierung von erdverlegten drucklosen Entwässerungsnetzen (Freispiegelleitungen) – Teil 4: Vor Ort härtendes Schlauchlining“, 04-2003

[7] DIN EN 15885 „Klassifizierung und Eigenschaften von Techniken für die Renovierung und Reparatur von Abwasserkanälen und -leitungen“, 01-2016

3.2 Close-Fit-Verfahren

A) Verformungsverfahren

3.2A.1 Verfahrensbeschreibung

Beim Verformungsverfahren wird ein im Produktionswerk vorverformtes, selbsttragendes PE-HD- bzw. PVC-Rohr in eine vorhandene Rohrleitung eingezogen. Das vorverformte Rohr legt sich nach dem Einziehen ganz eng (Close-Fit) an die alte Rohrleitung an (Bild 3.2A.1). Es entsteht kein zu verfüllender Ringraum.

Vorverformte Rohre werden im Werk zunächst als Standard-Rohr extrudiert und nach einer ersten Abkühlphase in C-Form gefaltet. Der im Vergleich zum runden Rohr verringerte Querschnitt führt zu einem einfachen Einziehen des Rohres in die Altrohrleitung. Druck und Wärme sorgen im Anschluss dafür, dass sich das in C-Form gefaltete Rohr, durch den sogenannten „Memory-Effekt" des PE-HD bzw. PVC-Materials rundet und sich eng an den Innendurchmesser der Altrohrleitung anlegt. Durch das Falten verringert sich der Querschnitt um ca. 35 %. Alle in die Altrohrleitung einragenden Hindernisse sind vor dem Einzug zu entfernen. Die Gefahr von äußeren Beschädigungen bzw. nachträglichen Punktlasten bestehen bei drucklosen Anwendungen nicht.

Daher werden vorgeformte PE-HD-Rohre aus Standard PE-80- bzw. PE-100-Material gefertigt. Während des Einziehvorganges muss die Zugwinde auf die maximal zulässige Zugkraft begrenzt werden. Bei der Sanierung von Kanälen werden die vorhandenen Schächte für den Einzug genutzt, bei Druckrohrleitungen sind Baugruben erforderlich. Durch das Bereitstellen von auf Trommeln gewickelter Rohre eignet sich dieses Verfahren besonders bei beengten Platzverhältnissen.

Bild 3.2A.1: Das vorverformte Rohr legt sich nach dem Einziehen ganz eng (Close-Fit) an die alte Leitung an

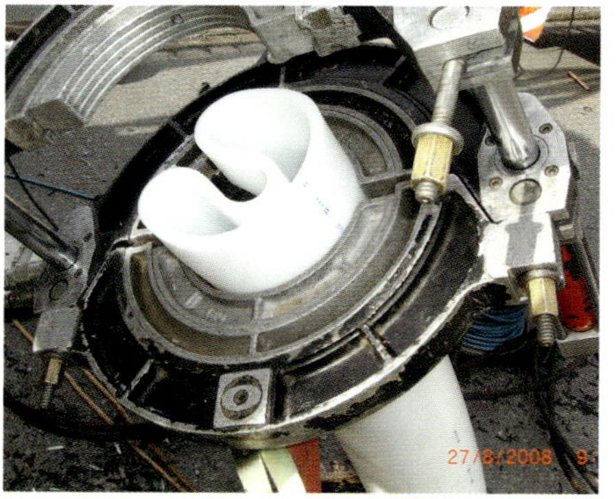

Bild 3.2A.2: Kanalsanierung mit Compact Pipe

3.2A.2 Mögliche Fehler beim Verformungsverfahren

Nachfolgend sind in Tabelle 3.2A.1 mögliche Fehler beim Close-Fit-Verfahren dargestellt.

Tabelle 3.2A.1: Fehlermatrix

Gesehener Fehler im Einbauzustand	Mögliche Ursache	Möglichkeiten der Vermeidung	Kapitel
Axial verlaufende Falte	Fehlerhafte Pläne / fehlende Baustellenprüfung	Nur aktuelle Planunterlagen verwenden	3.2A.2.2
	Fehlerhafte Kalibrierung	Kalibrierung erneut durchführen	3.2A.2.4
	Falsche Dimension des vorverformten Rohres	Innendurchmesser des Altrohres vor Einbau prüfen	3.2A.2.2 3.2A.2.4
Deformation und Abflachung	Hindernisse; Ablagerungen	Kalibrierung durchführen	3.2A.2.4
	Fehlerhafte Einbauparameter	Verfahrenshandbuch beachten	3.2A.2.5
	Ungleichmäßiges Erwärmen des Liners infolge zu starkem infiltrierendem Grundwasser (PE)	Grundwassereintrag während des Einbaus vermeiden	3.2A.2.5
	Infiltrierendes Grundwasser mit eintragendem Bettungsmaterial	Grundwassereintrag mit Bettungsmaterial muss ausgeschlossen werden	3.2A.2.5
	Liningrohr wurde nicht weit genug abgekühlt	Verfahrenshandbuch beachten	3.2A.2.5
Erhöhter Ringspalt	Linerdimension zu klein gewählt	Liner auf Altrohr abstimmen	3.2A.2.2
	Liningrohr wurde nicht weit genug abgekühlt	Verfahrenshandbuch beachten	3.2A.2.5
Wanddickenunterschiede	Fehlerhafte Einbauparameter	Verfahrenshandbuch beachten	3.2A.2.5
Rissbildung	Statische Überlastung	Statik beachten; Altrohrzustand prüfen	3.2A.2.2
	Kondenswasser beim Einbau nicht abgeführt	In Fließrichtung bedampfen, Verfahrenshandbuch beachten	3.2A.2.5
	Spannungsspitzen durch z. B. Hindernisse	Spitz einragende Hindernisse im Vorfeld beseitigen	3.2A.2.4
Axiale Lageveränderung	Festpunkte falsch gesetzt	Festpunkte nach Verfahrenshandbuch festlegen	3.2A.2.7
Einbeulung	Linerwanddicke zu gering bzw. statische Überlastung	Statik beachten; Beulsicherheit prüfen	3.2A.2.2
	Hindernisse	Hinderniseintrag während Einbau verhindern	3.2A.2.4

Gesehener Fehler im Einbauzustand	Mögliche Ursache	Möglichkeiten der Vermeidung	Kapitel
Undichte Zulauf-einbindung	Kein Anschlusssattel / Hutprofil angeschlossen / Infiltration über Ringspalt	Geeignetes Anschlussformteil einplanen	3.2A.2.2
	Hutprofil-Einbau fehlerhaft; Einsatzgrenzen überschritten	Verfahrenshandbuch beachten	3.2A.2.2 3.2A.2.6
	Anschlusssatteleinbindung fehlerhaft, Aufspannwerkzeug des Sattelanbieters nicht benutzt	DVS-Schweißrichtlinien beachten, Vorgaben des Sattelanbieters beachten	3.2A.2.6
Undichte Schacht-einbindung	Undichter Schacht im Einbindebereich	Schachtzustand bewerten und ggf. Schachtabdichtung einplanen	3.2A.2.2
	Quellgummis falsch oder nicht vorhanden	Verfahrenshandbuch beachten	3.2A.2.5 3.2A.2.7
Verschobene Abzweig-öffnungen	Festpunkte falsch gesetzt	Festpunkte nach Verfahrenshandbuch setzten	3.2A.2.7
	Zu frühes Öffnen der Anschlüsse	Komplettes Öffnen der Abzweige 24 Stunden nach Linerinstallation / vor allem nach Setzen der Festpunkte	3.2A.2.6

3.2A.3 Fehler in der Arbeitsvorbereitung

3.2A.3.1 Planungsphase

Bei der Planung ist es für den Einsatz des Verfahrens vor allem wichtig, den Altrohrzustand des Kanals, den vorhandenen Innendurchmesser, die grundsätzliche Möglichkeit von Einbindungen sowie die Zustandsbewertung des Schachtes zu bestimmen. Neben den Innendurchmessern an den Schachteinbindungen ist ebenfalls die Altrohrleitung auf wechselnde Innendurchmesser innerhalb der Haltungen und Rohrversätze zu prüfen. Bei der Altsubstanz des Schachtes ist auf die Dichtheit des Bodenteils und der Rohreinbindungen zu achten. Undichte Rohreinbindungen führen bei entsprechenden Grundwasserständen zum Eintragen von Grundwasser in den Schacht. Zur Abdichtung des Ringspaltes zwischen Liner und Altrohr dienen meist Quellbänder. Undichte Schachtgerinne müssen zusätzlich abgedichtet werden.

Einsatzgrenzen für dieses Verfahren ergeben sich beispielsweise durch eine zu hohe Ovalität des Altrohres (> 10 %). Hierdurch verringert sich die Standfestigkeit des Liners sowie bei anstehendem Grundwasser das Beulrisiko. Starke Scherbenbildung, mit der Gefahr des Eintrages von Altrohr- oder Bettungsmaterial, kann im Rahmen des Einzugs zu Rissen am Liner führen. Im eingebauten Zustand können Deformationen und Einbeulungen die Folge sein.

Bei geschlossener Bauweise können die Einbindungen mit Hutprofilen erfolgen. Aufgrund der derzeit vorhandenen Robotertechnik können diese erst ab DN 250 eingesetzt werden. Machbar sind in der Regel Einbindungen über vorhandene Abzweige oder fachgerecht installierte Sättel. Einsatzgrenzen für Hutprofile ergeben sich aus der Art der Anschlusseinbindung. Händisch angeschlossene Leitungen sind in jedem Fall auf Machbarkeit zu prüfen.

Die Beschreibung der Baustelle, insbesondere bezüglich der Zugänglichkeit von Schächten sowie Schachttiefen zur Ermittlungen von Einzugslängen, hilft dem Anbieter bei der Kalkulation. Über den Altrohrzustand sowie Einbautiefe und Grundwasserstand ergeben sich die Eingangsparameter zur Ermittlung der Statik der geplanten Sanierungsmaßnahme. In der Regel kommen PE-HD-Rohre der SDR-Klassen 32 oder 26 zum Einsatz. Nur bei besonders hohen Grundwasserständen bzw. bei starken statischen Lasten im Falle eines sehr schlechten Altrohrzustandes werden Liner der SDR-Klasse 17 benötigt.

Sollten die oben aufgeführten Planungsparameter nicht eindeutig im Vorfeld zu bestimmen sein, so empfiehlt es sich, zur Fehlervermeidung einen Hersteller oder eine Fachfirma hinzuziehen.

3.2A.3.2 Lieferung/Lagerung

Die gelieferten vorverformten Rohre sind mit der Bestellung zu überprüfen. Weiterhin ist das vorverformte Rohr direkt vor dem Einbau auf eventuelle Beschädigungen zu prüfen. Dies sind z. B. Riefen oder Druckstellen. Die Rohrtrommeln müssen auf einem ebenen, festen Untergrund stehend gelagert werden. Das Rohrende sollte nach unten zeigen, um Verunreinigungen zu verhindern. Die Freilagerungszeit unter den europäischen Klimaverhältnissen beträgt bei PE-HD-Rohren maximal 24 Monate.

3.2A.3.3 Arbeitsvorbereitung

Zunächst ist als vorbereitende Arbeit der Kanal zu reinigen. Hierbei sollte darauf geachtet werden, dass keine zusätzlichen Schwächungen des Altrohres wie z. B. Scherbenbildung entstehen. Hindernisse und stärkere Ablagerungen müssen vor dem Einzug entfernt werden. Im Bereich von Unterbögen sind größere Wasseransammlungen zu entfernen, um ein am Umfang gleichmäßiges Erwärmen des vorverformten Rohres zu ermöglichen. Vorhandenes Wasser kann am Liner partiell zu Abkühlungen führen.

Mit die wichtigste arbeitsvorbereitende Maßnahme bei Sanierungen mit Verformungsverfahren ist das Kalibrieren der Altrohrleitung. Hierbei muss zwingend geprüft werden, ob das Altrohr mindestens dem vom Hersteller vorgegebenen Mindestinnendurchmesser entspricht. Dieser minimale Innendurchmesser wird durch den Produktionsaußendurchmesser bestimmt. Dies findet seine Begründung im „Memory-Effekt“ (siehe Kapitel 1.3.1). Bei der Produktion wird zunächst ein rundes Rohr gefertigt und erst nach einer ersten Abkühlphase die Falte in das Rohr gelegt. Durch Auslösen des „Memory-Effektes“ ist das gefaltete Rohr bestrebt, wieder die runde Form zu erreichen. Damit dies vollständig geschehen kann, das Rohr also wieder den Produktionsaußendurchmesser in runder Form erreicht, muss genügend Platz im Altrohr vorhanden sein. Sollte dies nicht gegeben sein, so verbleibt nach Installation des Liners eine Falte. Diese ist bei örtlich begrenzten Unterschreitungen des minimalen Innendurchmessers ebenfalls örtlich begrenzt. Der Liner kann in Abhängigkeit von der SDR-Klasse des eingesetzten Materials und nach Vorgabe des Herstellers bis zu 7 % größer sein. Sollte bei einer konkreten Maßnahme hier Unsicherheit bestehen, so empfiehlt es sich, den Hersteller zu kontaktieren. Dieser kann dann gegebenenfalls eine weitere statische Berechnung erstellen.

3.2A.4 Fehler in der Renovierungsausführung

Der Einbau erfolgt über die vorhandenen Schächte. In Ausnahmefällen kann der Einzug über Baugruben erforderlich sein. Beispiele hierfür sind sehr niedrige Einbautiefen sowie nicht tragfähige Schächte. Vor dem Einzug sollte eine optische Inspektion durchgeführt werden.

Der Einzug des vorverformten Rohres erfolgt mit kraftbegrenzter Zugwinde. Die von den Herstellern angegebenen maximalen Zugkräfte beziehen sich auf eine Belastung von einer Stunde und einer Temperatur von 20 °C. Bei Verformungsverfahren ist der Querschnitt des einzuziehenden Rohres um über 30 % reduziert, so dass diese Einzugsparameter in der Regel eingehalten werden. Längere Einzugszeiten sowie deutlich höhere Materialtemperaturen führen zu einer Verringerung der maximalen Zugkräfte. Dies muss berücksichtigt werden.

Ist die zu sanierende Leitung im Bereich der Schachtwand/Altrohr undicht (Risse, Scherben), empfiehlt es sich, vor dem Einzug des Liners diese Stellen abzudichten. Der eingezogene Liner wird in diesem Bereich mit einem Quellgummi oder einem speziellen Dichtungsring versehen, um den Ringspalt zwischen Altrohr und Liner abzudichten.

Durch Einbringen von gesättigtem Wasserdampf wird der Liner erwärmt. Wichtig ist es zunächst, den Liner bei niedrigem Druckaufschlag optimal durchzuwärmen. Die Temperatur des Wasserdampfes muss hierbei stets unterhalb der Kristallitschmelztemperatur des Materials liegen. Bei PE-HD wird diese bei 130 °C erreicht. Höhere Temperaturen führen zu einer Veränderung der Material-Kristallitstruktur und damit für dieses Verfahren zum Schädigen des Materials.

Kondenswasser ist während der Rückverformung (Bild 3.2A.3) zu vermeiden bzw. muss kontrolliert abgeführt werden. Hierzu empfiehlt es sich, in Fließrichtung zu bedampfen. Ein Auslassventil führt am gegenüberliegenden Linerende zum Austragen des Kondensats.

Um eine optimale Aufweitung des vorverformten Liners zu erzielen, ist am Ende der Aufheizphase das Leitungssystem im Zielschacht oder der Zielgrube zu schließen. Die Bedampfung wird so lange weitergeführt, bis der Dampfdruck komplett die erforderliche Höhe erreicht hat. Durch eine vom Hersteller vorgegebene Nach-

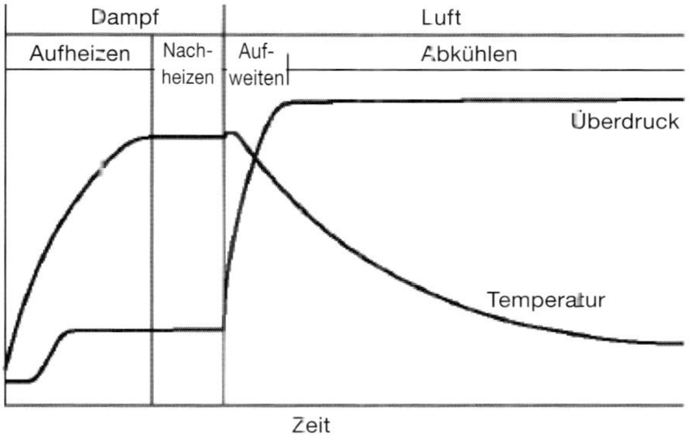

BILD 3.2A.3: Prinzip der Rückverformung

heizzeit wird sichergestellt, dass das Material vollständig durchgewärmt ist. Weiterhin stellt diese Methode sicher, dass der radiale Schrumpf nach Rückstellung auf ein Minimum reduziert wird und nur ein kleiner Ringspalt entsteht. Dieser ist oftmals deutlich kleiner als die von der ATV-M 127-2 / DWA-A 143-2 vorgegebene Ringspaltbreite von 2 %.

Danach wird die Anlagentechnik von Dampf- auf Luftdruck umgestellt. Der Systemdruck wird nun nach Herstellerangabe erhöht und so lange konstant gehalten, bis die Materialtemperatur am Endschacht wieder auf Umgebungstemperatur abgekühlt ist. Sollte der Vorgang eher abgebrochen werden, so können Flachstellen die Folge sein.

3.2A.5 Erkennen und Bewerten von fehlerhafter Renovierung

Die Systematik des Einbauverfahrens gibt bereits einen guten Hinweis über die dauerhafte Dichtheit des eingebauten Liners. Dies begründet sich damit, dass der Liner während der Installation über mehrere Stunden mit Druck beaufschlagt wird. Das Material ändert sich bedingt durch den Memory-Effekt zwar bezüglich der Streckung der Molekülketten, aber nicht in seinem chemischen Aufbau.

Schwere Installationsfehler werden dadurch bedingt bereits beim Einbau sichtbar. Diese sind beispielsweise axiale Rissbildungen. Diese Risse können durchgehend oder partiell auftreten. Im Bereich der Rissbildung ist der Liner geschädigt und kann nicht mehr verwendet werden. Ein Ausbau ist erforderlich.

Alle weiteren Fehler können im Rahmen einer optischen Kontrolle erkannt werden. Hierzu sind zunächst die Schächte in Bezug auf Festpunkte zu prüfen. Fehlen diese oder sind diese zu dünn ausgebildet, kann sich der Liner während des Betriebs in seiner Lage verschieben. Festpunkte, sind in jedem Fall nachzurüsten.

Weitere mögliche Fehler können im Rahmen einer TV-Untersuchung erkannt werden. Im Wesentlichen sind dies:

3.2A.5.1 Faltenbildung

Falten können lokal oder auch durchgehend im rückgeformten Kunststoffrohr auftreten. Hierfür kann es unterschiedliche Ursachen geben. Eine Ursache kann das nicht aufeinander abgestimmte Passungsverhältnis zwischen Altrohrinnendurchmesser und rückgeformtem Rohr sein. Das Altrohr bietet nicht genügend Raum, um ein komplettes Entfalten des eingebauten Liners zu ermöglichen. Je nach Maßhaltigkeit des Kanals sind die Falten dann örtlich begrenzt oder durchlaufend. Durch eine genaue Erfassung des Altrohrinnendurchmessers und darauf dem darauf abgestimmten, rückgeformten Rohr kann die Faltenbildung verhindert werden.

Eine weitere Ursache kann in der Rückformung des Kunststoffrohres selbst liegen, indem einzelne Prozessparameter, wie z. B. Temperatur und/oder Druck, nicht den Vorgaben des Herstellers entsprechen und somit die vollständige Rückformung verhindern. Dadurch können Falten oder Abflachungen (kein kreisrunder Querschnitt) im Kunststoffrohr entstehen.

Bei einem Altrohrzustand I und II sind Falten oder Abflachungen eher aus betrieblicher Sicht zu betrachten und zu bewerten. Die Problematik der Faltenbildung im altrohrzustand III sollte über einen angepassten statischen Nachweis geprüft werden.

3.2A.5.2 Deformationen/Abflachungen

Deformationen können durch lokale Hindernisse wie Scherben, Inkrustrationen oder Ähnlichem verursacht werden. Der Liner beult sich quasi um die Hindernisse herum. Die Problematik von geringen Deformationen oder auch von Einbeulungen ist aus betrieblicher Sicht zu bewerten. Große Schäden sind gegebenenfalls durch die offene Bauweise zu beheben.

Abflachungen entstehen beispielsweise dadurch, dass der Liner im Rahmen der Installation nicht nach Verfahrenshandbuch abgekühlt wurde. In diesem Fall, wurde das Verfahren zu früh beendet. Eine andere Ursache kann ein abkühlender Effekt durch Grundwassereintrag sein. Hierbei wird der Liner beim Einbau nicht gleichmäßig erwärmt. Leichte Abflachungen sind im Rahmen der statischen Berechnung als Imperfektion berücksichtigt. Größere Schäden können neben ungleichmäßiger Erwärmung auch bedeuten, dass Bettungsmaterial zwischen Liner und Altrohr gespült wurde. Dies sollte unbedingt vermieden werden.

3.2A.5.3 Einbeulungen

Einbeulungen entstehen wie auch Deformationen beispielsweise durch Scherben oder Altrohrhindernisse. Die tatsächliche Problematik von Einbeulungen ist individuell einzuschätzen. Größere Einbeulungen sollten außerhalb von Altrohrzustand I statisch als auch betrieblich bewertet werden.

3.2A.5.4 Verschobene Abzweigöffnungen

Verschobene Abzweigöffnungen können durch Fräsen an der falschen Stelle oder durch eine nachträgliche Lageverschiebung des Liners entstehen. Das Fräsen an falscher Stelle wird oftmals durch ein falsches Einmessen verursacht. Die nachträgliche Lageverschiebung wird durch das Setzen von Festpunkten vermieden. Hierbei ist schon in der Planungsphase zu prüfen, ob die vorhandenen Schächte standsicher sind. Nur so können die Kräfte an den Festpunkten auch aufgenommen werden. Öffnungen an falscher Stelle können in Kanälen ab DN 250 mit verschweißbaren PE-Platten im Roboter-Verfahren verschlossen werden. Starker Wassereintritt kann zu Einschränkungen bei dieser Fehlerbehebungsmaßnahme führen.

3.2A.6 Behebung von Renovierungsfehlern

Es muss zwischen unbedingt zu behebenden und optischen Fehlern unterschieden werden. Eine genaue Bewertung kann nur im Einzelfall erfolgen. Kleine Fehler wie Abflachungen oder lokale Einbeulungen lassen sich gegebenenfalls über hydraulische und statische Nachweise bewerten.

In der geschlossenen Bauweise lassen sich nur wenige Fehler ausbessern. In der Regel muss ein Fehler in der offenen Bauweise behoben werden. Vorteilhaft sowohl für die Fehlerbehebung als auch für nachträgliche Arbeiten ist der Werkstoff PE. An PE lassen sich Formteile oder Rohrabschnitte anschweißen, so dass formschlüssige dichte Verbindungen entstehen.

Berücksichtigt werden muss allerdings dass Close-Fit-Liner im Außenmaß dem Innenmaß des sanierten Altrohres entsprechen. Dieses weicht in der Regel von den Standard-Rohrdimensionen ab.

3.2A.7 Qualitätssicherung

Die Qualitätssicherung des Liners findet im Produktionswerk statt. Hier gibt es umfangreiche Eigen- und Fremdüberwachungen, sodass abgesicherte Produkte auf die Baustelle geliefert werden. Die Qualitätssicherung sieht dabei sowohl das Prüfen im Produktionszustand (Vorverformt) als auch im eingebauten Zustand vor. Hierbei wird der Einbau im Rahmen der Qualitätssicherung simuliert. Normativ wird hier zwischen dem sogenannten „M-Stage“ (Produktionszustand) und dem „I-Stage“ (Eingebauter Zustand) unterschieden.

Wie für die meisten anderen Sanierungsverfahren gilt auch hier, dass sowohl die Arbeitsvorbereitung als auch der Einbau für die Qualität des eingebauten Liners mitentscheidend sind. An dieser Stelle sei auf die vorgehenden Abschnitte bzw. auf das Regelwerk der DWA und des RSV verwiesen.

3.2A.8 *Einbinden von Anschlussleitungen und Schächten*

3.2A.8.1 Anschlussleitungen einbinden

Öffnungen für Anschlusseinbindungen sind nach Setzen der Festpunkte herzustellen. Dadurch wird ein Verschieben dieser Öffnungen verhindert. Es empfiehlt sich, das vollständige Öffnen der Anschlusseinbindungen erst 24 Stunden nach Einbau des Liners durchzuführen. Innerhalb dieser Zeit bauen sich die meisten Restspannungen im Material ab (Relaxieren).

Die Einbindung von Anschlüssen kann in offener (BILD 3.2A.4) oder geschlossener Bauweise (BILD 3.2A.5) erfolgen. Bei geschlossenen Verfahren werden Robotertechnik und Hutprofile eingesetzt. Ebenfalls möglich ist das Verpressen von Anschlusseinbindungen.

Einbindungen in offener Bauweise erfolgen mit Aufschweißsätteln. An diese können dann die verschiedenen Rohrsysteme angeschlossen werden. Der Einbau von Aufschweißsätteln hat mittels der Einspannwerkzeuge der Hersteller und unter Beachtung der DVS-Schweißrichtlinien sowie der Anwendungsregeln der Hersteller zu erfolgen. Insbesondere ist bei der Auswahl und bei dem Einbau des Sattels zu berücksichtigen, dass der eingebaute Liner von den Normmaßen abweichen wird.

Einbindungen in geschlossener Bauweise erfolgen mit Hutprofilen. Bei PVC-Linern können diese geklebt werden. Bei PE-HD-Linern stehen Schweißsättel zur Verfügung. Diese sind anders als DVGW-geprüfte PE-HD-Formteile mit einer groben Schweißwendel und zusätzlich am Profil angebrachte Dichtprofile ausgestattet. Die verwendete Technik berücksichtigt dabei, dass über das geschlossene Verfahren die Schweißfläche weder vollständig trocken sein wird noch nach DVS-Vorgabe vorbereitet werden kann. Zur Einbindung sind vom Hersteller des PE-HD-Liners

BILD 3.2A.4: Einbau in offener Bauweise

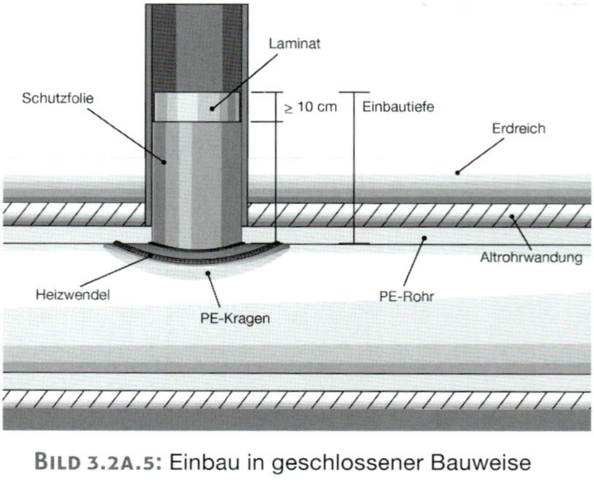

BILD 3.2A.5: Einbau in geschlossener Bauweise

freigegebene Produkte zu verwenden. Zur Fehlervermeidung sollten die vorgegebenen Einsatzgrenzen der Hersteller berücksichtigt werden.

Sollte kein Anschlussprofil eingeplant werden, so kann durch den verbleibenden Ringspalt an der Einbindestelle Grundwasser infiltrieren bzw. Abwasser austreten.

3.2A.8.2 Schachteinbindung

Die in diesem Kapitel beschriebenen vorverformten Rohre weisen nach dem Einbau Restspannungen auf. Dadurch kann der Liner in Längsrichtung schrumpfen.

Vor dem maßgenauen Trennen der installierten Linerenden sind im Bereich der Schächte Festpunkte zu setzen. Festpunkte sind dabei sowohl in den Start- und Zielschächten sowie in den Zwischenschächten zu setzen. Diese müssen nach Herstellerangabe ausreichend breit und ausreichend hoch ausgebildet werden. Die Verschweißung hat nach DVS- und nach Hersteller-Vorgabe zu erfolgen. Sollten die Festpunkte nicht ausreichend dimensioniert oder fehlerhaft gesetzt sein, so kann die erforderliche Spannkraft möglicherweise nicht aufgebracht werden und der Liner zieht sich in das Altrohr zurück. Eine Korrektur ist in diesen Fällen mit einem geschlossenen Verfahren nicht möglich.

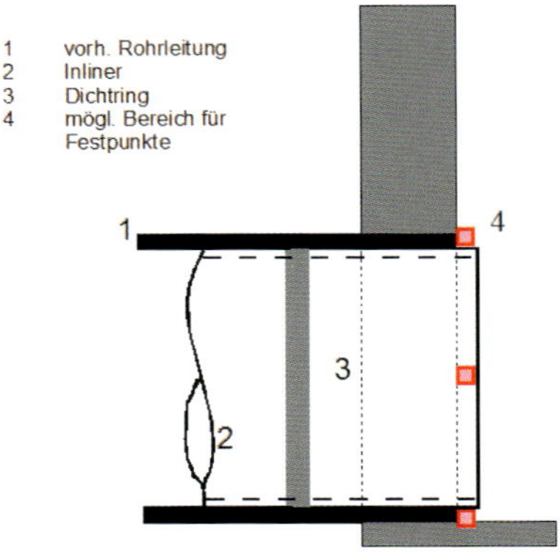

Bild 3.2A.6: Anordnung der Festpunkte (Quelle: RSV-Merkblatt 2)

Sollten bestehende Schächte durch neue PE-HD-Schächte ersetzt oder mit PE-HD ausgekleidet werden, so kann die Schachteinbindung über Elektroschweißmuffen bzw. Extruderschweißverbindungen hergestellt werden. Weitere Festpunkte entfallen in diesem Falle.

3.2A.9 Toleranzen

Toleranzen im Sinne der Fehlereinschätzung entsprechen den jeweiligen Eingangsparametern der statischen Berechnung. Statische Berechnungen von Close-Fit-Linern berücksichtigen einen Ringspalt von 2 %, eine örtliche Verformung von 2 % und eine Gelenkringverformung von 3 %. Die aufgeführten Toleranzen sind im Arbeitsblatt ATV-M 127-2 beziehungsweise im Nachfolger DWA-A 143-2 beschrieben.

Werden diese Toleranzen im eingebauten Zustand nicht überschritten, so passen die Eingangsparameter für die statische Berechnung. Sollte es zu Abweichungen kommen, so sind diese als Eingangsparameter für eine neue Berechnung anzusehen.

3.2A.10 Wie gehen Baufirmen und Auftraggeber bei fehlerhafter Ausführung der Renovierung auseinander?

Entscheidend bei der Beurteilung von Fehlern ist die sachliche Auseinandersetzung. Es gibt Arten von Schäden, die unumstößlich behoben werden müssen. Beispielsweise steht es außer Frage, dass Rissbildungen oder fehlende Festpunkte nicht zu tolerieren sind. Andere Schadensarten wie Deformationen oder Einbeulungen sind individuell zu bewerten. Oft ist eine nachträgliche Fehlerbeseitigung mit gewissen Risiken verbunden, so dass es durchaus individuell bedingt Sinn machen kann, Fehler zu belassen. Diese Einschätzung sollte vor Ort zwischen Auftraggeber und Auftragnehmer abgestimmt werden. Grundsätzlich kann außerhalb der unbedingt zu behebenden Schäden auch der Betrieb über längere Zeit beobachtet werden. Eine Entscheidung über eine Fehlerbeseitigung kann so auch später getroffen werden.

3.2A.11 Lebensdauer/Nutzungsdauer

Close-Fit-Liner aus den Thermoplasten PE-HD und PVC sind werksgefertigte Neuprodukte. Normativ werden die Verfahren der Renovierung zugeschrieben. Da Close-Fit-Liner allerdings in Anlehnung an Standard-Druckrohre gefertigt werden, kann die technische Nutzungsdauer nach LAWA mit 80 bis 100 Jahren angesetzt werden.

Literatur

[1] RSV-Merkblatt 2 „Renovierung von Abwasserleitungen und -kanälen mit Rohren aus thermoplastischen Kunststoffen durch Liningverfahren ohne Ringraum – Close-Fit-Verfahren: Verformungs- und Reduktionsverfahren, Anforderungen, Gütesicherung und Prüfung“, 10-2009

[2] DIN EN 13566-3 „Kunststoff-Rohrleitungssysteme für die Renovierung von erdverlegten drucklosen Entwässerungsnetzen (Freispiegelleitungen) – Teil 3: Close-Fit-Lining“, 04-2003

[3] DIN EN 15885 „Klassifizierung und Eigenschaften von Techniken für die Renovierung und Reparatur von Abwasserkanälen und -leitungen“, 03-2011

[4] ATV-DVWK-Merkblatt 143-11 „Sanierung von Entwässerungssystemen außerhalb von Gebäuden – Teil 11: Renovierung von Abwasserleitungen und -kanälen mit vorgefertigten Rohren ohne Ringraum (Close-Fit-Lining)“, 08-2004

[5] ATV-Merkblatt 127-2 „Statische Berechnung zur Sanierung von Abwasserkanälen und -leitungen mit Lining- und Montageverfahren“, 01-2001

[6] DWA-Merkblatt 143-2 „Sanierung von Entwässerungssystemen außerhalb von Gebäuden – Teil 2: Statische Berechnung zur Sanierung von Abwasserleitungen und -kanälen mit Lining- und Montageverfahren“, 07-2015

[7] Hoch, Albert; Lipskoch, Frederik: Close-Fit-Liner aus PE: Statische Berechnung für die Kanalsanierung. bbr (2007) Nr. 6, S. 20–24

3.2 Close-Fit-Verfahren B) Reduktionsverfahren

(Matthias Koroschetz)

3.2 Close-Fit-Verfahren

B) Reduktionsverfahren

3.2B.1 Verfahrensbeschreibung

Eingesetzt werden werksseitig hergestellte Rohre. Diese werden auf der Baustelle durch Heizelementstumpfschweißen verbunden.

Man unterscheidet grundsätzlich zwei Verfahrensvarianten:

- Warmverfahren (mit Wärmezufuhr)
- Kaltverfahren (Ausführung bei Umgebungstemperatur)

Bei dem Warmverfahren wird das PE-Rohr vor dem Gesenk erwärmt und dann erfolgt die Durchmesserreduzierung. Das Neurohr wird nach erfolgtem Einzug entspannt, legt sich an die Rohrinnenwand des Altrohres an und kühlt ab auf Umgebungstemperatur.

Bei dem Kaltverfahren wird das PE-Rohr im Gesenk bei Umgebungstemperatur reduziert und danach sofort in das Altrohr – unter Einhaltung einer Mindestzugspannung zur Vermeidung vorzeitiger Rückverformung – eingezogen.

Bei beiden Verfahrensvarianten erfolgt der Einzug grundsätzlich über eine Baugrube. Gegenwärtig sind mit diesem Verfahren Renovierungsmaßnahmen bis zu einem Altrohrdurchmesser von DN 1200 und Streckenlängen von über 500 m je nach örtlichen Gegebenheiten möglich. Für die Qualitätskontrolle ist eine Dokumentation der für das Polyethylen erreichten Zugkräfte erforderlich. Um ein Überschreiten der Einzugskräfte zu vermeiden, muss die Winde mit einer Zugkraftbegrenzung ausgestattet sein.

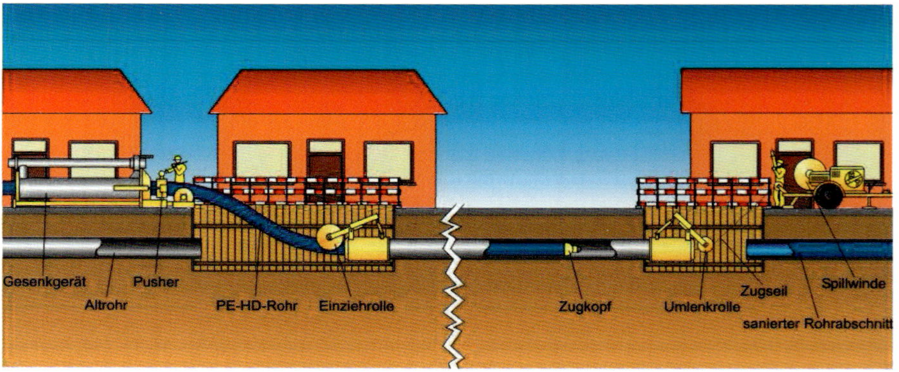

Bild 3.2B.1: Schematische Darstellung des Reduktionsverfahrens (Kaltverformung)

Bild 3.2B.2: Reduktionsverfahren: Variante Warmverfahren (Schematische Darstellung des PE-Rohrstranges)

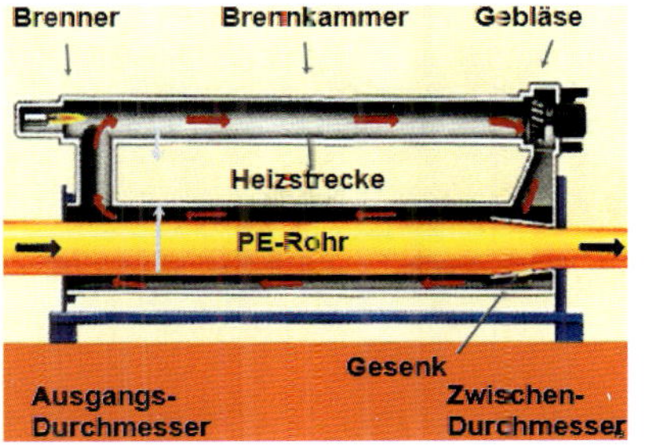

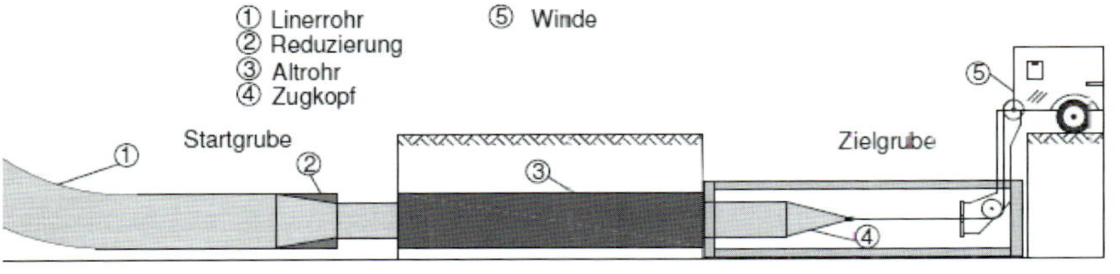

Bild 3.2B.3: Reduktionsverfahren: Variante Kaltverfahren – Reduzierung des PE-Rohrstranges bei Umgebungstemperatur (aus RSV-M 2)

Nach dem Erreichen der Zielbaugrube wird die aufgebrachte Zugkraft entfernt. Das zuvor im Außendurchmesser reduzierte Rohr dehnt sich elastisch wieder aus und legt sich eng an das Altrohr an.

3.2B.2 Mögliche Fehler beim Reduktionsverfahren

Tabelle 3.2B.1: Fehlermatrix Reduktionsverfahren (Kalt- und Warmverfahren)

Gesehene Fehler im Einbauzustand	Mögliche Ursache	Möglichkeiten der Fehlervermeidung
Fehler in der Planungsphase	Möglichkeiten des Sanierungsverfahrens falsch eingeschätzt	Auswahl qualifizierter Fachplaner
Fehlerhafte Erfassung des Ist-Zustandes in der Planungsphase	Keine aktuellen Unterlagen zum Bestand	Auftraggeber hat aktuelle TV-Inspektion zur Verfügung zu stellen
Mängel in der Zustandsbewertung	Mangelnde Erfahrung des Fachplaners	Sorgfältige Auswahl des Fachplaners

Gesehene Fehler im Einbauzustand	Mögliche Ursache	Möglichkeiten der Fehlervermeidung
Rohrüberdehnung	Zu große Zugbelastung durch fehlende Zugkraftbegrenzung oder zu große Rohrreduktion oder zu große Reibungswiderstände	Exakte Kalibrierung vor der Rohrbestellung Einhaltung der max. zulässigen Zugkräfte Voraussetzung: Zugeinrichtung mit einstellbarer Zugkraftbegrenzung Richtige Dimensionierung der Baugruben (Biegeradien)
Ungleichmäßige Rückstellung; Durchmesseränderungen des PE-Rohres	Falsche Kalibrierung; ungenügende Reinigung	Exakte Kalibrierung vor der Rohrbestellung Sorgfältige Reinigung und Hindernisbeseitigung
Axiale Lageveränderung	Längenänderung durch Rückstellkräfte	Rohrbearbeitung erst bei ausreichendem Spannungsabbau Festpunkte einbauen;
Einbeulung nach Rückstellung	Überfahren von Hindernissen und Ablagerungen	Sorgfältige Kanalreinigung und Hindernisbeseitigung; Dokumentation durch TV-Inspektion
Einbauschwierigkeiten	Zu große Reibungskräfte	Voraussetzung: Gründliche Reinigung und eventueller Einsatz von Gleitmitteln Exakte Kalibrierung Einhaltung der max. zulässigen Zugkräfte Einhaltung der zulässigen Biegeradien
	Zu enge Biegeradien	Einhaltung der durchmesserabhängigen Biegeradien
Ringspaltbildung	Falsche Berechnung der Reduktion	Exakte Kalibrierung der Altrohrleitung Exakte Berechnung der Reduktion Zulässige Zugkräfte einhalten

3.2B.3 Fehler in der Arbeitsvorbereitung

Wie bei jeder Kanalsanierungsmaßnahme ist auch bei der Sanierung von Rohrleitungen im Reduktionsverfahren die Arbeitsvorbereitung eine Grundvoraussetzung für die erfolgreiche Durchführung der Maßnahme.

Im Rahmen der Arbeitsvorbereitung ist im ersten Schritt im Zuge einer detaillierten Bestandsaufnahme die vorliegende Planung dahingehend zu überprüfen, ob das Reduktionsverfahren angewendet werden kann. Das bedeutet im Einzelnen, dass durch Auswertung einer TV-Inspektion überprüft werden muss, welche Methode zur Reinigung und zur Beseitigung von Hindernissen durchgeführt werden kann und es ist das dem Verschmutzungsgrad und dem Altrohr entsprechende Verfahren auszuwählen. Dabei ist zu beachten, dass gegebenenfalls Rohrversätze, Ablagerungen und Wurzeleinwüchse zu entfernen und starke Grundwasserinfiltrationen im Vorfeld abzudichten sind. Sind in dieser Phase der Arbeitsvorbereitung bereits Rohrleitungsabschnitte erkennbar, in denen durch zu starke Deformationen (Einstürze) oder Lageabweichungen eine Sanierung nicht durchführbar ist, sind eventuell einzelne Abschnitte der Rohrleitung im Vorfeld der Sanierung auszuwechseln. Als Nächstes ist anhand des Leitungsverlaufes zu überprüfen, wo die Baugruben zum Rohreinzug und zum Einrichten der Zuganlage angelegt werden müssen. Dabei ist zu beachten, dass Richtungsänderungen, Durchmesserwechsel und Zwangspunkte generell mit berücksichtigt werden.

Weiterhin sind in diesem Zuge die Baugruben entsprechend der Rohrdimension des einzuziehenden PE-HD-Rohres unter Berücksichtigung der zulässigen Biegeradien zu dimensionieren. Durch die Längenänderung des PE-HD-Rohrstranges beim Reduktionsverfahren muss die Zielbaugrube ausreichend lang dimensioniert sein, damit sich das Inliner-Rohr nach der Installation aufweiten und verkürzen kann. Ein weiterer Punkt, der auf die Positionierung der Baugruben und damit die Einzugslängen einen Einfluss hat, ist die Berücksichtigung der zulässigen Zugkräfte des einzuziehenden PE-HD-Rohres sowie die Leistung des Zuggerätes zum Einziehen und Reduzieren des Rohrstranges.

3.2B.4 Fehler in der Renovierungsausführung

3.2B.4.1 Vorflut

Im Vorfeld der Sanierung ist die Vorflut sicherzustellen und ein Eindringen von Abwasser, Niederschlagswasser und Grundwasser in den zu sanierenden Rohrleitungsabschnitt auszuschließen. Durch eine mangelnde Vorflutsicherung kann es während des Einziehvorganges zum Einspülen von Hindernissen und Verunreinigungen kommen, die sich im Sanierungsergebnis als örtliche Verformungen (Beulen) des Neurohres darstellen können.

3.2B.4.2 Reinigung

Die Reinigung der zu sanierenden Rohrleitung bildet die Grundlage für eine TV-Inspektion zur Feststellung des Ist-Zustandes der Altrohrleitung. In der Regel sind dazu Wasserhochdruckreinigungsverfahren sowie mechanische Reinigungsverfahren in Abhängigkeit vom Altrohrmaterial und Altrohrzustand geeignet. Eine nicht abgestimmte Reinigung kann zu einer weiteren Beschädigung des Altrohres führen. Eine ungenügende Reinigung führt zwangsläufig zu Fehlern im weiteren Installationsprozess bzw. zu örtlichen Verformungen des eingezogenen Rohrstranges.

3.2B.4.3 TV-Inspektion

Mit der TV-Inspektion der bereits gereinigten Leitung wird die Hindernisfreiheit überprüft und dokumentiert. Hierbei wird festgestellt, ob sich gegebenenfalls noch Ablagerungen oder andere Hindernisse in der Rohrleitung befinden, die speziell entfernt werden müssen. Das können im Einzelnen hineinragende Rohrversätze, Hausanschlüsse oder Scherben sein. Diese Hindernisse müssen beseitigt werden.

Wesentlich häufiger können Fehler im Einbindungsbereich von Hausanschlüssen und Schächten auftreten, die dann entsprechend Kapitel 3.2B.8 nachgearbeitet werden müssen.

Bei gebrochenen Schweißnähten nach dem Rohreinzug kann dieser Mangel nur in offener Bauweise behoben werden. Hierzu ist es notwendig, den schadhaften Rohrbereich freizulegen und im Bereich der Schadstelle das Altrohr auszubauen. Anschließend sind an den Übergangsstellen zum Altrohr auf dem PE-Rohr Festpunkte zu schweißen, die eine axiale Lageverschiebung verhindern. Dann kann das PE-Rohr im Bereich der schadhaften Stelle ausgebaut werden, um ein Passstück mit Elektroschweißmuffen einzubauen. Anschließend kann die Baugrube wieder verfüllt werden.

3.2B.7 *Qualitätssicherung*

Um eine ausreichende Qualitätssicherung zu gewährleisten, ist es wie bei allen Sanierungsmaßnahmen erforderlich, die Arbeiten mit qualifiziertem und geschultem Personal auszuführen.

Folgende Maßnahmen sind durchzuführen und zu dokumentieren:

- Reinigung und TV-Inspektion der Altleitung
- Kalibrierung der Altleitung
- Baugruben für Rohreinzug nach DIN 4124 und DIN EN 1610
- Eingangskontrolle der angelieferten PE-HD-Rohre
- Die Heizelementstumpfschweißverbindungen sind durch nach DVS-Regelwerk geprüfte Rohrschweißer mit einem gültigen Schweißerpass auszuführen
- Es sind Schweißprotokolle zu führen
- Es sind die Schweißwülste auf der Außenseite des Rohrstranges zu entfernen
- Es sind die Biegeradien für PE-HD-Rohre beim Einzug des Rohres einzuhalten
- Einsatz einer Zugkraftbegrenzung am Einzuggerät
- Einhalten der Mindestzugspannungen am reduzierten Rohr während des Einzugs
- Erstellen von Zugkraftprotokollen
- Dichtheitsprüfung

Die Dokumentation der aufgeführten Arbeitsschritte dient als Nachweis der Qualitätssicherung.

3.2B.8 *Einbindung von Anschlüssen und Schächten*

Die Einbindung von Anschlüssen kann dimensionsabhängig sowohl in geschlossener als auch in offener Bauweise erfolgen. Die Einbindung im Schachtbereich erfolgt generell manuell.

3.2B.8.1 Einbindung Schachtbereich

Die Einbindung von PE-HD-Rohren im Schachtbereich hat beim Reduktionsverfahren generell hinterwanderungsfrei zu erfolgen. Der in diesem Bereich vorhandene minimale Ringspalt muss gegen Ex- und Infiltration abgedichtet werden. Durch das Schrumpfungsverhalten des PE-Rohrstranges in Längsrichtung ist es erforderlich, eine Sicherung des eingezogenen Rohrstranges durch Festpunkte im Start- und Zielschacht vorzunehmen. Anschließend empfiehlt sich eine Auskleidung des unteren Schachtbereiches ebenfalls mit dem Werkstoff PE, um eine dauerhaft dichte Anbindung durch Schweißverbindungen herstellen zu können.

Fehlerhafte Festpunkte führen zu einem Schrumpfen des PE-Rohrstranges und damit zwangsläufig zu einer undichten Schachteinbindung und zu einer Beschädigung von Anschlusseinbindungen auf den Rohrstrang.

3.2B.8.2 Einbindung von Anschlüssen

Die Einbindung von Anschlüssen auf den Rohrstrang im nicht begehbaren Bereich wird grundsätzlich unter Berücksichtigung des RSV-Merkblattes 2 bzw. 7.2 durchgeführt.

Die Einbindung in geschlossener Bauweise erfolgt durch den Einsatz eines Fräsroboters zum Öffnen des Anschlusses aus dem Rohrstrang heraus. Die weitere Einbindung mittels Verpressen oder Hutprofil mit PE-Krempe setzt voraus, dass der Altanschluss durch seinen baulichen Zustand und die Rohrgeometrie für diese Sanierungsart geeignet ist. Ist dies nicht der Fall, ist die Einbindung in offener Bauweise herzustellen. Auch diese Einbindung erfolgt unter Berücksichtigung des RSV-Merkblattes 2. Es ist darauf zu achten, dass die zu verwendenden Hutprofile mit PE-Krempe entsprechend den Herstellervorgaben mit dem PE-Rohrstrang verschweißt werden und die Einbindung im Hausanschlussbereich eingeklebt wird. Weitere Ausführungen hierzu sind in Kapitel 2.6 „Hutprofiltechnik" zu finden.

Eine weitere Möglichkeit zur Herstellung eines Anschlusses ist die Einbindung von außen unter Verwendung eines Aufschweißsattels.

3.2B.9 Toleranzen

Bezogen auf die hydraulische Leistungsfähigkeit und den statischen Nachweis wird davon ausgegangen, dass Deformationen bis 2 % keinen Mangel darstellen, in Anlehnung an DWA-A 143-2, Tabelle 5 (Annahmen zu Imperfektionen für die statische Berechnung von vorverformten Linern).

3.2B.10 Wie gehen Baufirmen und Auftraggeber bei fehlerhaften Ausführungen der Renovierung auseinander?

Gemeinsam anerkannte Fehler in der Ausführung werden auf Kosten des Auftragnehmers behoben. Sollte es keine Einigung zu einem möglichen Fehler geben, wird die Leistung in aller Regel nicht abgenommen. Hier empfiehlt sich die Hinzunahme eines gemeinsam ausgewählten unparteiischen Gutachters zur Klärung/Einigung.

3.2B.11 Lebensdauer/Nutzungsdauer

Die Nutzungsdauer einer im Reduktionsverfahren sanierten Rohrleitung ist in Anlehnung an die Nutzungsdauer einer Neuverlegung mit PE-Rohren anzusehen.

Die im Reduktionsverfahren eingebauten PE-Rohre sind Standardmaterialien und können daher identisch zu Rohren, die in offener Bauweise oder beim klassischen Rohrstrangrelining verwendet werden, betrachtet werden. Die Bestätigung erfolgt durch die Rohrhersteller.

Literatur

[1] DVGW-Arbeitsblatt GW 330 „Schweißen von Rohren und Rohrleitungsteilen aus Polyethylen (PE 80, PE 100 und PE-Xa) für Gas- und Wasserleitungen – Lehr- und Prüfplan“, 11-2000

[2] DVS 2207 „Schweißen von thermoplastischen Kunststoffen – Heizelementschweißen von Rohren, Rohrleitungsteilen und Tafeln aus PE“, 08-2015

[3] DIN 4124 „Baugruben und Gräben – Böschungen, Verbau, Arbeitsraumbreiten“, 01-2012

[4] DIN EN 1610 „Einbau und Prüfung von Abwasserleitungen und -kanälen; Deutsche Fassung EN 1610:2015“, 12-2015

[5] RSV-Merkblatt 2 „Renovierung von Abwasserleitungen und -kanälen mit Rohren aus thermoplastischen Kunststoffen durch Liningverfahren ohne Ringraum“, 2009

[6] RSV-Merkblatt 7.2 „Hutprofiltechnik zur Einbindung von Anschlussleitungen – Reparatur / Renovierung“, 02-2009

3.3 Einzugsverfahren (Einzelrohr-Lining) mit Ringraum A) Langrohr- und Rohrstrangverfahren

(Dieter Hesse; grundlegende Überarbeitung des alten Kapitels 3.1 von Peter Jürgenlohmann †)

3.3 Einzugsverfahren (Einzelrohr-Lining) mit Ringraum

A) Langrohr- und Rohrstrang-Verfahren

3.3A.1 Verfahrensbeschreibung

Beim Langrohr- und Rohrstrang-Verfahren wird ein vorgefertigter PE-Rohrstrang mittels Seilwinde in die zu sanierende Leitung bzw. den zu sanierenden Kanal eingezogen. Die vorhandenen Anschlüsse werden in offener Bauweise angebunden. Der entstehende Ringraum zwischen Alt- und Neurohr wird mit geeignetem Verdämmmaterial verfüllt. Es entsteht so ein nahtloses Rohr in der alten Leitung. Zum Einsatz können auch Rohre aus anderen Werkstoffen kommen, wie z. B. Stahl, GGG, GFK, PVC usw., wobei PE-Rohre am häufigsten angewendet werden. Daher wird im Folgenden darauf Bezug genommen.

- Verfahren A: Hier werden die Rohre vor der Baugrube verschweißt und der gesamte Rohrstrang wird auf geeigneten Rollenböcken vorgestreckt und dann eingezogen.
- Verfahren B: Hier werden die Rohre in der Baugrube verschweißt und taktweise eingezogen.
- Verfahren C: Bei Einbau von Rollenmaterial wird direkt vom Trommelwagen eingezogen (bis DN 160).

Rohrstrang-Lining ist nach DIN EN ISO 11295:2010 wie folgt definiert „mit vor dem Einbau vorgefertigten Rohrsträngen; der Querschnitt des Lining- Rohres bleibt unverändert“. Anmerkung: Dies wird oft auch als Sliplining bezeichnet.

Verfahren A

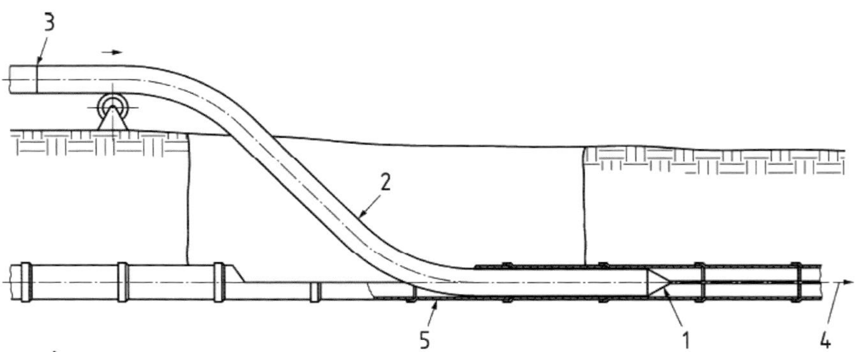

Legende

1 Zugkopf, 2 Lining-Rohr, 3 Herstellung der Rohrverbindung vor Einzug, 4 Zugkraft, 5 vorhandenes Rohr

BILD 3.3A.1: Schematische Darstellung des Rohrstrang-Linings ohne Rückverformung der vorhandenen Rohrleitung (Verfahren A) (DIN EN 15885)

Verfahren B

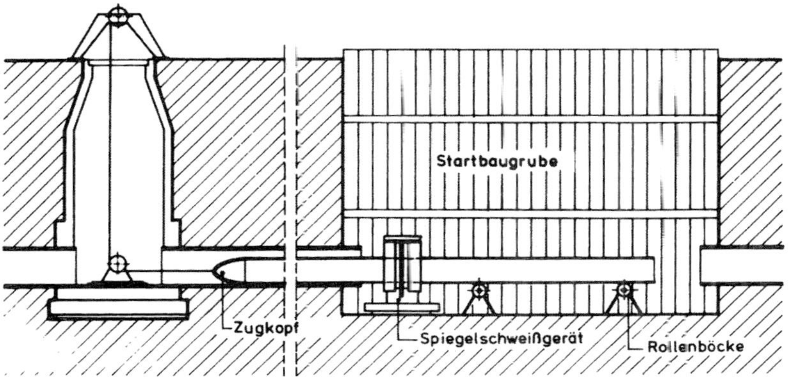

Bild 3.3a.2: Schematische Darstellung des Langrohrverfahrens – Einziehen eines Inliners aus in der Startrohrgrube verschweißten Kunststoffrohren (Verfahren B) (Quelle: Stein, Dietrich: Instandhaltungen von Kanalisationen. 3. Auflage, Ernst & Sohn Verlag, Berlin 1998)

Verfahren C

Legende

1 Zugkopf
2 Lining-Rohr
3 Trommelwagen
4 Zugrichtung

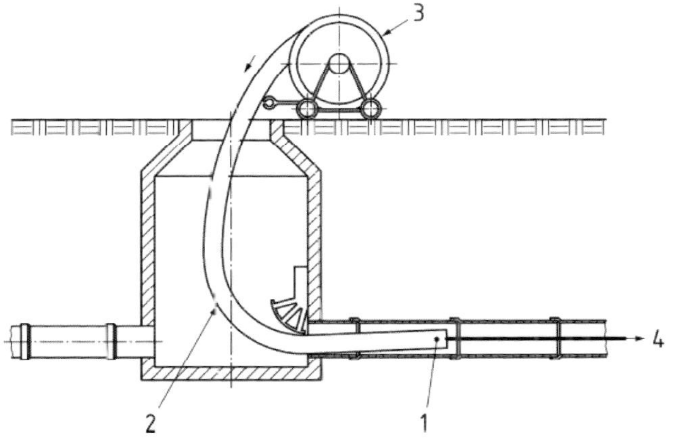

Bild 3.3a.3: Schematische Darstellung des Einbaus eines Rohres mit Verringerung des Rohrquerschnitts (Verfahren C) (DIN EN 15885)

Scheuerstellen an den Rohraußenseiten entstehen. Diese Schäden sind beim Entladen der Rohre sofort zu dokumentieren und zu reklamieren.

Auf der Baustelle sind die Rohre auf glatten Kanthölzern in einem Abstand von nicht mehr als 2,0 m zu lagern. Je nach Rohrdimension kann der Abstand variieren. Hierzu sind die Herstellerangaben zu beachten.

Sonneneinstrahlung erwärmt die PE-Rohre. Durch die Temperaturdifferenz zur Schattenseite der Rohre dehnt sich die sonnenbeschienene Rohrseite relativ aus, so dass die Rohre eine leicht gebogene Form einnehmen. Je nach Stand der Sonne ändert sich die Rohrkrümmung im Laufe eines Tages. Die PE-Rohre sind daher vor Sonneneinstrahlung zu schützen. Die Hinweise der Hersteller zu Transport, Abladen und Lagerung sind zu beachten.

3.3A.4.2 Fehlerhafte Schweißung der Rohre

Das Schweißen von PE-Rohren ist durch das Merkblatt DVS 2207 und DVGW-GW 330 geregelt. Beim Langrohr- und Rohrstrangverfahren wird generell das Heizelementstumpfschweißverfahren (HS) eingesetzt, da Schweißmuffen außen auftragen und der Rohraußendurchmesser dadurch erheblich verringert wird.

Beim Stumpfschweißen der Rohre werden die Rohrenden eingespannt und die beiden Rohrstangen durch entsprechendes Hebewerkzeug so ausgerichtet, dass sie in der Schweißmaschine spannungsfrei sind. Die Rohrenden werden sorgfältig mit einem zugelassenen PE-Reiniger gereinigt und mit einem elektrisch angetriebenen Doppelhobel plangehobelt, danach werden diese dann unter kontrolliertem Anpressdruck zur Plastifizierung der Schweißflächen gegen den auf Schweißtemperatur aufgeheizten beschichteten Spiegel gedrückt.

Nach ausreichender Durchwärmung und allseitiger Schweißwulstbildung werden die Rohrenden auseinander gefahren, der Schweißspiegel schnell und ohne die Schweißflächen zu beschädigen entfernt und die Rohrenden dann direkt unter dem spezifischen Fügedruck zusammengefügt. Bei sorgfältiger Schweißnahtausführung liegen die Schweißfaktoren stets über 0,95.

Der Schweißnahtfaktor bestimmt, welche Berechnungsspannung angewendet werden kann. Bei einem Faktor von 1,0 geht man davon aus, dass die Schweißnaht vollwertig ist. Sie kann genau wie der Grundwerkstoff belastet werden.

Gerade weil das Schweißen der PE-Rohre relativ einfach erscheint, wird oft nicht sorgfältig genug gearbeitet. Grundsätzlich sind vor Schweißbeginn die Hydraulik der Schweißmaschinen und die Temperaturgenauigkeit der Schweißspiegel zu überprüfen. Unzureichender oder zu hoher Fügedruck bei zu hoher oder zu niedriger Schweißtemperatur führt zu fehlerhaften Schweißverbindungen, die nicht unbedingt optisch erkennbar sind.

Die Schweißmaschine sollte grundsätzlich unter einem Schutzzelt oder Schweißschirm stehen. Die freistehenden Rohrenden sind zu verschließen, da der in den

Rohren sonst wirkende „Kamineffekt“ zu einer zu schnellen Auskühlung der Schweißflächen führen kann. Die Abkühlungszeiten sind einzuhalten.

Bei der visuellen Prüfung sind die Schweißnähte auf folgende Kriterien zu untersuchen:

- Die Schweißwülste müssen möglichst gleichmäßig rund und überall sichtbar sein.
- Beide Wülste müssen annähernd gleich groß sein.
- Die Wulstoberfläche soll glatt sein.
- Die Schweißwülste müssen kerbfrei sein.
- Der Rohrversatz darf 10 % der Rohrwandung an keiner Stelle überschreiten. Bei einem größeren Rohrwandversatz kann es bei Biegespannungen in der Schweißnaht zu sehr hohen Spannungsspitzen und sogar zum Bruch kommen.

Schweißarbeiten an PE-Rohren dürfen nur solche Unternehmen durchführen, die ausgebildete und geprüfte Rohrschweißer nach DVS 2207-1 oder DVGW GW 330 beschäftigen und über eine PE-Schweißaufsicht nach DVGW GW 331 verfügen. Die PE-Schweißaufsicht hat einen Schweißablaufplan in Anlehnung an die DVS 2207 zu erstellen. Die Schweißnachweise sind dem Auftraggeber vorzulegen. Grundsätzlich sind nach DVS 2207 Schweißprotokolle über jede Schweißnaht zu führen.

Neben der visuellen Prüfung können die Schweißverbindungen mit Ultraschall zerstörungsfrei geprüft werden, wobei diese Verfahren nur Aussagen über Fehlstellen, nicht aber über die Schweißnahtgüte zulassen.

Um die Schweißparameter zu bestimmen oder zu überprüfen, können zerstörende Biege- oder Zugversuche nach DVS 2203 erfolgen.

3.3A.4.3 Fehler beim Einziehen

Voraussetzung für ein fehlerfreies Einziehen der PE-Rohre ist ein ausreichend großer hindernisfreier Querschnitt im Kanal, der durch eine optische Kalibrierung bzw. Inspektion nachgewiesen wird. Es kann aber auch ein Kalibermolch in der entsprechenden Abmessung durchgezogen werden, der danach auf Riefenbildung untersucht wird. Der erforderliche freie Querschnitt ist nachzuweisen und zu dokumentieren. Überstehende Zuläufe, Rohrscherben, Muffenversätze, Verwurzelungen oder andere Hindernisse, die den Einziehvorgang behindern oder zu Beschädigungen am Rohrstrang, wie Einzugsriefen und eventuell Kerben führen können, sind vorher mit geeigneten Gerätschaften zu entfernen.

Für die Bestimmung der Zugkraft wird von einer zulässigen Zugspannung von 8 N/mm^2 Rohrwandfläche ausgegangen. Es dürfen nur Zugwinden mit Zugkraftbegrenzung eingesetzt werden. Die Zugkraft muss an der Winde aufgezeichnet und dokumentiert werden. Zudem ist es auch möglich, zusätzlich über eine Sollbruchstelle am Zugkopf die Zugkraft zu begrenzen.

Zahlreiche Feldversuche haben ergeben, dass der Reibungsbeiwert beim Einziehen selten den Faktor 0,4 übersteigt. Durch den Einsatz von Gleitmittel (Schmierseife) lässt sich der Reibungsbeiwert minimieren.

Die Zugkraft Z_k ruft im Rohr mit dem Querschnitt R_f eine Zugspannung hervor:

$$\sigma = \frac{Z_k}{R_f} \leq \sigma_{z,\text{zulässig}}$$

Hinweis: Alternativ können die zulässigen Zugkräfte den Angaben der Rohrhersteller oder den entsprechenden Regelwerken entnommen werden.

Die zulässige Einziehlänge lässt sich aus folgender Formel berechnen:

$$l_{\text{zulässig}} = \frac{\sigma_{z,\text{zulässig}} \cdot f_s}{\gamma_R(\alpha \cdot \cos\varphi \pm \sin\varphi)}$$

$s_{z,\text{zulässig}}$	= zulässige Zugspannung (N/mm²)
f_s	= Schweißfaktor, wird aus dem Verhältnis der Streckspannung der Fügenaht zur Streckspannung des Grundmaterials ermittelt (0,8 bis 1,0)
g_R	= spezifisches Gewicht (= $0{,}97 \cdot 10^{-5}$ N/mm² für PE-HD; = $0{,}93 \cdot 10^{-5}$ N/mm² für PP)
l	= Länge des Rohres (mm)
j	= Neigungswinkel (°)
a	= Reibungskoeffizient je nach Untergrund bis 0,8

Die zulässige Spannung hängt von der Umgebungstemperatur, der Dauer des Einziehvorganges und der zulässigen Dehnung des Rohres ab.

Die Dehnung e_Z sollte während des Einziehens nicht über 2 % liegen, da später im Betrieb axiale Dehnungen auftreten können. Diese entstehen bei nicht verdämmten Druckrohren durch Innendruck oder bei gekrümmten Leitungen durch Biegespannungen.

Für PE-Rohre errechnet sich eine maximale Einziehlänge von 680 m bei 20 °C (bei einer zugelassenen Dehnung von 2 % und bei Strecken mit Steigungen bis 10°) unabhängig vom Rohrdurchmesser und der Wanddicke. Heizen sich die Rohrstränge im Sommer auf 40 °C auf, verringert sich die Einziehlänge auf 425 m.

3.3A.4.4 Befestigung des Zugseils

Um den Rohrstrang einziehen zu können, muss das Zugseil mit einem Führungskonus am Rohrstrang befestigt werden. Auf diese Befestigung wirkt die größte Zugkraft. Dazu sind zahlreiche Techniken im Einsatz. Den größten Sicherheitsbeiwert hat sicherlich ein angeschweißter PE-Einziehkopf, wenn die Schweißnaht nach den gleichen Gütekriterien erfolgt, wie eine normale Rohrschweißung.

Bei einer Bolzenverbindung des Zugkopfes ist die Verbindung auf Flächenpressung und Scherspannung zu berechnen. Ferner muss bei der Zugbelastung berücksichtigt werden, dass die Fläche der Bohrungen für die Bolzen die Rohrwandfläche verringert.

Ein unzureichender Sicherheitsfaktor kann schnell zum Abreißen der Zugverbindung führen. Folgende Formeln sind anwendbar:

- Flächenpressung:

$$p = \frac{Z_k}{F_1} = \frac{Z_k}{D \cdot s \cdot z} \leq p_{1h,\text{zulässig}} = 10\ \text{N/mm}^2$$

- Scherspannung:

$$\tau = \frac{Z_k}{F_2} = \frac{Z_k}{2 \cdot b \cdot s \cdot z} \leq \tau_{1h,\text{zulässig}} = 4\ \text{N/mm}^2$$

- Anzahl der Bolzen:

$$z = \frac{Z_k}{D \cdot s \cdot p}; \qquad z = \frac{Z_k}{D \cdot p \cdot \tau}$$

p	= Flächenpressung (N/mm²)
Z_k	= Zugkraft (N)
F_1	= Flächensumme der Bohrungen (mm²)
D	= Durchmesser der Bohrungen (mm)
s	= Rohrwanddicke des PE-HD-Rohres (mm)
z	= Anzahl der Bolzen
$p_{1h,\text{zulässig}}$	= zulässige Flächenpressung 1h-Wert (N/mm²)
t	= zulässige Scherspannung, 1h-Wert (N/mm²)
F_2	= Flächensumme der Bohrungen bei Scherung (mm²)
b	= Abstandsmaß PE-HD-Rohranfang – Bolzen (mm)

3.3A.4.5 Dimensionierung der Einziehbaugruben für Langrohr- und Rohrstrangverfahren

Beim Langrohrverfahren werden die Rohre in der Baugrube geschweißt und taktweise eingezogen. Die Abmessung der Baugrube ergibt sich durch die maximale Stangenlänge und den Platzbedarf für die Schweißmaschine. Werden die PE-Rohre nicht in der Baugrube geschweißt (Rohrstrangverfahren), sondern von der Geländeoberfläche in den Kanal eingezogen, muss der Biegeradius berücksichtigt werden. Die zulässigen Biegeradien bestimmen sich aus der zulässigen Knicklänge bei einem kleinen Verhältnis von Rohrwanddicke/Durchmesser oder, bei großen Druckstufen, aus der Randfaserdehnung (Tabelle 3.3A.4).

Wenn die Baugruben auf voller Länge ausgehoben sind, können Rohrstränge in beide Richtungen eingezogen werden. Eine schematische Darstellung einer Einziehbaugrube zeigt Bild 3.3A.4.

TABELLE 3.3A.4: Zulässige Biegeradien

Druckklasse PN	Zulässiger Biegeradius R	Randfaserdehnung %
2,5	50 x D_a	1,0
3,2	40 x D_a	1,25
4,0	30 x D_a	1,7
6,0	30 x D_a	1,7
10,0	30 x D_a	1,7

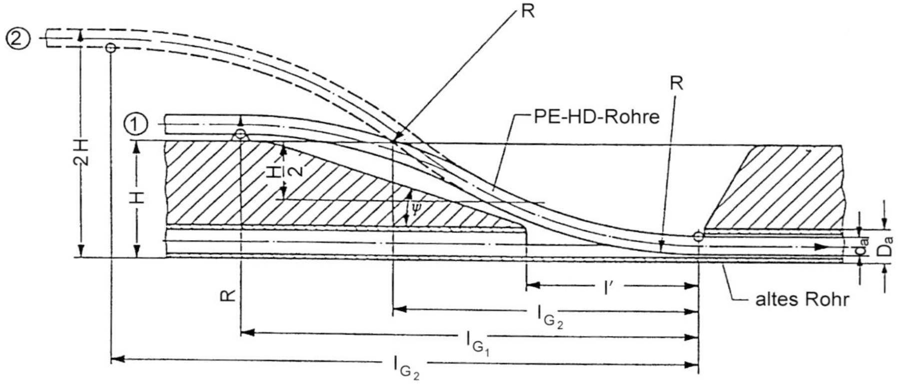

BILD 3.3A.4: Schematische Darstellung einer Einziehbaugrube

Die Länge der Einziehbaugrube lässt sich berechnen nach:

$$l_{G_1} = \sqrt{H \cdot (2 \cdot R - H)} \quad (m)$$

Durch Anheben des PE-Rohrstranges auf die Höhe H über Geländeoberfläche verkürzt sich die Länge der Einziehbaugrube auf:

$$l_{G_2} = \sqrt{H \cdot (2 \cdot R - H)} \quad (m)$$

L = Länge der Einziehbaugrube (m)

H = Rohrsohlentiefe (m)

R = zulässiger Biegeradius (m)

Aus der Gegenüberstellung möglicher Knickungen bei dünnwandigen Rohren und dem zulässigen Biegeradius bei dickwandigen Rohren errechnen sich die unterschiedlichen Biegeradien. Bezogen auf die zulässige Randfaserdehnung können dickwandige PE-Rohre mit einem erheblich kleineren Biegeradius belastet werden. Um aber diese kurzen Biegeradien einstellen zu können, ist ein erheblicher Kraftaufwand erforderlich, der auf der Baustelle nur schwer aufzubringen ist.

Beim Einziehen des Zugkopfes in die Leitung wirkt eine hohe Vertikalspannung durch das Bestreben des Rohrstrangs, die Verformung auszugleichen. Die nach oben wirkende Spannung kann so stark sein, dass das Rohr durch Riefen erheblich beschädigt wird oder die Geländeoberfläche bei einer geschädigten Kanalleitung und geringer Überdeckung angehoben wird.

Zum besseren Einbringen des Rohrstranges können Einziehkufen, Einziehbleche oder Rollenführungen vor das Kanalrohr aufgebaut werden.

Je nach Untergrund ist der Rohrstrang sorgfältig auf Rollenböcken zu führen. Dadurch wird vermieden, dass die Rohraußenfläche z. B. an der Asphaltschnittkante abgeschabt wird.

3.3A.4.6 Aufstellen der Zugwinden

Bei der Renovierung von Kanalleitungen wird die Zugwinde in Längsrichtung des zu sanierenden Kanals aufgestellt. Ist eine Aufstellung der Winde in Längsrichtung nicht möglich oder liegen beengte Platzverhältnisse vor, so kann gegebenenfalls eine Umlenkung erfolgen.

Die Winde muss gegen Wegrutschen gesichert werden, wenn möglich, mit einem Sicherungsfahrzeug, hierbei sind die Einzugskräfte zu beachten.

3.3A.4.7 Längenausdehnung

Beim Einziehen und auch beim späteren Betrieb der PE-Leitungen ist generell mit Längenänderungen zu rechnen. Das Einbinden an Schachtbauwerke oder bei Hausanschlüssen sollte erst nach dem Abklingen des Schrumpfungsprozesses vorgenommen werden. Hierbei sollte der Längenausdehnungskoeffizient von 1,7 mm/mK berücksichtigt werden.

Durch die Ringraumverfüllung ist das PE-Rohr im Altrohr gebettet. Über die Ringraumverfüllung werden die Druck- oder Zugkräfte aus der temperaturbedingten Längenänderung weitestgehend kompensiert.

Wird der Ringraum nicht verfüllt, kann es bei Wärmeeintrag, z. B. im Betrieb der Leitung, zu einer Auslenkung des Rohrstrangs kommen.

3.3A.4.8 Fehler bei der Ringraumverfüllung

Folgende Aufgaben werden durch die Verfüllung des Ringraums zwischen Alt- und Neurohr erfüllt:

- Bettung des eingezogenen Kunststoffrohres – möglichst auf der Sohle – in dem alten Kanal in seiner Lage.

- Kompensierung möglicher temperaturbedingter Längenänderungen durch das Abwasser.

Für die Ringraumverfüllung muss ein Füll- bzw. Entlüftungsstutzen auf dem Ringraum eingebracht werden. Dabei sind die Stutzen weit genug in den Ringraum einzuführen, um nicht beim Verdämmen des Ringraums mit verschlossen zu werden.

Für das Biegekriechmodul E_R wird zur Berechnung des 1h-Beulwertes der 1h-Kriechmodul bei 23 °C mit E_R = 450 N/mm² angesetzt. Der Sicherheitsbeiwert sollte $S > 2$ betragen. Für PE-Rohre ohne seitliche Abstützung gelten die in **Bild 3.3A.5** dargestellten Beuldrücke. Im Allgemeinen ist der 1h-Beuldruck maßgebend. Er wird berechnet nach:

$$p_k = \frac{E_R}{4 \cdot (1 - \mu^2)} \cdot \left(\frac{s}{r_m}\right)^3$$

E_R = Biegekriechmodul (N/mm²)

μ = Querkontraktionszahl (μ = 0,4)

s = Wanddicke (mm)

r_m = mittlerer Radius (mm)

p_k = Beuldruck $\left(\frac{s}{r_m}\right)^3$

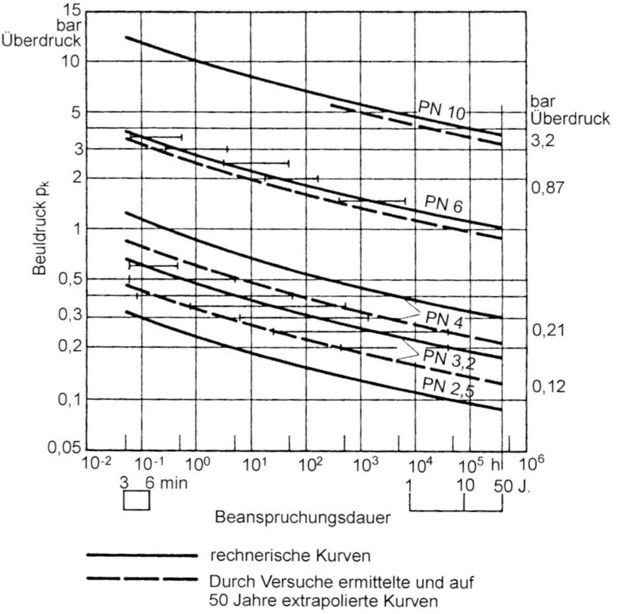

Bild 3.3A.5: Beuldiagramm

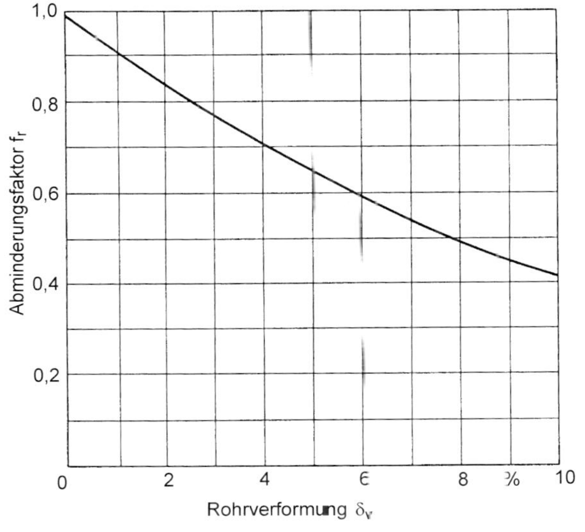

Bild 3.3A.6: Abminderungsfaktoren

Wird das PE-Rohr durch Auftrieb verformt, reduziert sich der Beuldruck um einen von der Verformung abhängigen Faktor (**Bild 3.3A.6**).

Besonders dünnwandige PE-Rohre sind empfindlich gegen allseitige Flüssigkeitsaußendrücke und Verformungen durch die Auftriebskräfte, die bei der Ringraumverfüllung wirken (**Bild 3.3A.7**).

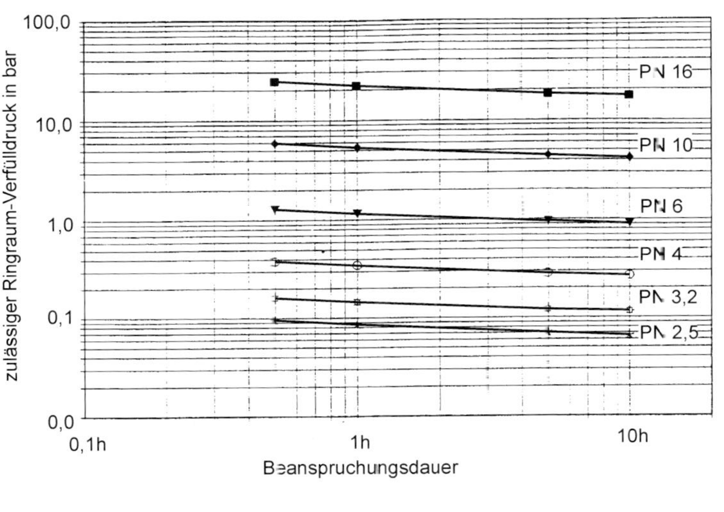

Bild 3.3A.7: Kurzzeit-Beuldrücke

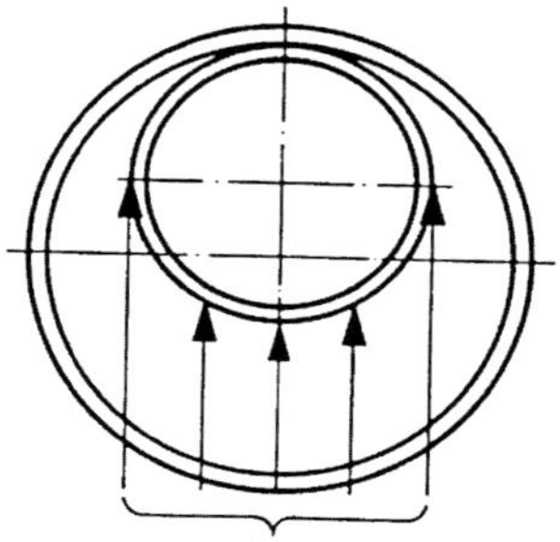

Bild 3.3A.8: Auftriebskräfte

Bei der Verfüllung eines Ringspaltes zwischen zwei Rohrsystemen mit Dämmer oder vergleichbaren Materialien wird das ungefüllte PE-Rohr durch Auftriebskraft beansprucht (**Bild 3.3A.8**). Zur Berechnung der Auftriebskräfte kann folgende Formel angewandt werden:

$$F_V = F_A - G_R$$

$$F_V = \frac{\pi \cdot d_e^2}{4} \cdot \gamma_D \cdot l_R - q_R$$

G_R = Rohrgewicht (N)

q_R = Rohrgewicht / Längeneinheit (N/mm)

l_R = Rohrlänge (mm)

d_e = Rohraußendurchmesser des PE-Rohres (mm)

g_D = Dichte des Verfüllmittels (1 kN/m³)

F_V = Auftrieb (N)

Für ein wassergefülltes PE-Rohr mit dem Gewicht G_W für Wasser berechnet sich der Auftrieb nach

$$F_V = \frac{\pi \cdot d_e^2}{4} \cdot \gamma_D \cdot l_R - (G_R + G_W)$$

$$F_V = \frac{\pi \cdot l_R}{4} \cdot \left(d_e^2 \cdot \gamma_D - d_i^2 \cdot \gamma_W\right) - q_R \cdot l_R$$

Durch den Auftrieb wirkt auf das seitlich nicht gestützte, im Scheitel anliegende Rohr eine Auftriebskraft von

$$\frac{\Delta d_m}{d_m} = \delta_V = 0{,}174 \cdot \frac{F_V \cdot d_m^2}{l_R \cdot E_R \cdot s^3}$$

Der Einfluss des Biege-Kriechmoduls E_R wird in **Bild 3.3A.9** dargestellt.

Bild 3.3A.9: Biege-Kriechmodul E_R

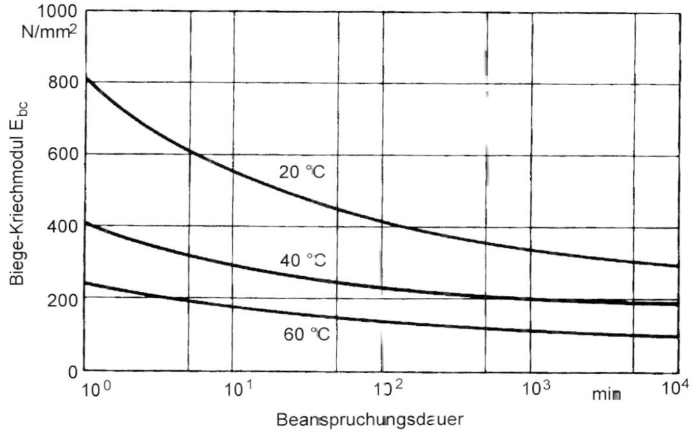

Als Füllmaterial für den Ringraum wird überwiegend „Dämmer“ eingesetzt, der sich aus tonhaltigem Steinmehl und hydraulischen Bindemitteln zusammensetzt. Gut pumpfähige Suspensionen sedimentieren nicht und die Volumenänderung beträgt weniger als 0,25 % Volumen.

Bei der Ringraumverfüllung muss grundsätzlich das Beulverhalten der PE-Rohre unter allseitigem Flüssigkeitsaußendruck berücksichtigt werden (**Bild 3.3A.10**). Die zulässigen Beuldrücke sind dem Bild 3.3A.5 zu entnehmen. Gut pumpbare Dämmermischungen sind bei einem spezifischen Gewicht von etwa 1,6 schwerer als wassergefüllte PE-Rohre (spezifisches Gewicht 0,95). Deshalb schwimmen die Inliner-Rohre in der Ringraumverfüllung auf und legen sich im Scheitel der Mantelrohre an. Das Aufschwimmen kann durch Verwendung von Porenleichtbeton mit einer Dichte von 0,4 bis 0,6 vermieden werden.

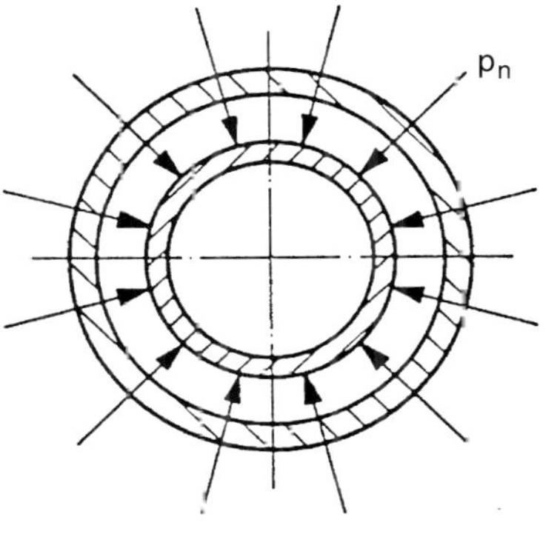

Bild 3.3A.10: Hydrostatischer Außendruck

Dämmer ist ein hydraulisch bindender Trockenmörtel, der ohne weitere Zuschlagstoffe, nur durch Zugabe von Wasser, zu einer fließfähigen Suspension angemischt und dann gepumpt werden kann.

Aufgrund seiner fließfähigen Konsistenz können Hohlräume über große Entfernungen verfüllt werden. Unter hohem Druck und bei langen Verfüllstrecken findet keine Entmischung statt. Zusatzmittel sorgen dafür, dass der Dämmer schneller oder verzögert abbindet. Die Enddruckfestigkeit des Dämmers wird nach 28 Tagen erreicht. TABELLE 3.3A.5 zeigt eine Zusammenstellung verschiedener Dämmermischungen. Unter der Bezeichnung „Blitzdämmer" werden Dämmermodifikationen angeboten, die schnellere Abbindezeiten und höhere Festigkeiten aufzeigen (TABELLE 3.3A.6).

Eine Ringraumverfüllung ist nur dann vollständig, wenn der Dämmer den Zielschacht erreicht hat und bis zur Aushärtung im Einfüll- und Entlüftungsstutzen sichtbar bleibt.

Unter Auftrieb können sich die PE-Rohre oval verformen. Um bei dünnwandigen Rohren dennoch den Ringraum über große Längen verfüllen zu können, kann das PE-Rohr mit Wasser gefüllt und unter vorgegebenen Druck gehalten werden. Die nicht unerheblichen Auftriebskräfte der PE-Rohre in normalem Dämmer (TABELLE3.3A.7) können zu Deformationen des seitlich nicht abgestützten PE-Rohres führen.

TABELLE 3.3A5: Tabellarische Zusammenstellung verschiedener Dämmermischungen

Nr.	H_2O (Gew.-%)	Dämmer (Gew.-%)	W/B-Wert	Raumgewicht (kg/m³)	H_2O/m³ (kg)	Dämmer/m³ (kg)	Druckfestigkeit (28 Tage, N/mm²)
1	70,0	30,0	0,70	1.597	657,0	940,0	15,4
2	67,0	33,0	0,60	1.651	619,0	1.032,0	20,0
3	50,0	50,0	0,50	1.729	576,0	1.153,0	28,0
4	45,0	55,0	0,45	1.778	552,0	1.226,0	31,0

TABELLE 3.3A.6: „Blitzdämmer"-Mischungen

Nr.	H_2O (Gew.-%)	Dämmer (Gew.-%)	W/B-Wert	Raumgewicht (kg/m³)	H_2O/m³ (kg)	Dämmer/m³ (kg)
1	45,0	55,0	0,70	1.778	552,0	1.226,0
2	50,0	50,0	0,50	1.729	576	1.153,0
3	42,5	57,5	0,74	1.589	675,3	913,7
4	40,0	60,0	0,67	1.625	650,0	975,0

TABELLE 3.3A.7: Auftrieb luft- und wassergefüllter PE-HD-Rohre PE 80, PN 6 (Dichte des Verfüllmaterials $\gamma = 1{,}6$)

D_a (mm)	s (mm)	G (kg7m)	D_i (mm)	A_l (N/m)	A_w (N/m)
200	11,4	6,75	177,2	426,73	184,62
225	12,8	8,51	199,4	540,53	234,26
250	14,2	10,5	221,6	667,08	289,00
280	15,9	13,1	248,2	837,77	363,16
315	17,9	16,6	279,2	1059,48	449,50
355	20,1	21,1	314,8	1345,93	583,10
375	21,3	23,5	332,4	1501,81	651,67
400	22,7	26,7	354,6	1709,88	741,53
450	25,5	33,8	399,0	2164,08	937,54
475	26,9	37,6	421,2	2410,80	1044,76
500	28,3	41,7	443,4	2568,25	1157,28
560	31,7	52,2	496,6	3352,07	1452,86
630	35,7	66,5	558,6	4237,92	1835,25
710	40,2	83,9	629,6	5388,63	2336,25
800	45,3	107,0	709,4	6836,58	2960,95
900	51,0	135,0	798,0	8656,34	3752,12

Versuche, mit Gusskugeln, Ketten oder anderen Zusatzbeschwerungen der Auftrieb zu mindern oder sogar zu verhindern, sind recht aufwändig und können den PE-Liner durch Riefenbildung auch schädigen.

Mit dem Aufschwimmen der PE-Rohre in der Verfüllmasse sind zumindest Lageänderungen verbunden. Je nach Ausmaß der Lageänderung kann in der Rohrsohle ein Höhensprung von mehreren Zentimetern auftreten. Dies kann bei Kanalleitungen mit geringem Gefälle zu erheblichen Abflussproblemen führen. Porenleichtbeton und Blitzdämmer werden in der Fachwelt kritisch gesehen. Die Ausführungen des DVGW-Arbeitsblattes W 307 bezüglich der Ringraumverdämmung können hierbei auch mit angewendet werden.

3.3A.5 Erkennen und Bewerten von fehlerhafter Renovierung aus technischer Sicht

Das neu eingezogene PE-Rohr wird im Zuge der Qualitätskontrolle einer Dichtigkeitsprüfung sowie einer TV-Inspektion unterzogen und diese wird dokumentiert. Durch die Dichtigkeitsprüfung werden Undichtigkeiten aufgezeigt. Im Rahmen der TV-Inspektion werden in der Regel Beulen, Einengungen und Riefen aufgezeigt.

Der Einfluss der Einbeulung bzw. Verengung auf die statische Standsicherheit des eingezogenen PE-Rohres muss überprüft werden. Ist bei der Überprüfung die Beulung nicht von statischer Relevanz, wird als nächstes die hydraulische Leistungsfähigkeit überprüft. Ergibt diese Überprüfung keine betriebliche Einschränkung, ist von einer Beseitigung abzusehen. Sind betriebliche Einschränkungen zu erwarten, muss dieser Mangel bewertet und ggf. der Rohrabschnitt ausgebaut werden.

3.3A.6 Beheben von Sanierungsfehlern

Siehe Kapitel 3.2B.6.

3.3A.7 Qualitätssicherung

Siehe Kapitel 3.2B.7

3.3A.8 Einbindung von Anschlüssen und Schächten

3.3A.8.1 Schachteinbindungen der PE-Rohre

In den Schächten müssen die PE-Rohre mit dem Schachtbauwerk verbunden werden. Diese Einbindung kann durch Verschweißen, Flanscheinbindung oder Rollgummis erfolgen. Zur Längskraftsicherung sollten generell Festpunkte gesetzt werden.

Werden Schächte mit GFK- oder PE-Platten ausgekleidet, ist ein entsprechender Übergang zu der Auskleidung zu schaffen. Dabei ist zu berücksichtigen, dass sich PE-Materialien nicht verkleben lassen.

3.3A.8.2 Fehler der Anschlussleitungen

Siehe Kapitel 3.3B.7.

3.3A.9 Toleranzen

Bezogen auf die hydraulische Leistungsfähigkeit und den statischen Nachweis wird davon ausgegangen, dass Deformationen bis 2 % keinen Mangel darstellen, in Anlehnung an DWA-A 143-2 Tabelle 5 (Annahme von Imperfektionen für die statische Berechnung von Linern).

3.3A.10 Wie gehen Baufirmen und Auftraggeber bei fehlerhafter Ausführung der Renovierung auseinander?

Gemeinsam anerkannte Fehler in der Ausführung werden zu Lasten des Auftragnehmers behoben. Sollte es keine Einigung bei einem möglichen Fehler geben, wird die Leistung in aller Regel nicht abgenommen. Hier empfiehlt sich das Hinzuziehen eines gemeinsam ausgewählten unparteiischen Sachverständigen zur Klärung bzw. Einigung.

3.3A.11 Lebensdauer/Nutzungsdauer

Die Nutzungsdauer der Kunststoffrohre ist abhängig von der Temperatur, der Abwasserzusammensetzung und den statischen Belastungen. Sie wird dann nur noch von der Abwasserzusammensetzung und der Temperatur bestimmt. Nach der Wirtschaftlichkeitsbetrachtung nach LAWA können 80 bis 100 Jahre angesetzt werden.

Literatur

[1] RSV-Merkblatt 3 „Renovierung von Abwasserleitungen und Kanälen durch Liningverfahren mit Ringraum“, 01-2008

[2] RSV-Merkblatt 3.2 „Verfüllen von Ringräumen bei der Renovierung von Abwasserleitungen und -kanälen durch Liningverfahren“, 03-2016

[3] RSV-Merkblatt 7.2 „Hutprofiltechnik zur Einbindung von Anschlussleitungen“, 02-2009

[4] Wenner, Jörg (2009): Heizelementstumpf- und Heizwendelschweißungen an thermoplastischen Rohren und Rohrleitungsteilen

[5] DVGW-Arbeitsblatt W 307 „Verfüllung des Ringraums zwischen Mantel- und Produktrohren bei der Kreuzung von Bahnanlagen, Straßen und Wasserstraßen“, 02-2012

[6] DVGW-Arbeitsblatt GW 320-1 „Erneuerung von Gas- und Wasserrohrleitungen durch Rohreinzug oder Rohreinschub mit Ringraum“, 02-2009

[7] DIN EN ISO 11295 „Klassifizierung und Informationen zur Planung und Anwendung von Kunststoff-Rohrleitungssystemen für die Renovierung und Erneuerung“, 08-2016

[8] DIN 8074 „Rohre aus Polyethylen (PE) – PE 80, PE 100 – Maße“, 12-2011

[9] DIN 8075 „Rohre aus Polyethylen (PE) – PE 80, PE 100 – Allgemeine Güteanforderungen, Prüfungen“, 12-2011

[10] DWA-Arbeitsblatt 143-2 „Sanierung von Entwässerungssystemen außerhalb von Gebäuden – Teil 2: Statische Berechnung zur Sanierung von Abwasserleitungen und -kanälen mit Lining- und Montageverfahren“, 07-2015

[11] DWA-Arbeitsblatt 161 „Statische Berechnung von Vortriebsrohren“, 03-2014

[12] DVS 2207-1 „Schweißen von thermoplastischen Kunststoffen – Heizelementschweißen von Rohren, Rohrleitungsteilen und Tafeln aus PE“, 08-2015

[13] DVS 2203 „Prüfen von Schweißverbindungen an Tafeln und Rohren aus thermoplastischen Kunststoffen – Prüfverfahren – Anforderungen“, 01-2003

[14] DVGW-Arbeitsblatt GW 330 „Schweißen von Rohren und Rohrleitungsteilen aus Polyethylen (PE 80, PE 100 und PE-Xa) für Gas- und Wasserleitungen – Lehr- und Prüfplan“, 11-2000

[15] DVGW-Arbeitsblatt GW 331 „Schweißaufsicht für Schweißarbeiten an Rohrleitungen aus PE-HD für Gas- und Wasserversorgung – Lehr- und Prüfplan“, 10-1994

3.3 Einzugsverfahren (Einzelrohr-Lining) mit Ringraum B) Kurzrohrverfahren

(Stefan Schikora, Horst Zech)

3.3 Einzugsverfahren (Einzelrohr-Lining) mit Ringraum

B) Kurzrohrverfahren

3.3B.1 Verfahrensbeschreibung

Unter dem Kurzrohrverfahren versteht man selbsttragende Einzelrohre, die taktweise in die zu sanierende Kanalhaltung eingebracht werden. Die Verbindung der einzelnen Rohre untereinander kann entweder in der zur sanierenden Haltung, in einer Baugrube oder im Startschacht erfolgen. Der dabei verbleibende Ringraum zwischen Altrohr und Neurohr sollte verfüllt werden.

3.3B.1.1 Kurzrohrverfahren mit Baugrube

Beim Kurzrohrverfahren mit Baugrube werden die Rohrverbindungen innerhalb der Baugrube hergestellt.

Die Rohrverbindungen können analog dem Rohrstrangverfahren ausgeführt werden. Zusätzlich sind Steckverbindungen möglich. Einsetzbar sind hierbei alle für den Abwasserbereich tauglichen Rohrsysteme.

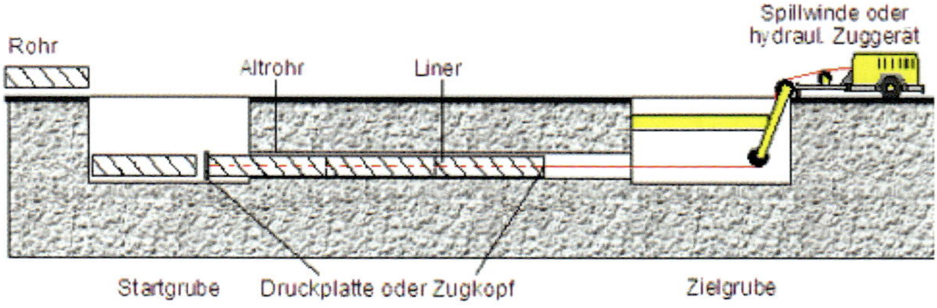

BILD 3.2B.1: Kurzrohrverfahren mit Baugrube aus RSV-Merkblatt 3

3.3B.1.2 Kurzrohrverfahren ohne Baugrube

Beim Kurzrohrverfahren kleiner Nennweiten können die Rohre über vorhandene Schächte eingebaut werden. Die Kurzrohre werden im Schacht verbunden und in den Sanierungsabschnitt eingezogen oder eingeschoben.

Bei einem Schachtdurchmesser von 1,00 m beträgt die übliche Baulänge der einzusetzenden Kurzrohre max. 0,70 m. In der Regel wird dieses Verfahren platzbedingt bis DN 400 eingesetzt. Bei abweichenden Schachtmaßen ist die Kurzrohrbaulänge entsprechend anzupassen.

Aufgrund der Einbautechnik über ein Schachtbauwerk ist beim Kurzrohrverfahren die Nennweite des zu sanierenden Kanals durch die Abmessungen dieses Bauwer-

Legende

1 Winde,
2 Zugkopf,
3 verbundenes Lining-Rohr,
4 gelagerte Einzelrohre,
5 vorhandenes Rohr
6 Zug- und Rückverformungskopf

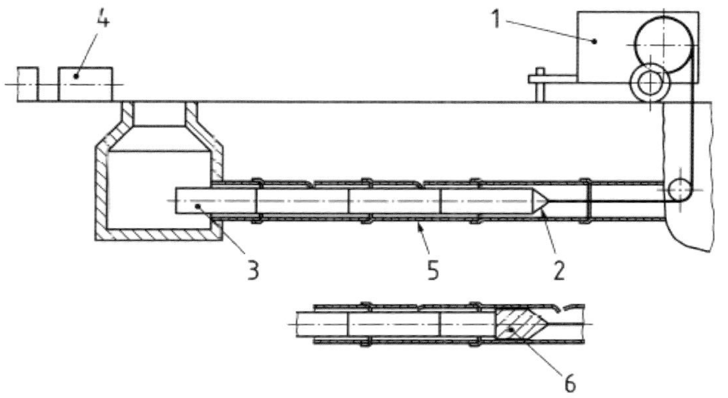

Bild 3.2B.2: Kurzrohrverfahren mit Einbau über Schächte aus DIN EN 15885

kes bzw. durch die Schachtöffnung begrenzt. Einsetzbar sind hierbei alle für den Abwasserbereich tauglichen Rohrsysteme, die unter den beengten Verhältnissen im Schacht fachgerecht eingebaut werden können.

3.3B.2 Mögliche Fehler beim Kurzrohrverfahren

Fehler	Mögliche Ursachen	Möglichkeiten der Fehlervermeidung	Kapitel
Fehler in der Planungsphase	Veraltete Planungsunterlagen	Nur aktuelle Planungsunterlagen verwenden	3.3B.3
Mängel in der Zustandsbewertung	Die Zustandsbewertung ist nicht fachkundig erstellt worden	Fachkundige Bewertung vornehmen lassen	3.3B.3.2
Fehler in der Arbeitsvorbereitung	Fehlerhafte optische Inspektion	Nur fehlerfreie, aktuelle optische Inspektionen verwenden	3.3B.3
Grundwasserstand nicht berücksichtigt	Die Nichtbeachtung des Grundwasserstandes kann zum Einschlämmen von Boden führen, die die Reibungskräfte so groß werden lassen, dass das einzuziehende Rohr abreißt	Einbau in einer Jahreszeit, in der der Grundwasserstand sehr gering ist bzw. Grundwasser absenken, evtl. Vorabdichtung erforderlich	3.3B.3.3
Fehler bei der Bauausführung	Nicht fachkundiges Personal verursacht Fehler	Nur fachkundiges Personal einsetzen	3.3B.4
Riefen auf der Rohroberfläche des Neurohrs	Beschädigung beim Einziehen der Kurzrohre durch nicht entfernte Hindernisse bzw. Rohrscherben	Sorgfältiges Beseitigen aller Hindernisse im Kanal	3.3B.4.1

Fehler	Mögliche Ursachen	Möglichkeiten der Fehlervermeidung	Kapitel
Einbeulen	Hindernisse im Kanal	TV-Befahrung unmittelbar vor dem Einbau	3.3B.4.2
Örtlich begrenzte Verformung	Einbeulung bei fehlerhafter Ringraumverfüllung	Überprüfung der Vorgabe des statischen Beuldrucks	3.3B.4.2
Undichte Zulaufeinbindungen	Fehlerhaftes Aufschweißen der Hutprofile	Einbauanleitung der Hutprofile beachten Geeignete Hutprofile verwenden Schweißerpass (bei begebaren Profilen) Dokumentation der Arbeitsschritte	3.3B.4.3
Schachteinbindungen undicht	Kein Abdichtmaterial zwischen Altrohr und Neurohr	Vorgegebenes Abdichtungssystem einbauen	3.3B.4.4
Undichte Muffenverbindung nach dem Einzug von Kunststoffrohrmodulen	Zu großer Teilabschnitt Falsche Umsetzung der Betriebsanweisungen Zulässige Spannkräfte wurden überschritten Zulässige Zugkräfte wurden überschritten Zulässige Biegeradien wurden überschritten	Haltungslänge sollte auf 60 m begrenzt werden Der Durchmesser des Neurohres sollte auf maximal DN 400 begrenzt werden Teilabschnitte reduzieren Altleitungsverlauf erkunden, evtl. muss dieser Bereich in offener Bauweise ausgeführt werden	3.3B.4.5

3.3B.3 Fehler in der Arbeitsvorbereitung

Überprüfung der Planung

Die vorbereitenden Maßnahmen beinhalten die Leitungsauskunft anderer Ver- und Entsorger (Telekom, usw.). Weitere Maßnahmen sind

- das Erstellen von Arbeitsanweisungen,
- das Festlegen von Schutzmaßnahmen,
- die Sicherung von Arbeitsstellen im öffentlichen Straßenverkehr,
- die Auslegung für das Umpumpen und Umleiten des Abwassers,
- die Erlaubnis zum Öffnen von Schachtabdeckungen und Kanalreinigung durch den Betreiber und
- das Bereitstellen des Neurohres mit entsprechender Verbindungstechnik sowie die entsprechende Gerätetechnik.

Im Folgenden sind einige Punkte, die besonders für die Arbeitsvorbereitung wichtig sind, aufgelistet:

- Maschinentechnik für das Kurzrohrverfahren
  - » Zugkraft zu gering: Der Kurzrohrstrang bleibt in der Haltung stecken
  - » Bei Einsatz von Kurzrohren: Mit falscher Verspanneinheit kann dies zum Abreißen des Rohrstranges oder auch zum Lösen der Steckverbindung führen

- Rohrbestellung zum Ausführungszeitpunkt
- (Fremdleitungserkundung)
- Sicherung von Arbeitsstellen im öffentlichen Straßenverkehr.

Um einen Schaden näher definieren zu können, wird eine Inspektion der Leitung (z. B. mittels optischer Inspektion) durchgeführt. Die Ergebnisse sind auszuwerten. Dabei muss ein gradliniger Trassenverlauf bestätigt werden.

Neben diesen grundsätzlichen Anforderungen einer Sanierungsplanung müssen, die Eingangsdaten aktuell sein. Zustandsbeschreibungen in Form von veralteten optischen Inspektionen sind keine geeignete Planungsgrundlage. Im Folgenden sind wichtige Grundlagen für die Auswertung einer optischen Inspektion aufgelistet:

- Überprüfen der hydraulischen Leistungsfähigkeit des Altkanals
- Werkstoff- und Werkstoffwechsel
- Nennweiten- und Nennweitenwechsel
- Länge des Kanals
- Überprüfung der Gefällesituation
- (Abstände zu Fremdleitungen und Bauwerken)
- Richtungsänderungen, Rohretagen
- Lage und Anzahl der Hausanschlüsse
- (Reparaturstellen)
- Beurteilung der vorhandenen Schächte
- Werkstoffauswahl.

Bei Arbeiten im Grundwasser muss generell geprüft werden, ob das Verfahren in der gewünschten Form angewandt werden kann. Es müssen zumindest die Baugruben wasserfrei gehalten werden.

Die Materialauswahl wird bestimmt durch den Netzbetreiber.

Die Rohrstatik wird meist vom Rohrhersteller geliefert und muss auf Basis der Angaben des Betreibers erstellt werden.

3.3B.3.1 Fehlerhafte Erfassung des Ist-Zustandes für die Planungsphase

Für das Kurzrohrverfahren werden Bodengutachten vom tatsächlichen Trassenverlauf der Altrohrleitung benötigt. Von Auftraggeberseite werden hin und wieder Gutachten von benachbarten Bauwerken für die Planungsphase zur Verfügung gestellt. Der Planer tut gut daran, auf ein Bodengutachten aus dem Trassenverlauf der Altrohrleitung zu bestehen.

3.3B.3.2 Mängel in der Zustandsbewertung

Die Auswertung von Bestandsunterlagen bzw. optischer Inspektion kann nur durch fachkundiges Personal vorgenommen werden. Es ist nicht ausreichend, lediglich eine optische Inspektion vorzulegen, die nur die Schadenskürzel des Aufnehmenden enthält.

Von Seiten des Auftraggebers muss eine Schadensbeurteilung vorgenommen werden, er kann sich auch eines fachkundigen Ingenieurbüros bedienen. Meist sind dies fachkundige Ingenieure mit entsprechender Zusatzqualifikation.

Eine fehlerhafte optische Inspektion kann weitreichende Auswirkungen für die nachfolgenden Arbeiten haben, z. B.

- falsche Benennung der Nennweite,
- übersehene Einbauten,
- übersehene Unterbögen usw.

Dies kann sogar soweit führen, dass man das Verfahren für eine Sanierung des Altkanals ausschließen muss. Deshalb ist es wichtig, dass nur fehlerfreie optische Untersuchungen verwendet werden, die von einem Fachmann ausgewertet wurden.

3.3B.3.3 Beachten des Grundwasserstandes

Bei sandigen Böden im Grundwasser kann es zu einem Einschlämmen des Erdreiches in das Altrohr kommen. Durch die dadurch erhöhte Mantelreibung werden die Einzugskräfte überschritten und es kommt zum Abriss meist in den Muffenverbindungen. Falls es unterschiedliche Grundwasserstände im Laufe des Jahres gibt, sollte eine Jahreszeit gewählt werden, in der dieser sehr gering ist. In einzelnen Fällen wird auch empfohlen, eine Grundwasserabsenkung im Trassenbereich oder eine Vorabdichtung der Haltung vorzunehmen.

3.3B.4 Fehler in der Bauausführung

Bei Fehlern in der Bauausführung werden zur Beurteilung die Tagesberichte und Einbauprotokolle für das Kurzrohrverfahren ausgewertet.

Bei Beschädigungen des eingezogenen Neurohres dient zur Überprüfung das Einbauprotokoll. Grundlage bildet aber auch die optische Inspektion, sowie die vorhandenen Planunterlagen. Hierbei ist besonders darauf zu achten, ob Hausanschlüsse oder sonstige Hindernisse entfernt wurden. Weiterhin muss überprüft werden, ob die Zugkräfte überschritten wurden. Beim Einbau von Kurzrohrmodulen kann es zur Überschreitung der zulässigen Zugkräfte kommen, wenn die Mantelreibung zu groß wird. Im Einzelfall sollten die Haltungen beim Einbau von Kurzrohrmodulen so kurz wie möglich gehalten werden, d. h. es wird davon abgeraten, zwei Haltungen in einem Arbeitsgang auszuführen.

Die vorgenannten Fehler in der Bauausführung können die Folge der falschen Umsetzung von Betriebsanweisungen sein. Der verantwortliche Fachmann muss dem Personal die Betriebsanweisungen, Schritt für Schritt erklärend, erläutern.

3.3B.4.1 Riefen auf der Rohroberfläche des Neurohrs

Bei Riefen im Schutzmantel, die nach dem Einziehvorgang festgestellt werden, muss überprüft werden, ob diese im Tolerranzbereich liegen oder zu einer Beschädigung des Neurohres geführt haben. Ursachen dafür können sein:

- Hausanschlüsse
- Reparaturstellen
- Altrohrscherben in den Zwischenbaugruben usw.

Um diese Beschädigungen zu vermeiden, ist es wichtig, auch nicht angeschlossene Hausanschlüsse und Reparaturstellen, die in den Planunterlagen nicht eingezeichnet sind, anhand der optischen Inspektion zu lokalisieren und auszubauen. Weiterhin müssen Altrohrscherben in den Zwischenbaugruben entfernt werden.

3.3B.4.2 Einbeulen / örtlich begrenzte Verformung

Durch die Verfüllung des Ringraumes wirken auf das Kurzrohr Auftriebs- und Verformungskräfte. Bei der Vorplanung einer Sanierungsmaßnahme mit entsprechenden Verfahren müssen diese Lastfälle während des Bauzustandes berücksichtigt werden. Durch eine Auftriebssicherung wird dem hydrostatischen Druck während des Verfüllvorgangs entgegengewirkt. Diese Auftriebssicherung kann in verschiedenen Varianten, je nach Verfahren und Sanierungsmaßnahme sowie Verfüllmaterial, erfolgen. So ist eine Beschwerung des Kurzrohres mit Hilfe von Wasser, Ketten usw. möglich. Bei der Absteifung am Altrohr sollte auch der Zustand und die Möglichkeit der Lastaufnahme des Altrohres berücksichtigt werden.

3.3B.4.3 Undichte Zulaufeinbindung

Da die Hausanschlüsse bereits von der Altrohrleitung getrennt wurden, erfolgt die Einbindung an das Neurohr über diese vorhandenen Baugruben. In einigen Fällen kann die Zulaufeinbindung mit Hutprofilen und Robotertechnik erfolgen.

3.3B.4.4 Schachteinbindung undicht

Bei der Einbindung des Neurohres in die Schächte muss das Futterrohr passend zum Neurohr in den Schacht eingebaut werden.

3.3B.4.5 Undichte Muffenverbindung nach dem Einzug von Kunststoffrohrmodulen

Beim Einbau von Kunststoffrohrmodulen im Kurzrohrverfahren kann es zur Überschreitung der zulässigen Zugkräfte bzw. Spannkräfte kommen, wenn die Mantelreibung zu groß wird. Dies führt dazu, dass sich die Muffenverbindungen lösen und undicht werden.

Die Haltung sollte so kurz wie möglich gehalten werden, d. h. es wird davon abgeraten, zwei Haltungen in einem Arbeitsgang auszuführen. Sollten zulässige Zugkräfte überschritten werden, ist zu prüfen, ob man die Abschnitte teilt bzw. reduziert, oder ob durch sonstige Maßnahmen die Mantelreibung herabgesetzt werden kann.

Bei Infiltrationen mit Bodeneintrag ist eventuell eine Reinigung mit Hochdruckspülung erforderlich bzw. der Grundwassereindrang ist zu verhindern.

Bei der Überschreitung von zulässigen Biegeradien sollte nochmals der Altleitungsverlauf überprüft werden. Wenn man den Biegeradius in diesem Bereich nicht verändern kann, sollte dieser Bereich in offener Bauweise ausgeführt werden.

3.3B.5 Erkennen und Bewerten von Fehlern in der Bauausführung

Jeder Kurzrohrstrang wird nach seiner Fertigstellung im Rahmen einer Qualitätssicherung überprüft:

- Dichtheitsprüfung
- Abnahmebefahrung.

Ein Druckabfall durch eine Undichtigkeit im Kurzrohrstrang würde sofort erkennbar sein.

Mit der Abnahmebefahrung können Fehler aufgezeigt und dokumentiert werden.

Beulenbildung in der Rohrwandung, die z. B. durch das Überfahren von Hindernissen im Kanal verursacht worden sind, müssen überprüft werden. Wenn der Einfluss der Behinderung so erheblich ist, dass der Betrieb des Kanals eingeschränkt wird, muss die Beule entfernt werden. Sollte aber die Behinderung betrieblich keine (bzw. geringe) Auswirkungen haben, sollte von einer Reparatur dieses Fehlers abgesehen werden.

3.3B.5.1 Optischer Schaden

Optische Schäden können z. B. Verfärbungen sein. Sie haben keinen Einfluss auf die Qualität des Neurohres. Eine Reparatur ist nicht erforderlich und kann sogar das Bauwerk als Ganzes beeinträchtigen. Eine Minderung der Leistung ist nicht angebracht.

3.3B.5.2 Technischer Schaden

Technische Schäden können sein: Verformungen, die durch falsche Lagerung und/oder zu hohe Temperatur der Rohre auf der Baustelle entstanden sind, können dazu führen, dass die Deformation über 3 % liegt. Es ist davon auszugehen, dass sich die Verformung nicht zurückstellt.

Überdehnungen werden über das Einbauprotokoll, in dem die zulässigen Zugkräfte aufgeführt sind, nachgewiesen.

Der Auftraggeber hat nun die Möglichkeit, nach Rücksprache mit dem Hersteller, eine Bewertung der kurzzeitigen Überdehnung vorzunehmen.

3.3B.6 Behebung von Sanierungsfehlern

Bei der Behebung von Fehlern im Kurzrohrverfahren wird grundsätzlich unterschieden, ob es sich um einen optischen, hydraulischen oder einem anderen technischen Fehler handelt. Während optische Fehler keiner Behebung bedürfen, sollte ein technischer Fehler behoben werden.

Ein technischer Fehler könnte ein Unterbogen im Neurohr sein: Ursachen hierfür sind bereits Unterbögen im Altrohr, d. h. bei der Beurteilung der Altrohrleitung wurde dieser Mangel übersehen bzw. nicht richtig bewertet. Denn verfahrensbedingt können Unterbögen durch das Kurzrohrverfahren nicht beseitigt werden.

Bei einem hydraulischen Mangel, der eher sehr selten vorkommt, muss die hydraulische Leistungsfähigkeit überprüft werden. Sollte diese nicht ausreichend sein, muss der Fehler – voraussichtlich in offener Bauweise – beseitigt werden.

3.3B.7 Qualitätssicherung

Neben den allgemeinen Qualitätssicherungsmaßnahmen sind beim Kurzrohrverfahren die nachfolgenden Maßnahmen zu ergreifen (die Arbeiten dürfen nur von ausgebildeten Fachleuten mit mehrjähriger Berufserfahrung ausgeführt werden):

- Sorgfältige Arbeitsvorbereitung
- Bauablaufplanung
- Anforderungen an die Arbeitsmittel wie Werkzeuge, Maschinen und Hilfseinrichtungen gemäß RSV-Merkblatt 3
- Anforderungen an das Rohr
- Zugkraftmessung/Zugkraftbegrenzung
- Einhaltung der Verspannkräfte
- Sichtprüfung
- Eingangsprüfung auf der Baustelle
- Überwachung der Rohrlagerung
- Dichtheitsprüfung, je nach Streckenabschnitt gemäß DIN EN 1610 (wenn nicht anders vereinbart)
- Dokumentation (Einbauprotokoll, optische Inspektion, usw.)

3.3B.8 Einbindung von Anschlüssen und Schächten

In den Schächten müssen die Neurohre mit dem Schachtbauwerk verbunden werden. Für die Ringraumverfüllung ist der Ringraum druckdicht zu verschließen. In Baugruben ist das Neurohr ebenfalls in das vorhandene Kanalnetz einzubinden. Je nach Material des Altrohres werden Aufschweißsattel, Aufschraubsattel oder ähnliches für die Einbindung der Hausanschlüsse verwandt.

Für die Ringraumverfüllung muss ein Füll- bzw. Entlüftungsstutzen in den Ringraum eingebracht werden. Dabei sind die Stutzen weit genug in den Ringraum einzuführen, um nicht beim Verdämmen des Ringraums mit verschlossen zu werden.

Werden Schächte mit GfK- oder PE-Platten ausgekleidet, ist ein entsprechender Übergang zu der Auskleidung zu schaffen. Dabei ist zu berücksichtigen, dass sich PE-Materialien nicht verkleben lassen.

3.3B.9 Toleranzen

Bezogen auf die hydraulische Leistungsfähigkeit und den statischen Nachweis geht man davon aus, das Deformation bis 3 % keinen Mangel darstellen.

Lageabweichungen rühren beim Kurzrohrverfahren aus dem Trassenverlauf der Altrohrleitung und können daher dem ausführenden Unternehmen nicht angelastet werden. Hier sollte der Planer den Ist-Zustand sehr genau beurteilen und muss bei Überschreitung von technischen Grenzen, z. B. im Gefälle und bei anderen Lageabweichungen, das Kurzrohrverfahren ausschließen.

3.3B.10 Wie gehen Baufirmen und Auftraggeber bei fehlerhafter Ausführung der Erneuerung in grabenloser Bauweise (Kurzrohrverfahren) auseinander?

Bei geringfügigen Fehlern wird der Auftraggeber sicherlich die Gewährleistung verlängern. Eine Reduzierung des Einheitspreises bzw. des Gesamtpreises ist ebenfalls denkbar.

3.3B.11 Lebensdauer/Nutzungsdauer

Bei Einhaltung von den im RSV-Merkblatt 3 beschriebenen Anforderungen, der Gütesicherung und der Prüfung, sowie unter Berücksichtigung der tatsächlich vorhandenen Erfahrung, geht man von einer Nutzungsdauer der renovierten Kanäle von ca. 50 Jahren aus.

Literatur

[1] RSV-Merkblatt 3 „Renovierung von Abwasserleitungen und -kanälen durch Liningverfahren mit Ringraum – Anforderungen, Gütesicherung und Prüfung", 01-2008

[2] RSV-Merkblatt 3.2 „Verfüllen von Ringräumen bei der Renovierung von Abwasserleitungen und -kanälen durch Liningverfahren", 03-2016

[3] RSV-Merkblatt 6.2 „Sanierung von Schächten und Bauwerken in Entwässerungssystemen – Reparatur/Renovierung – Anforderungen, Gütesicherung und Prüfung", 09-2012

[4] DWA-Merkblatt 143-12 „Sanierung von Entwässerungssystemen außerhalb von Gebäuden – Teil 12: Renovierung von Abwasserleitungen und -kanälen mit vorgefertigten Rohren mit und ohne Ringraum – Einzelrohrverfahren", 08-2008

[5] DIN EN 15885 „Klassifizierung und Eigenschaften von Techniken für die Renovierung, Reparatur und Erneuerung von Abwasserkanälen und -leitungen", 01-2016

[6] Stein, D.: Instandhaltung von Kanalisationen, 1998

3.4 Montageverfahren

(Stefan Schikora, Horst Zech)

3.4 Montageverfahren

3.4.1 Verfahrensbeschreibung

Montageverfahren werden in begehbaren Kanälen ab DN 1000 (bedingt DN 800) bei allen Querschnittsformen und Werkstoffen, aber auch bei Schächten und Sonderbauwerken eingesetzt. Hierzu werden Auskleidungselemente in die zu sanierende Abwasserleitung bzw. in den zu sanierenden Schacht eingebracht und haltungs- oder abschnittsweise vor Ort zu einer Teil- oder Vollauskleidung montiert. Die verschiedenen Montageverfahren werden in statisch tragfähig und statisch nicht tragfähig sowie Teil- und Vollauskleidung unterschieden.

Montageverfahren finden üblicherweise bei Schadensbildern Anwendung, bei denen die Standsicherheit des zu sanierenden Kanals noch gegeben und der Querschnitt ausreichend groß ist. Die Tragfähigkeit dient dabei vorrangig der Sicherheit des ausführenden Personals. Ergänzend können geeignete Maßnahmen wie Schutzgerüste diese Sicherheit gewährleisten.

Montageelemente für Teilauskleidungen, die mit dem Altrohr verbunden werden, erfordern eine ausreichende Standsicherheit des Bauwerks. Statisch tragfähige Vollauskleidungen werden nach dem DWA-A 143-2 bemessen und in die beschriebenen Altrohrzustände eingeteilt. Vollauskleidungen eignen sich unter den genannten Voraussetzungen grundsätzlich bei allen Schadensbildern. Statisch tragfähige Vollauskleidungen dienen gleichfalls der Wiederherstellung der statischen Tragfähigkeit des Bauwerks mit oder ohne Ringraumverfüllung, wobei eine Ringraumverfüllung dringend anzuraten ist. Teilauskleidungen werden vorzugsweise bei Schadensbildern eingesetzt, die entweder oberhalb (Gasraum) oder unterhalb des Abwasserspiegels auftreten, z. B. Schwefelsäurekorrosion in der Kanalatmosphäre oder mechanischer Abrieb im Sohlenbereich.

Durch den Einsatz von Montageverfahren wird immer eine Querschnittsreduzierung vorgenommen. Vorrangig beim Montageverfahren eingesetzte Werkstoffe sind GFK, PE, PP, PVC-U und Steinzeug. Die Bauteile werden vor Ort miteinander durch Schweißen, Verkleben, Ortlaminate oder mechanisch verbunden. Dabei sind die örtlichen Bedingungen (z. B. Kanalatmosphäre, feuchter Untergrund usw.) zu berücksichtigen.

Um eine genaue Linienführung einzuhalten, sind Montageverfahren bei Schäden wie Einsturz, starke Lageabweichungen oder Querschnittsverformung nur insoweit einzusetzen, wenn diese Schäden vorab ganz oder teilweise behoben werden. Bei eindringendem Grundwasser kann es erforderlich werden, dieses durch Vorabdichtungen zu verhindern. In Abhängigkeit vom angewendeten Verfahren ist zu prüfen, ob die Beulsteifigkeit aus Wasserlast nachzuweisen ist. Hindernisse sind, sofern sie den Einbau der Montageelemente oder die Verfüllung des Ringraumes behindern, zu beseitigen.

3.4.1.1 Vollauskleidung

Die Verfahren mit Vollauskleidungen werden unterschieden in Verfahren mit und ohne Ringraum. Bei Close-Fit-Verfahren muss der Altkanal in der Einbauphase noch in der Lage sein, die Vollauskleidung ohne Deformation aufzunehmen. Die Bauteile werden bei allen Verfahren soweit möglich über die Schächte eingebracht oder über zusätzliche Baugruben eingebracht und fixiert. Bei der Vollauskleidung mit Ringraum stehen verschiedene Materialien zur Verfügung (siehe RSV-Merkblatt 3.2). Müssen die Vollauskleidungen statische Lasten übernehmen, sind sie entsprechend zu bemessen.

3.4.1.2 Teilauskleidung

Teilauskleidungen können abwasserführende Flächen oder den Gasraum abschirmen. Die Bauelemente können im Mörtelbett verlegt oder mechanisch befestigt werden. Die vorgefertigten Bauteile werden hierbei über Schächte oder Baugruben mit entsprechenden Kanalöffnungen eingebracht.

3.4.1.3 Auskleidung mit Ortlaminaten

Ortlaminate bestehen aus einem harzgetränkten Trägermaterial und faserverstärkten Harzmassen (Glasfasergewebe, ggf. mehrlagig und korrosionsbeständig), das vor Ort konfektioniert und mit z. B. UP- oder EP-Harz getränkt wird. Die Ortlaminate, die tragende Lasten übernehmen müssen, sind statisch nachzuweisen. Bei lediglich selbsttragenden Ortlaminaten, die keine äußeren Lasten aufnehmen müssen, sind diese mit dem Untergrund zu befestigen und zu verbinden. Dient das Ortlaminat zur Verbindung von GfK-Bauteilen, ist ein Haftverbund von 4 N/mm^2 erforderlich (siehe DWA-Arbeitsblatt 143-4).

3.4.2 Mögliche Fehler beim Montageverfahren

Tabelle 3.4.1: Fehlermatrix

Verfahren	Fehler	Mögliche Ursachen	Möglichkeiten der Fehlervermeidung	Kapitel
Alle	Fehler in der Planungsphase	Veraltete Planungsunterlagen	Nur aktuelle Planungsunterlagen verwenden	3.4.3
Alle	Mängel in der Zustandsbewertung	Der Zustandsbewerter ist nicht fachkundig Altrohrzustand falsch eingeschätzt	Fachkundige Bewertung vornehmen lassen	3.4.3
Alle	Fehler in der Arbeitsvorbereitung	Fehlerhafte optische Inspektion	Nur fehlerfreie, aktuelle optische Inspektionen verwenden	3.4.3
Alle	Fehler in der Bauausführung	Nicht fachkundiges Personal	Nur fachkundiges Personal einsetzen	3.4.4

Verfahren	Fehler	Mögliche Ursachen	Möglichkeiten der Fehlervermeidung	Kapitel
Teilauskleidung	Keine Haftung der Teilauskleidung	Untergrundhaftfestigkeit nicht gegeben Unzureichende Reinigung	Untergrundhaftfestigkeit vor dem Einbau der Teilauskleidung sicherstellen	3.4.3
Alle	Zunehmende Ovalität der Altrohrleitung in der Bauphase	Kein statischer Nachweis	Statischen Nachweis ermitteln und umsetzen	3.4.3
Vollauskleidung	Eingedrückte Neurohre Beulen	Außenwasserdruck nicht berücksichtigt Maximaldruck je Verfüllvorgang überschritten	Vollkommene Ringraumabdichtung / statischen Nachweis führen Verfüllung gemäß Vorplanung durchführen	3.4.3
Vollauskleidung	Fehlerhafte Anschlüsse/ Einbindungen	Verwendete Materialien nicht auf Montageverfahren abgestimmt Fehler bei der Ausführung	Altrohrmaterialien beachten und dazu spezielle Technik auswählen Angaben des Herstellers einhalten	3.4.5
Vollauskleidung	Senken/Lageänderung nach der Sanierung	Fehlerhafte Aussteifung Fehlerhafte Auftriebssicherung Fehlende Reprofilierung	Aussteifung/Auftriebssicherung gemäß Vorplanung herstellen Gefälle während der Bauphase gemäß Vorplanung herstellen	3.4.3
Vollauskleidung	Hohlräume zwischen Neurohr und Altrohr nach Sanierung	Grenzwerte Altrohr (z. B. max. Ovalität) überschritten	Grenzwerte bei der Ovalität beachten	3.4.5
Vollauskleidung	Nicht homogene Verfüllung des Ringraums	Falsche Konsistenz des Verfüllmaterials Lufteinschlüsse durch falschen Verfüllvorgang Entmischen des Verfüllmaterials	Herstellerangaben befolgen und Konsistenz vor und während Verfüllung prüfen Vom Tief- zum Hochpunkt verfüllen Mischanweisungen befolgen Restwasser bzw. Infiltration im Ringraum verhindern/beseitigen	3.4.3 3.4.4

3.4.3 Fehler in der Arbeitsvorbereitung

Die Auswahl des Montageverfahrens hat anhand des Zustandes der zu renovierenden Kanäle und Bauwerke zu erfolgen. Bewegungen bzw. zu erwartende Setzungen im zu sanierenden Abschnitt sind bei der Auswahl zu berücksichtigen. Grundsätzlich sind bei der Auswahl des Montageverfahrens folgende Aspekte zu berücksichtigen:

- Umweltverträglichkeit
- Statische Tragfähigkeit des zu sanierenden Bauwerks
- Hydraulische Anforderungen
- Baugrunduntersuchungen
- Möglichkeiten der Qualitätssicherung.

Speziell bei Verfahren, die auf die Untergrundhaftung angewiesen sind, ist eine eingehende Untersuchung der Untergrundhaftfestigkeit des Altrohres erforderlich (siehe RSV-Merkblatt 6.2).

Vor Durchführung der Renovierungsmaßnahme ist ein statischer Nachweis des zu sanierenden Kanals erforderlich. Die Standsicherheit des vorhandenen Bauwerkes muss für Auskleidungen mit vorwiegender Schutzfunktion langfristig gewährleistet sein. Der Einbau der Bauteile erfordert aus Arbeitsschutzgründen ein standsicheres Bauwerk. Die Standsicherheit kann u. a. beurteilt werden durch

- eine optische Inspektion,
- Werkstoff- und Bodenuntersuchungen oder
- statische Berechnung des zu sanierenden Bauwerks.

Für nicht selbsttragende Auskleidungen mit Außenwasserdruck ist eine prüffähige statische Berechnung, z. B. gemäß DWA-Arbeitsblatt 143-2 aufzustellen. Hierbei ist bei biegeweichen Rohren ein Verformungs- und Stabilitätsnachweis und bei biegesteifen Bauteilen ein Spannungsnachweis zu führen. Für Vollauskleidungen mit Ringraumverfüllung ist außerdem der Lastfall „Verfüllen des Ringraums" zu berücksichtigen (siehe RSV-Merkblatt 3.2). Werden Auskleidungen am Altrohr durch Haftung oder Anker befestigt, sind entsprechende Nachweise zu führen (Haftzugprüfung bzw. Ausreißversuche am Altrohr) (siehe RSV-Merkblatt 6.2). Ist die Belastung der Auskleidung auch durch Erd- und Verkehrslasten vorgesehen, ist auch hierfür ein statischer Nachweis zu führen. Für gegebenenfalls weitere Lasten, wie hydraulische und dynamische Belastungen aus Betriebszuständen (Wellenschläge, Sog, Schwallspülungen usw.), sind entsprechende konstruktive Vorkehrungen zu treffen, die durch Berechnungen nachgewiesen werden müssen.

Eine eingehende Inspektion des zu renovierenden Kanals oder Bauwerkes, eine exakte Einmessung der Seitenzuläufe und eine Querschnittskontrolle sind Voraussetzungen für die Ausführung. Hindernisse sind zu beseitigen, der Kanal ist zu reinigen sowie zu kalibrieren. Lose und geschädigte Bestandteile des Altkanals sind zu entfernen, soweit für die ausgewählte Verfahrensvariante erforderlich. Eine Reprofilierung des Querschnitts des Altrohres kann gegebenenfalls erforderlich werden. Eine Reinigung des Bauwerkes ist in jedem Fall vorzunehmen.

Die Anfertigung der Montageelemente ist auf den auszukleidenden Abwasserkanal abzustimmen (z. B. Rohrversätze, Deformationen, Krümmungen im Kanalverlauf, Hydraulik usw.).

3.4.4 Fehler in der Renovierungsausführung

Beim Montageverfahren mit vorgefertigten Formteilen werden diese in den Kanal oder das Schachtbauwerk eingebracht. Bei Bedarf sind z. B. Belüftungen und Temperierungen vorzusehen. Eine dauerhafte Befestigung an dem zu renovierenden Bauwerk ist erforderlich.

Bei Verfahren mit Ringraum ist dieser mit einem geeigneten Material zu verfüllen. Das renovierte Bauwerk muss nach den Bestimmungen der DIN EN 1610 dicht sein. Wasserzufluss unterhalb der in der DIN EN 1610 genannten Grenzwerte können dennoch zu einem Wasserdruck hinter der Montageauskleidung führen. Bei Teil- oder nicht auf Wasserdruck ausgelegten Vollauskleidungen und Ortlaminaten ist durch geeignete Maßnahmen sicherzustellen, dass sich auch hier kein rückwärtiger Außenwasserdruck aufbauen kann (z. B. Entlastungsöffnungen in der Sohle der Auskleidung vorsehen).

3.4.5 Erkennen und Bewerten von fehlerhafter Renovierung aus technischer Sicht

Das neu eingezogene Rohr wird im Zuge der Qualitätskontrolle einer Dichtheitsprüfung und einer optischen Inspektion unterzogen. Bei Teilauskleidung findet eine Begehung statt. Durch die Dichtheitsprüfungen werden Undichtigkeiten aufgezeigt. Im Rahmen der optischen Inspektion können hydraulisch und/oder statisch relevante Fehler aufgezeigt werden.

Hydraulische Einschränkungen stellen sich im Wesentlichen durch Beulen, Einengungen und Lageabweichungen dar. Die Ursache hierfür kann ein Abgleich der optischen Inspektion bzw. Kaliberprotokoll/Vermessung vor und nach der Renovierung aufzeigen. Sollte ein Unterschied festgestellt werden, ist dies auf eine falsche Auswertung der Messergebnisse bzw. optischen Inspektion zurückzuführen.

Der Einfluss der Beulung bzw. Verengung auf die statische Standsicherheit des eingezogenen Rohres muss überprüft werden. Ist bei der Überprüfung die Beulung nicht von statischer Relevanz, wird im nächsten Schritt die hydraulische Leistungsfähigkeit überprüft. Ergibt die Überprüfung keine betrieblichen Einschränkungen, so ist von einer Beseitigung der Beule abzusehen. Sind betriebliche Einschränkungen zu erwarten, muss dieser Mangel bewertet und gegebenenfalls entfernt werden.

Weitere Fehlerquellen sind die Einbindung von Anschlüssen auf der Leitung und der hinterwanderungsfreie Anschluss an die Schächte. Hierbei handelt es sich in aller Regel um Undichtigkeiten, die sich hauptsächlich durch das Eindringen von Infiltrationen bei drückendem Grundwasser bemerkbar machen. Auch hier liegt die Ursache meistens in einer unsauberen Verbindung zwischen der Schachtauskleidung und dem neuen Rohr und stellen einen Mangel dar, der beseitigt werden muss.

3.4.5.1 Optische Fehler

Optische Fehler können z. B. Verfärbungen sein. Sie haben keinen Einfluss auf die Qualität des Neurohres. Eine Reparatur ist nicht erforderlich und kann sogar das Bauwerk als Ganzes beeinträchtigen. Eine Minderung der Leistung ist nicht angebracht.

3.4.5.2 Technische Fehler

- Verformungen, die durch falsche Lagerung und/oder zu hohe Temperatur auf der Baustelle entstanden sind. Diese können dazu führen, dass die Deformation über 3 % liegt. Es ist davon auszugehen, dass sich die Verformung nicht zurückstellt. In diesem Fall ist zu prüfen, ob das verformte PE-Rohr ausgebaut und durch ein neues ersetzt werden sollte.
- Überdehnungen werden über das Einbauprotokoll, in dem die zulässigen Zugkräfte aufgeführt sind, nachgewiesen. Der Auftraggeber hat nun die Möglichkeit, nach Rücksprache mit dem Hersteller, eine Beurteilung der kurzzeitigen Überdehnung vorzunehmen.
- Verformungen durch zu hohen Beuldruck, hier muss die Verformung bemessen und die erzielten Werte mit der Statik verglichen werden. Bei nicht ausreichender Sicherheit muss das verformte Rohr ausgebaut werden.
- Keine ausreichende Haftung bei Teilauskleidung, hier muss eine Nachbesserung erfolgen.

3.4.6 Behebung von Renovierungsfehlern

Vor der Behebung von Fehlern muss grundsätzlich unterschieden werden, ob es sich hierbei um einen optischen, hydraulischen oder einem anderen technischen Fehler handelt.

Optische Fehler stellen nicht zwangsläufig einen Mangel dar, der behoben werden muss oder Reparaturmaßnahmen erforderlich macht. Anders kann es bei hydraulischen bzw. technischen Fehlern sein. Deren Ursache sollte im Einzelnen überprüft und bewertet werden.

3.4.7 Qualitätssicherung

Bei Teilauskleidungen oder Auskleidungen, die nicht gegenüber einem Außenwasserdruck dimensioniert sind, ist die Dichtheit des Altkanals durch geeignete Maßnahmen dauerhaft sicherzustellen. Ist der Dichtheitsnachweis nach DIN EN 1610 technisch nicht durchführbar (z. B. Teilauskleidungen) ist eine visuelle Prüfung durchzuführen.

Weitere Dichtheitsprüfungen an Ort- und Verbindungslaminaten sowie an Schweißverbindungen können z. B. mittels Vakuumglocke oder Hochspannungsprüfung durchgeführt werden.

Der sanierte Kanal muss nach DIN EN 1610 wasserdicht sein. Die Abnahme und die Dichtheitsprüfung sind zu protokollieren. Wenn technisch nicht anders realisierbar, ist die optische Inspektion zur Feststellung der Dichtheit ausreichend.

Die Arbeitsabläufe sind zweckmäßigerweise in einem Verfahrenshandbuch zu beschreiben. Das eingesetzte Personal muss durch dokumentierte Schulungsmaßnahmen mit den verbindlichen Festlegungen dieser Anweisungen vertraut gemacht werden. Verfahrens- und Arbeitsanweisungen sind daher integrale Bestandteile einer gütegesicherten Verfahrensdurchführung und sind für alle qualitätsrelevanten Arbeiten bei der Ausführung von Sanierungsmaßnahmen nachzuweisen. Die bei der Ausführung einer Sanierungsmaßnahme erforderlichen Arbeitsschritte sind zu dokumentieren, z. B. entsprechend den Anforderungen der RAL-Gütesicherung GZ 961. Die Materialien sind bei Lieferung vom Auftragnehmer auf Unversehrtheit zu überprüfen und mit den Materialbestellungen zu vergleichen. Die Maßhaltigkeit von Form und Einbauteilen ist zu kontrollieren und zu dokumentieren.

Bei der Verarbeitung der Werkstoffe sind Herstellerangaben zu beachten.

Bei der Durchführung von Fügearbeiten (z. B. Schweißen) oder Herstellung von Ortlaminaten sind parallel unter Ortbedingungen Arbeits- bzw. Rückstellproben anzufertigen, die gegebenenfalls einer externen Qualitätskontrolle unterzogen werden.

Dichtheitsprüfungen (z. B. mittels Vakuumglocke, Hochspannungsprüfung) an Ort- und Verbindungslaminaten sowie an Schweißverbindungen sind gegebenenfalls durchzuführen.

3.4.8 Einbindung von Anschlüssen und Schächten

Anschlüsse können je nach Auskleidungsart mit händischen Verfahren unterschiedlichster Materialien eingebunden werden. Hierbei ist die Rohroberfläche so vorzubereiten, dass ein ausreichender Haftgrund vorhanden ist. Die eingesetzten Materialien müssen auf das jeweilige Rohrmaterial abgestimmt werden. In Baugruben und bei Vollauskleidung können je nach Material des Neurohres Aufschweißsattel, Aufschraubsattel oder ähnliches für die Einbindung der Hausanschlüsse verwandt werden.

Bei der Einbindung des Neurohres in die Schächte können unterschiedliche Verfahren und Materialien zum Einsatz kommen. Die eingesetzten Materialien müssen auf das Neurohr sowie auf das Material der Schächte abgestimmt werden. Für die Schachteinbindung haben sich folgende Techniken/Materialien bewährt:

- GfK-Handlaminat
- Manschettentechnik
- Reaktionsharzmörtel.

Je nach verwendeter Technik ist bei der Planung eine dadurch verursachte hydraulische Einschränkung zu berücksichtigen.

3.4.9 Toleranzen

Bezogen auf die hydraulische Leistungsfähigkeit und den statischen Nachweis kann davon ausgegangen werden, dass Deformationen bis 3 % keinen Mangel darstellen.

Lageabweichungen beim Montageverfahren können aus dem Trassenverlauf der Altrohrleitung heraus rühren und können verfahrensbedingt aus Platzgründen nicht immer vollständig ausgeglichen werden. Hier sollte der Planer den Ist-Zustand sehr genau vermessen und er muss bei der Überschreitung von technischen Grenzen, z. B. im Gefälle und andere Lageabweichungen, das Montageverfahren kritisch beurteilen.

3.4.10 Wie gehen Baufirmen und Auftraggeber bei fehlerhafter Ausführung der Reparatur auseinander?

Auftraggeber und Auftragnehmer sollten die fehlerhafte Ausführung mit Augenmaß bewerten und gemeinsame, tragfähige Lösungen suchen. Beim Beheben von Schäden sollten beide Parteien eine „Verschlimmbesserung" vermeiden – Nachbesserungen bringen nicht immer den gewünschten Erfolg. Bei fehlerhaften Ausführungen werden oft Gewährleistungsverlängerung bzw. Preisnachlässe vereinbart, um einen unnötigen Zeitaufwand und weitere Fehler zu vermeiden.

3.4.11 Lebensdauer/Nutzungsdauer

Bei Einhaltung der im RSV-Merkblatt 6.1 bzw. DWA-Arbeitsblatt 143-4 beschriebenen Anforderungen, der Gütesicherung und der Prüfung, sowie unter Berücksichtigung der tatsächlich eingebauten Neurohrmaterialien mit den dazugehörigen Rohrverbindungen und den damit gemachten Erfahrungen gehen Fachleuten für die renovierten Kanäle von einer Nutzungsdauer von 50 Jahren aus.

Literatur

[1] DIN EN 1610 „Einbau und Prüfung von Abwasserleitungen und -kanälen", 12-2015

[2] DIN EN 12889 „Grabenlose Verlegung und Prüfung von Abwasserleitungen und -kanälen", 03-2000

[3] DWA-Arbeitsblatt 143-4 „Sanierung von Entwässerungssystemen außerhalb von Gebäuden – Teil 4: Montageverfahren für begehbare Abwasserleitungen und -kanäle und Bauwerke", 08-2016

[4] RSV-Merkblatt 3.2 „Verfüllen von Ringräumen bei der Renovierung von Abwasserleitungen und -kanälen durch Liningverfahren", 03-2016

[5] RSV-Merkblatt 6 „Sanierung von begehbaren Entwässerungsleitungen und -kanälen sowie Schachtbauwerken – Montageverfahren", 02-2007

[6] RSV-Merkblatt 6.2 „Sanierung von Bauwerken und Schächten in Entwässerungssystemen – Reparatur/Renovierung", 09-2012

[7] RSV-Merkblatt 7.2 „Hutprofiltechnik zur Einbindung von Anschlussleitungen – Reparatur/Renovierung", 02-2009

[8] RSV-Merkblatt 10.1 „Kunststoffrohre für grabenlose Bauweisen – Freigefälleleitungen", 02-2014

[9] DWA-Arbeitsblatt 143-2 „Sanierung von Entwässerungssystemen außerhalb von Gebäuden – Teil 2: Statische Berechnung zur Sanierung von Abwasserleitungen und -kanälen mit Lining- und Montageverfahren", 07-2015

3.5 Wickelrohrverfahren

(Matthias Mertens)

3.5 Wickelrohrverfahren

3.5.1 Verfahrensbeschreibung

Das Wickelrohrverfahren basiert im Wesentlichen darauf, dass ein auf unterschiedliche statische Anforderungen ausgelegtes Kunststoff-Endlosprofil mit Hilfe einer Wickelmaschine zu einem neuen Kanalrohr in alter Leitung gewickelt wird. Die Verbindung der einzelnen Profilwindungen erfolgt im Schlossbereich. Die Dichtheit dieser Verbindung wird entweder durch das Einbringen eines Klebers in die Profilverbindung während des Installationsvorganges, durch werkseitig eingebrachte Dichtsysteme oder Verschweißung der Profilstreifen miteinander erzielt.

Wickelrohrverfahren werden nach EN ISO 11296-7:2013 definiert, wobei diese internationale Norm, die die DIN EN 13566-7 abgelöst hat, sich auf „…Rohre […], die durch spiralförmiges Wickeln und Verbinden eines vorgefertigten profilierten Kunststoffstreifens oder eines profilierten Kunststoffstreifens mit integriertem Verbindungsmechanismus vor Ort hergestellt und für die Renovierung von erdverlegten drucklosen Entwässerungsnetzen verwendet werden“ bezieht.

Da die Einbaumethodik, wie auch andere Parameter der Wickelrohrverfahren, Unterschiede aufweisen, werden diese auch nach DIN EN 15885:2011-03 in drei Verfahrensarten unterteilt:

Allgemein: „Lining mit einem Profilstreifen, der spiralförmig gewickelt nach dem Einbau einen durchgehenden Rohrstrang bildet […]. Bei dieser Technik-Gruppe beruht die statische Tragfähigkeit nicht auf der Mitwirkung der Ringraumverfüllung“.

- Verfahren A1 – vom Schacht aus eingebautes Wickelrohr mit definiertem Durchmesser.
- Verfahren A2 – vom Schacht aus eingebautes Wickelrohr mit zusätzlicher Aufweitung nach dem Einwickeln des Rohres.
- Verfahren B – Wickelrohr, eingebracht über eine innerhalb der Rohrleitung befindliche Wickelmaschine.

Eine Besonderheit stellt „Lining mit fest verankerter Kunststoffauskleidung“ dar, das in DIN EN 15885 beschrieben wird. Die Definition dieser Verfahrensgruppe nach DIN EN 16506 lautet: „…Rohre und Formstücke für die Renovierung von erdverlegten Abwassersystemen durch Lining mit einem biegesteifen Ringraum aus tragender Zementmörtelverfüllung, die hinter einer Kunststoffauskleidung hergestellt wird […]. Die mit dem Mörtel verankerte Kunststoffauskleidung dient als dauerhafte Verschalung und kann durch ihre Verbundwirkung zur statischen Tragfähigkeit des Liners beitragen.“ Dieses Verfahren wird im Folgenden Verfahren C genannt.

Demzufolge lassen sich die aktuellen Wickelrohrverfahren in vier Gruppen einteilen, die in Tabelle 3.5.1 aufgelistet sind.

TABELLE 3.5.1: Einteilung der Wickelrohrverfahren

	Verfahren A1	Verfahren A2	Verfahren B	Verfahren C
Querschnitt	kreisrund	kreisrund	kreisrund	kreisrund und Sonderformen
Wickelmaschine	stationär	stationär	selbstfahrend	selbstfahrend
Ringraum	ja, durch Technologie vorgegeben	nein, „Close-Fit" nach Aufweitung	nein, „Close-Fit" während des Wickelvorgangs	ja, durch Statik vorgegeben
Tragfähigkeit durch	Wickelrohrprofil	Wickelrohrprofil	Wickelrohrprofil	Ringraumverfüllung und Wickelrohrprofil
Geregelt nach	DIN EN ISO 11296-7	DIN EN ISO 11296-7	DIN EN ISO 11296-7	DIN EN 16506

3.5.1.1 Verfahren A1

Wie in BILD 3.5.1 zu erkennen, wird die Wickelmaschine im Einsteige- bzw. Startschacht installiert. Die Einrichtung erfolgt so, dass die Wickelmaschine frei hängt und das Profil über den Startschacht zugeführt wird.

Je nach Nennweite und Verfahren kann ein kontrollierter Wasserfluss (in der Regel Trockenwetterabfluss) im Altrohr genutzt werden, um das bereits gewickelte Rohr definiert aufschwimmen zu lassen und hierdurch die nötige Vorschubkraft der Maschine wesentlich zu reduzieren.

BILD 3.5.1: Verfahren A1, Wickelvorgang aus dem Schacht heraus

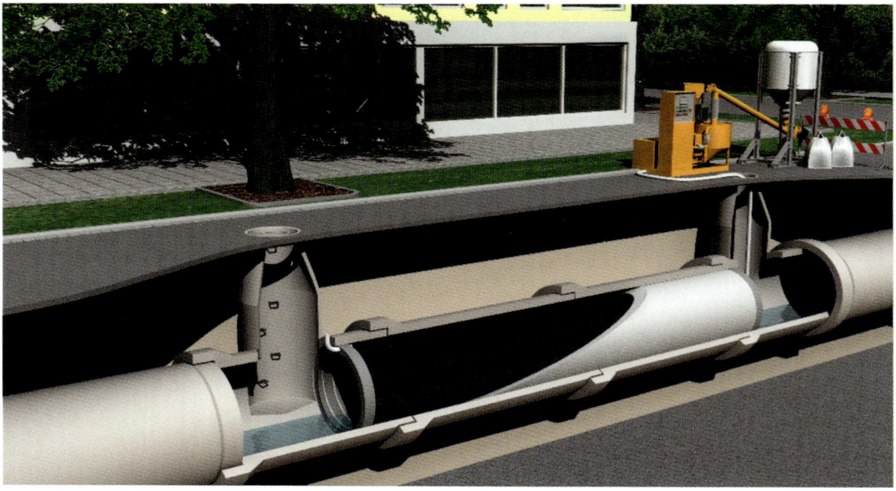

Bild 3.5.2: Verfahren A1, Ringraumverfüllung

Nachdem das Wickelrohr mit einem durch das Verfahren vorgegebenen Untermaß gewickelt wurde, muss der entstandene Ringraum verfüllt werden, um eine Rohrbettung für das statisch tragfähige Wickelrohr herzustellen. Hierzu werden Endabdichtungen am Einsteige- und Zielschacht und die nötigen Befüll- und Entlüftungsstutzen installiert.

Die Verfüllung des Ringraumes erfolgt in der Regel vom Tief- zum Hochpunkt, also entgegen des Gefälles, um einen Lufteinschluss zu verhindern und somit eine homogene und formschlüssige Verfüllung sicherzustellen. Hierbei ist durch geeignete Maßnahmen zu gewährleisten, dass der Wickelrohrliner nicht aufschwimmt.

3.5.1.2 Verfahren A2

Beim Verfahren A2 wird das Wickelprofil durch die im Einsteige-/Startschacht frei hängende Wickelmaschine mit einem durch das Verfahren definierten Untermaß zum Zielschacht hin gewickelt.

Nachdem das Wickelrohr die komplette Sanierungsstrecke durchfahren hat, wird dieses unter Nachführen weiteren Profils vom Zielschacht aus beginnend aufgeweitet, bis sich das Wickelrohr „Close-Fit“ an das Altrohr anlegt.

3.5.1.3 Verfahren B

Das Wickelrohrverfahren B zeichnet sich dadurch aus, dass die Wickelmaschine vom Einsteige-/Startschacht durch die zu sanierende Haltung fährt und hierbei das Wickelrohr ohne Untermaß so herstellt, dass dieses direkt nach Verschlie-

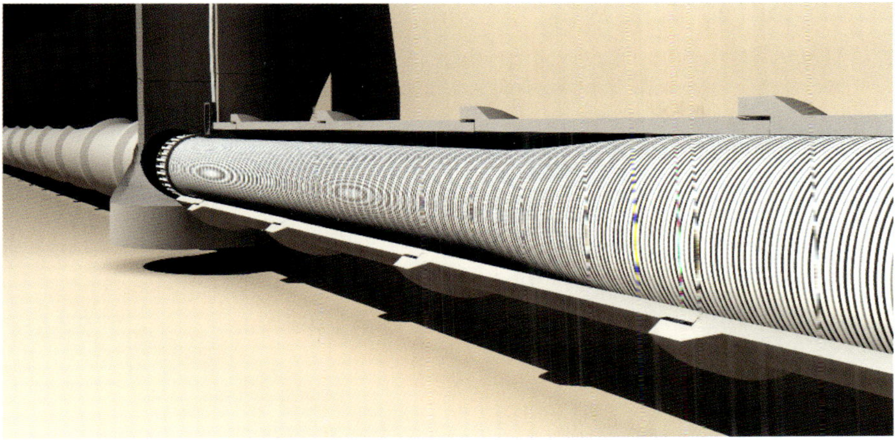

Bild 3.5.3: Verfahren A2, Expansionsvorgang

ßen der Profilstreifen am Altrohr anliegt. Dieses Verfahren wird daher ebenso als „Close-Fit“-Verfahren bezeichnet.

Eine Besonderheit dieses Wickelrohrverfahrens besteht darin, dass die Wickelmaschine während des Durchfahrens der Sanierungsstrecke auf Nennweitensprünge angepasst werden kann.

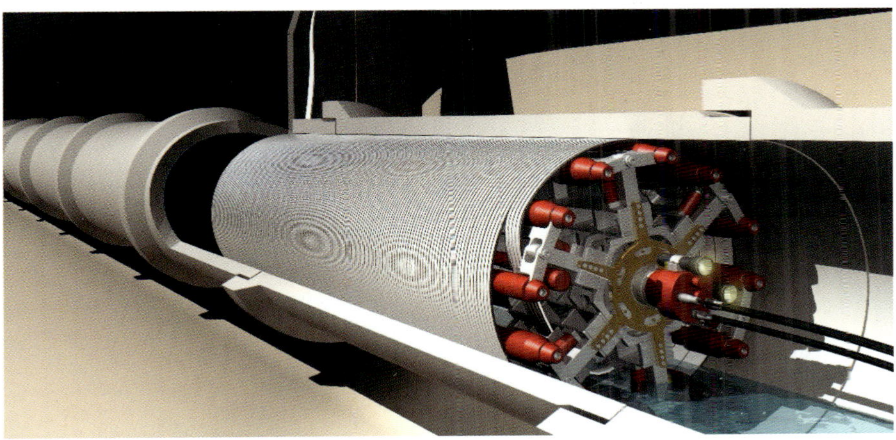

Bild 3.5.4: Verfahren B, Wickelvorgang in der Haltung

3.5.1.4 Verfahren C

Das Verfahren C stellt die derzeit einzige Möglichkeit dar, mit der Wickelrohrtechnologie auch nichtrunde Altrohrprofile zu sanieren. Dies wird in der Regel nur im begehbaren Bereich angewandt.

BILD 3.5.5: Verfahren C, Wickelvorgang in der Haltung

BILD 3.5.6: Verfahren C, Aussteifungssystem

Hierbei wird die Wickelmaschine sowie ein dem reduzierten Altrohrquerschnitt angepasster Führungsrahmen in Einzelteilen durch einen Standardschacht in die Haltung eingebracht und dort zusammengesetzt.

Unter stetiger Nachfuhr weiteren Profils zur Maschine fährt diese durch die Haltung vom Start- zum Zielschacht und formt dabei den Liner mit einem statisch notwendigen Untermaß. Dieses Untermaß dient zur Herstellung eines definierten Ringraumes zwischen Altrohr und Wickelrohr, der später mit einem tragfähigen Vergussmörtel oder Vergussbeton verfüllt wird. Es sollte hierbei immer vom Tief- zum Hochpunkt verfüllt werden, um diesen ohne Lufteinschlüsse zu verfüllen.

Um während der Ringraumverfüllung ein Aufschwimmen oder eine Deformation des Wickelrohrs zu verhindern, wird vorab ein Aussteifungssystem, bestehend aus Rahmen und Längsträgern, installiert. Dieses System dient des Weiteren dazu, die Geometrie entsprechend der Planung zu gewährleisten.

3.5.2 Mögliche Fehler beim Wickelrohrverfahren

3.5.2.1 Fehlermatrix

Ein wesentlicher Vorteil der Wickelrohrverfahren ist, dass das Wickelrohrprofil bereits im Herstellwerk einer Qualitätskontrolle unterzogen und auf der Baustelle lediglich zu einem Rohr gewickelt wird. Somit sind während des Einbauvorgangs keine bzw. verhältnismäßig wenig materialspezifische Fehlerquellen gegeben.

TABELLE 3.5.2 soll dennoch einen Überblick zu möglichen Einbaufehlern verschaffen. Unterteilt ist die Fehlermatrix zudem auch nach den zutreffenden Verfahren, da z. B. beim Verfahren C die Verfüllung des Ringraumes mit einem Hochleistungsmörtel einen wesentlich wichtigeren Bestandteil darstellt, welcher bei anderen Wickelrohrverfahren keine Anwendung findet bzw. von geringerer Bedeutung ist.

TABELLE 3.5.2: Fehlermatrix

Verfahren	Gesehene Fehler	Mögliche Ursachen	Möglichkeiten der Fehlervermeidung	Kapitel
Alle	Undichtigkeiten durch fehlerhafte Schlossverbindung	Fehlerhafte Lagerung	Schmutzfreie Lagerung	3.5.4.1
		Unachtsamkeit bei Profilzufuhr	Eigenkontrolle Profilzufuhr	3.5.4.1
		Fehlerhaftes Be-/Entladen der Profiltrommeln	Ladehilfen nutzen	3.5.4.1
		Unzureichende/fehlerhafte Zufuhr von Dichtmaterial während des Wickelvorgangs Verschmutzung des Profilstreifens in der Haltung vor dem Wickelvorgang	Einstellungen, Material, Maschine prüfen Verschmutzungsursache beseitigen	3.5.4.1

Verfahren	Gesehene Fehler	Mögliche Ursachen	Möglichkeiten der Fehlervermeidung	Kapitel
Alle	Dichtheitsprüfung nicht bestanden	Fehlerhafte Vorbereitung der Dichtheitsprüfung Undichtigkeit der Profilverbindung	Spezielle Vorbereitung bei Wickelrohrverfahren beachten Fehlerursache für mangelnde Verbindung beseitigen	3.5.4.2
Alle	Fehlerhafte Anschlüsse/ Einbindungen	Verwendete Materialien nicht auf Wickelrohrmaterialien abgestimmt	Materialien Wickelrohrprofil und Altrohr beachten sowie Verfahren wählen	3.5.4.3
		Fehler bei der Ausführung	Angaben des Herstellers und des Handbuchs einhalten	3.5.4.3
Alle	Materialermüdung/ -überlastung	Minimale Radien je Profiltyp nicht beachtet	Bei Planung der Sanierungsmaßnahme Herstellerangaben zu minimalen Radien beachten	
A1 und C	Senken/Lageänderung nach Sanierung Beulen	Fehlerhafte Aussteifung (Verfahren C) Fehlerhafte Auftriebssicherung	Aussteifung/Auftriebssicherung gemäß Vorplanung herstellen	3.5.4.4
		Maximalmenge je Verfüllvorgang überschritten	Verfüllung gemäß Vorplanung durchführen	3.5.4.4
A2 und B	Hohlräume zwischen Wickelrohr und Altrohr nach Sanierung	Grenzwerte Altrohr (z. B. maximale Ovalität) überschritten	Grenzwerte bei Vorplanung beachten	3.5.4.5
		Fehlerhafte Ausführung Wickelvorgang (Verf. B)	Herstellerangaben/Handbuch beachten	3.5.4.5
		Fehlerhafte Ausführung Expansionsvorgang (Verf. A2)	Herstellerangaben/Handbuch beachten	3.5.4.5
A1 und C	Nicht homogene Verfüllung des Ringraums	Falsche Konsistenz des Verfüllmaterials	Herstellerangaben befolgen und Konsistenz vor und während Verfüllung prüfen	3.5.4.6
		Lufteinschlüsse durch falschen Verfüllvorgang	Vom Tief- zum Hochpunkt verfüllen	3.5.4.6
		Entmischen des Verfüllmaterials	Mischanweisungen befolgen Restwasser bzw. Infiltration im Ringraum verhindern/ beseitigen	3.5.4.6

3.5.3 Fehler in der Arbeitsvorbereitung

3.5.3.1 Materialermüdung/-überlastung

Je nach Wickelrohrverfahren und dazugehörigem Wickelrohrprofil ergeben sich Einsatzgrenzen im Bereich von Ecken oder Radien. So sind z. B. bei der Sanierung von Eiprofilen mit dem Verfahren C je nach eingesetztem Wickelprofil die minimalen Radien im Bereich der Sohle begrenzt, um einer Materialermüdung vorzubeugen.

Bei der Planung von Sanierungsmaßnahmen muss bei jedem Wickelrohrverfahren der minimal mögliche Radius beachtet werden und entsprechend Einfluss auf die Geometrie des Wickelrohrliners haben. Die Grenzwerte hierzu gibt in der Regel der Hersteller der Wickelprofile an.

3.5.4 Fehler während der Ausführung

3.5.4.1 Undichtigkeiten durch fehlerhafte Schlossverbindung

Durch eine fehlerhafte Lagerung der Wickelprofile (in der Regel auf Profiltrommel) z. B. durch direkten Kontakt mit Boden kann es zu Verunreinigungen im Schlossbereich der Wickelprofile kommen. Diese Verunreinigungen können zu Undichtigkeiten führen. Während der Renovierung muss außerdem darauf geachtet werden, das Wickelprofil möglichst frei von Schmutz zur Wickelmaschine zu führen. Bei Verfahren, bei denen PE-Wickelprofile durch Schweißextrusion miteinander verbunden werden, wird die Verbindungsstelle vor dem Schweißen, z. B. mit Hilfe von Druckluft, von Staub, Wasser oder anderen störenden Stoffen befreit.

Die Wickelprofile sind in der Regel auf Trommeln gelagert, wobei die profilierte Seite nach außen zeigt. Wird zum Be- und Entladen nicht das durch den Hersteller empfohlene Hebewerkzeug verwendet, kann dies zu Beschädigungen am Verbindungs-/Schlossbereich führen. Es ist daher dringend auf ein den Herstellerangaben entsprechendes Transport-/Hebewerkzeug zu achten.

3.5.4.2 Dichtheitsprüfung nicht bestanden

In Deutschland ist eine Dichtheitsprüfung entsprechend DIN EN 1610 nach erfolgter Sanierung üblich. Beim Wickelrohrverfahren müssen neben der korrekten Ausführung des Sanierungsvorgangs je nach Art der Verbindung der Wickelrohrprofile zusätzliche Vorbereitungen getroffen werden. So ist bedingt durch den Verbindungsmechanismus und die Geometrie der Profilstreifen ein umlaufender, spiralförmiger Kanal gegeben, der durch die Absperrblasen während der Dichtheitsprüfung nicht geschlossen werden kann (**Bild 3.5.7**).

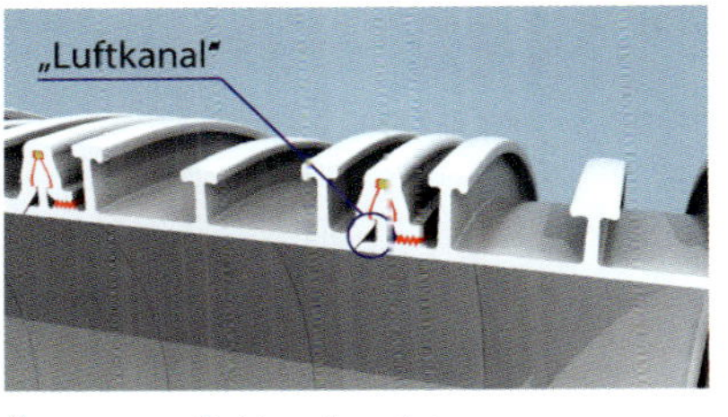

Bild 3.5.7: Schlossbereich

Um die Dichtheitsprüfung nicht zu verfälschen, wird dieser „Luftkanal" am Start- und am Endschacht vor dem Einbringen der Dichtkissen z. B. mit Hilfe von PVC-Kleber (bei PVC-U-Wickelprofilen) verschlossen. Hierzu wird der Profilstreifen z. B. mit einem Bohrer an entsprechender Stelle geöffnet und

PVC-Kleber eingebracht (in der Regel mit Hilfe einer Spritze). Wird dieser Vorgang an verschiedenen Stellen wiederholt, kann hierdurch gewährleistet werden, dass die Dichtheitsprüfung nicht verfälscht wird.

3.5.4.3 Fehlerhafte Einbindung der Anschlüsse

Um eine hinterwanderungsfreie Einbindung zu gewährleisten, müssen die verwendeten Materialien entsprechend der Werkstoffe des Wickelrohres und des Altrohres gewählt werden. Beispiele hierzu sind unter Einbindung von Anschlüssen und Schächten dargestellt.

3.5.4.4 Senken/Lageänderung nach Sanierung

Bei Wickelrohrverfahren, bei denen ein Ringraum zwischen Wickelrohr und Altrohr entsteht, ist dieser zu verfüllen, um eine Bettung bzw. einen Formschluss herzustellen. Je nach Verfahren werden hier entweder tragfähige Vergussmörtel bzw. -betone oder Verfüllmörtel verwendet, die nicht statisch berücksichtigt werden.

Durch die Verfüllung des Ringraumes wirken auf das Wickelrohr Auftriebs- und Verformungskräfte. Bei der Vorplanung einer Sanierungsmaßnahme mit entsprechenden Verfahren müssen diese Lastfälle während des Bauzustandes berücksichtigt werden. Durch eine Auftriebssicherung (in der Regel ausreichend bei Verfahren A1) wird dem hydrostatischen Druck während des Verfüllvorgangs entgegen gewirkt. Diese Auftriebssicherung kann in verschiedenen Varianten, je nach Verfahren und Sanierungsmaßnahme sowie Verfüllbaustoff, erfolgen. So ist eine Beschwerung des Wickelrohrs mit Hilfe von Wasser, Ketten usw. oder aber eine Absteifung am Altrohr möglich. Bei der Absteifung am Altrohr sollte auch der Zustand und die Möglichkeit der Lastaufnahme des Altrohres berücksichtigt werden.

Insbesondere bei nichtrunden Querschnitten kommt zudem ein Aussteifungssystem in entsprechender Geometrie zum Einsatz. Dieses System dient der Lage- und Auftriebssicherung des Wickelrohrs und verhindert eine Verformung. Beim Einbau müssen die meist projektspezifischen Vorgaben dringend beachtet werden, um ansonsten mögliche Verformungen zu vermeiden.

3.5.4.5 Hohlräume zwischen Wickelrohr und Altrohr nach Sanierung

Die so genannten „Close-Fit“-Verfahren (Verfahren A2 und B) zeichnen sich dadurch aus, dass das Wickelrohr nach der Sanierung direkt am Altrohr anliegt. Um dies zu gewährleisten, haben diese Verfahren Einsatzgrenzen in Bezug auf die Beschaffenheit des Altrohres. So müssen je nach Verfahren und eingesetztem Wickelprofil die maximale Ovalität, der maximale Muffenversatz (vertikal und horizontal) sowie sonstige Deformationen oder Schadstellen am Altrohr beachtet werden.

Durch entsprechende Vorarbeiten können z. B. Muffenversätze so angepasst werden, dass eine anschließende Sanierung auch „Close-Fit“ erfolgen kann. Hierzu werden die Versätze z. B. mit Hilfe von Mörtel vor dem Wickelvorgang angeglichen.

Hohlräume können beim Verfahren B auch beim Wickelvorgang entstehen, wenn die Wickelmaschine nicht richtig eingestellt bzw. ausgerichtet ist. Daher ist es unbedingt nötig, den Anweisungen im Handbuch des jeweiligen Verfahrens zu folgen.

Während des Expansionsvorgangs bei Verfahren A2 kann es ebenfalls zu Anwendungsfehlern kommen, die zu Hohlräumen zwischen Wickelrohr und Altrohr führen. Der Expansions- oder Aufweitungsvorgang funktioniert bei diesen Verfahren in der Regel durch ein kontrolliertes und teilautomatisches Zerschneiden des Arbeitsschlosses mit Hilfe eines Drahtes (dieser wird beim Wickelvorgang mit eingebracht) und ein entsprechendes „Nachführen“ von Wickelprofil. Hierbei müssen Zuggeschwindigkeit und -kraft der Wickelleistung und beides zusammen der Wickelrohr- und Altrohrgeometrie angepasst werden. Daher ist es auch bei diesem Prozess dringend erforderlich, den Anweisungen des Verfahrenshandbuches zu folgen.

3.5.4.6 Nicht homogene Verfüllung des Ringraums

Bei den Wickelrohrverfahren A1 und C wird der entstandene Ringraum nach dem Wickeln des Wickelrohrs mit einem Verfüllmaterial verfüllt, um eine Bettung und/oder einen Formschluss zwischen Wickelrohr und Altrohr herzustellen. Hierbei kommen je nach Verfahren und statischer Anforderung verschiedene Vergussmörtel oder Vergussbetone zum Einsatz.

Die Konsistenz des Verfüllmaterials muss sich innerhalb der vom Hersteller angegebenen Toleranzen bewegen, um die nötige Fließfähigkeit zu erreichen. Hierzu ist es nötig, vor und regelmäßig während der Verfüllung die Konsistenz des Verfüllmaterials mit entsprechenden Mitteln (Marschtrichter, Ausbreitmaß, Dichtebestimmung usw.) zu prüfen. Ein zu hoher Wasseranteil führt bei den meist zementösen Baustoffen zum Entmischen bzw. Wasserabsetzen und somit zu einer nicht homogenen Verfüllung des Ringraumes. Ein zu niedriger Wasseranteil kann die Fließfähigkeit und das Erhärtungsverhalten negativ beeinflussen.

Der Ringraum ist unbedingt von Feststoffen und organischen Verunreinigungen durch geeignete Maßnahmen freizuhalten. Um Restwasser, das z. B. durch leichte Infiltration in den Ringraum gelangt ist, aus diesem zu verdrängen, muss der Verfüllbaustoff eine Dichte von mindestens 1,3 kg/dm^3 besitzen. Die Herstellerangaben sind hierbei unbedingt zu beachten.

In der Praxis werden auch Verfüllmaterialien mit Porenbildnern eingesetzt, die Dichten von $< 1{,}0$ kg/dm^3 im frischen Zustand aufweisen. Vorteil dieser Verfüllmaterialien ist insbesondere bei dem Verfahren A1, dass mitunter das Eigengewicht des Wickelrohres und eine Teilfüllung mit Wasser als Auftriebssicherung genügen. Jedoch kann es bei diesen „Porenleichtmörteln“ bereits beim Pumpen durch die Verfüllschläuche zum Entmischen kommen, wodurch sich die Luftporen oberhalb des Mörtels absetzen und sich eine unkontrollierte Dichte einstellt, die wiederum zu Auftrieb und Beulen des Wickelrohrs führen kann. Wichtig ist die stetige Kontrolle der Dichte durch entsprechende Probenahme.

Generell muss die letzte Lage der Ringraumverfüllung vom Tief- zum Hochpunkt erfolgen (in Ausnahmefällen, z. B. bei nahezu keinem Gefälle, trifft dies nicht zu), um eine formschlüssige Verfüllung zu gewährleisten.

3.5.5 Erkennen und Bewerten von fehlerhaft sanierten Leitungen

Fehlerhaft sanierte Leitungen lassen sich beim Wickelrohrverfahren zum einen optisch durch Befahrung oder Begehung, somit zerstörungsfrei, und zum anderen durch Probenahme innerhalb oder außerhalb der sanierten Leitung erkennen:

1. Oberirdische Wicklung von Prüfkörpern in entsprechender Geometrie und mit dem für die Sanierungsmaßnahme gelieferten Profilen zur anschließenden Ermittlung der Ringsteifigkeit.
2. Bohrkerne zur Ermittlung der homogenen Verfüllung bei Verfahren A1 und C sowie zur Ermittlung der erreichten Festigkeiten des Verfüllmaterials.
3. Probenahme aus Wickelrohrliner zur Überprüfung der Schlossverbindung falls optischer Defekt besteht (bei PE-Verfahren wird die Schlossverbindung bzw. Verschweißung vor und während des Einbaus überprüft, um eventuell die Schweißparameter anzupassen).

In der Praxis finden meist zerstörungsfreie Prüfungen statt. Hierbei bieten die Wickelrohrverfahren den eingangs erwähnten Vorteil, dass die Profilstreifen bereits im Herstellwerk einer Qualitätskontrolle unterzogen werden. Fehlerhafte Schlossverbindungen werden optisch durch Befahrung oder Begehung erkannt. Eventuelle Undichtigkeiten in den Schlossverbindungen können bei den Verfahren A1 und C auch während der Ringraumverfüllung durch austretendes Verfüllmaterial beobachtet werden.

Eine Materialermüdung durch zu geringe Radien erkennt man durch Verfärbungen an den entsprechenden Stellen (Weißbruch).

3.5.6 Behebung von Renovierungsfehlern

3.5.6.1 Undichtigkeiten durch fehlerhafte Schlossverbindung

Fehlerhafte Schlossverbindungen werden in der Regel bereits beim Wickelvorgang erkannt und können direkt behoben werden. Sollten nach der Sanierung fehlerhafte Schlossverbindungen ermittelt werden, so können diese – sofern sie punktuell vorliegen – mittels Handlaminat bei begehbaren Kanälen oder mittels Spachtelroboter behoben werden. Als Spachtelmasse kommen spezielle Materialien zum Einsatz, die ein Kaltverschweißen mit dem PVC-U-Profil ermöglichen. Bei Wickelrohrverfahren mit PE-Profilen kann durch Handextrusion von PE-Platten auf die

entsprechenden Stellen ebenfalls eine fehlerhafte Schlossverbindung überarbeitet werden.

3.5.6.2 Dichtheitsprüfung nicht bestanden

Wie oben beschrieben, sind entsprechende Vorbereitungen zu treffen, um die Dichtheitsprüfung nicht zu verfälschen.

3.5.6.3 Fehlerhafte Einbindung/Anschlüsse

Undichte Anschlüsse können wie bei anderen Sanierungsverfahren auch nachträglich abgedichtet werden.

3.5.6.4 Senken/Lageänderung nach Renovierung

Sollten nach erfolgter Sanierung Senken oder Lageänderungen ermittelt werden, so sind diese in erster Linie vom Auftraggeber im Hinblick auf die hydraulische Leistung zu bewerten. Handelt es sich um Wickelrohrverfahren mit tragfähiger Ringraumverfüllung, muss auch aus statischer Sicht eine Bewertung zur Standsicherheit erfolgen. Ein Beheben dieser Fehler ist in der Regel nur schwer möglich.

3.5.6.5 Hohlräume zwischen Wickelrohr und Altrohr nach Renovierung

Werden nach erfolgter Renovierung mit den Verfahren A2 oder B Hohlräume zwischen Wickelrohr und Altrohr ermittelt, so sind diese als erstes dahingehend zu prüfen, ob eine statische Beeinträchtigung zu erwarten ist.

Ist zudem zu erwarten, dass sich in diesen Hohlräumen ein Wasserstau (z. B. durch Infiltration von Fremdwasser) bilden kann, so sollten die Hohlräume nachträglich mit Hilfe von zementösen Mörteln oder speziellen Injektionsmassen verpresst werden.

3.5.6.6 Nicht homogene Verfüllung des Ringraumes

Sollten im Zuge der Überprüfung einer Sanierungsmaßnahme mit den Verfahren A1 oder C Hohlräume in der Ringraumverfüllung oder ein Nichterreichen der Festigkeiten durch Entmischen des Verfüllmaterials ermittelt werden, so ist auch hier die statische Tragfähigkeit mit den eingeschränkten Parametern zu ermitteln.

Hohlräume bzw. Lufteinschlüsse sollten durch nachträgliches Injizieren mit dem Verfüllmaterial verpresst werden.

3.5.7 Besondere Qualitätssicherung für Wickelrohrverfahren

Die nachfolgende Tabelle zeigt Besonderheiten der Qualitätssicherung für Wickelrohrverfahren.

TABELLE 3.5.3: Besondere Qualitätssicherung für Wickelrohrverfahren

Gegenstand der Prüfung	Häufigkeit	Art der Prüfung
Prüfung der Wickelrohrprofile und des Schlossbereiches	Jede Profilspule / jede Sanierungsmaßnahme	Optisch
Prüfen der Schlossverbindung bei Wickelrohrprofilen aus PE	Je Sanierungshaltung beim Einrichten der Maschine	Reißprüfung an verschweißtem Profil (entspr. Baustellenhandbuch)
Konsistenzprüfung des Verfüllmaterials, nur bei Verfahren A1 und C	Je Verfüllvorgang/Lage	Entsprechend Herstellerangaben Vergussbaustoff

3.5.8 Einbindung von Anschlüssen und Schächten

Die Wiedereinbindung von Zuläufen und Schächten an das Wickelrohr erfolgt je nach Verfahren und verwendeten Materialien in unterschiedlicher Weise. Exemplarisch sind einige Einbindungstechnologien dargestellt:

Bei PVC-U-Wickelrohr erfolgt die Einbindung an Zuläufe oder Schächte in der Regel mit Hilfe von PVC-U-Klebern, die ein Kaltverschweißen entweder mit einer PVC-Manschette oder aber mit Glasfasermatten ermöglichen. Eine andere Variante bieten spezielle Spachtelmassen, die auf das PVC-U und diverse Altrohrmaterialien abgestimmt sind. Ein Nachweis zur Eignung der Materialien sollte im Zuge einer allgemeinen bauaufsichtlichen Zulassung oder durch entsprechende Prüfergebnisse (z. B. Haftzugfestigkeit) vorliegen.

Bei der Einbindung von PE-Wickelrohr macht man sich wie oben dargestellt die Schweißbarkeit des PE-Materials zunutze und kann durch entsprechende Extrusions- oder Heißverschweißung einen hinterwanderungsfreien Anschluss herstellen.

Eine Schachteinbindung kann, wie **BILD 3.5.8** zeigt, mithilfe von Extrusionsverschweißung und dicht verankerten HD-Platten erfolgen.

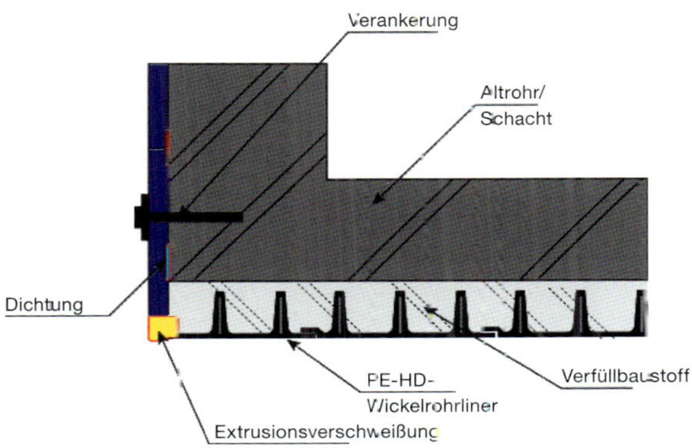

BILD 3.5.8: Exemplarische Schachtanbindung PE-Wickelrohr

3.5.9 Toleranzen

Im Allgemeinen kann davon ausgegangen werden, dass bei den Verfahren A2 und B die Maßhaltigkeit nach Sanierung stark von der Verformung des Altrohrs abhängig ist. Bei diesen „Close-fit"-Verfahren sollte das Altrohr eine maximale Ovalität von 3 % des Durchmessers nicht überschreiten, um ein Anliegen des Wickelrohrs am Altrohr zu gewährleisten. Technisch machbar sind hier in der Regel auch bis zu 6 %, jedoch kann es dann zu Hohlstellen zwischen Wickelrohr und Altrohr kommen, die sich langfristig negativ auswirken könnten. Somit ist bei diesen Verfahren in der Regel eine Abbildung des Altrohres mit seinen Verformungen in kleinerer Nennweite das Resultat, wobei Versätze oder ähnliche Fehlstellen durch entsprechende Vorarbeiten und das anschließende Überwickeln relativ gut ausgeglichen werden können.

Bei den Verfahren A1 und C, bei denen ein verfahrensbedingter Ringraum entsteht, ist das Innenmaß des Liners beim Wickeln durch die entsprechend angepasste Wickelmaschine vorgegeben und Abweichungen sind hier in der Regel nicht zu befürchten. Jedoch kann es bei nicht sachgemäßer Sicherung des Wickelrohrs (Auftriebssicherung, Aussteifung) während der Ringraumverfüllung oder bei einer Überschreitung der Verfüllmengen je Lage/Tag zu Deformationen kommen, die über das allgemein übliche Maß hinausgehen.

In der Planungsphase zur Ringraumverfüllung eines Wickelrohrs geht man zur Bestimmung der notwendigen Aussteifung, Auftriebssicherung und ggf. Anzahl der Verfülllagen zumeist von einer maximal zulässigen Verformung des Wickelrohrs nach Sanierung $\leq$ 1,5 % aus.

3.5.10 Wie gehen Baufirmen und und Auftraggeber bei fehlerhafter Ausführung der Renovierung auseinander?

Sollte eine Sanierungsmaßnahme mittels Wickelrohrverfahren fehlerhaft sein, so wird in der Regel als erstes überprüft, inwieweit die statischen und hydraulischen Anforderungen noch erfüllt sind. Außerdem wird überprüft, wie stark das Ergebnis von der geplanten und ausgeschriebenen Leistung abweicht.

Sollten statische, hydraulische oder andere Anforderungen nicht ausreichend erfüllt sein, so wird in der Praxis meist ein Vorschlag zu möglichen Nacharbeiten oder Ausbesserungen durch den Auftragnehmer vorgelegt und zusammen mit dem Auftraggeber besprochen.

Bei punktuell auftretenden Schadstellen kann, wie bei anderen Renovierungsverfahren auch, mittels entsprechender Technik nachgearbeitet werden.

3.5.11 Lebensdauer/Nutzungsdauer

Die zu erwartende Lebensdauer von Renovierungen mittels Wickelrohrverfahren ist, wie bei anderen Sanierungstechnologien auch, stark abhängig von den eingesetzten Materialien, vom Einbau des Wickelrohrs und auch der Ausführung von Einbindungen an bestehende Abzweige, Schächte usw.

Die Herstellerangaben zur Lebenserwartung von Wickelrohren reichen von 50 bis zu 100 Jahren. In der Praxis wird jedoch meist zwischen den Herstellerangaben und den Angaben aus den KVR-Leitlinien unterschieden. Letztere vereinheitlichen die Lebenserwartung anhand von statistischen Zusammenstellungen für alle Renovierungsverfahren auf 25 bis 40, teils 50 Jahre.

Anhand vielfältiger Prüfungen, wie z. B. der Hochdruckbeständigkeit nach DIN 19523, in der 60 Zyklen (also ca. 60 Jahre Einsatz in der Praxis bei jährlicher Reinigung des Kanals) durchlaufen werden, und anderer Beständigkeitsprüfungen ergeben sich den Herstellerangaben ähnliche Lebensdauererwartungen.

Literatur

[1] RSV-Merkblatt 3 „Renovierung von Abwasserleitungen und -kanälen durch Liningverfahren mit Ringraum“, 01-2008

[2] DIN EN ISO 11296 „Kunststoff-Rohrleitungssysteme für die Renovierung von erdverlegten drucklosen Entwässerungsnetzen (Freispiegelleitungen)“, 07-2011

[3] DIN EN 15885 „Klassifizierung und Eigenschaften von Techniken für die Renovierung, Reparatur und Erneuerung von Abwasserkanälen und -leitungen“, 01-2016

[4] DIN EN 16506 „Systeme für die Renovierung von Abwasserkanälen und -leitungen – Lining mit fest verankerter Kunststoffauskleidung“, 12-2014

[5] ATV-DVWK M 143-9 „Sanierung von Entwässerungssystemen außerhalb von Gebäuden – Teil 9: Renovierung von Abwasserleitungen und -kanälen durch Wickelrohrverfahren“, 08-2004

[6] DIN 19523 „Anforderungen und Prüfverfahren zur Ermittlung der Hochdruckstrahlbeständigkeit und -spülfestigkeit von Rohrleitungsteilen für Abwasserleitungen und -kanäle“, 08-2008

[7] RSV-Merkblatt 3.2 „Verfüllen von Ringräumen bei der Renovierung von Abwasserleitungen und -kanälen durch Liningverfahren – Anforderungen, Gütersicherung und Prüfung“, 03-2016

[8] DIN EN 1610 „Einbau und Prüfung von Abwasserleitungen und -kanälen, 12-2015

[9] EN ISO 11296-7 „Kunststoff-Rohrleitungssysteme für die Renovierung von erdverlegten drucklosen Entwässerungsnetzen (Freispiegelleitungen) – Teil 7: Wickelrohr-Lining (ISO 11296-7:2011; Deutsche Fassung EN ISO 11269-7:2013“, 05-2013

3.6 TIP-Verfahren (Tight in Pipe)

(Karsten Rettberg)

3.6 TIP-Verfahren (Tight in Pipe)

3.6.1 Verfahrensbeschreibung

Beim TIP-Verfahren (Tight in Pipe-Verfahren) werden Neurohre, die vom Außendurchmesser geringfügig kleiner sind als das vorhandene Rohr, durch Einziehen oder Einschieben in die vorhandene Leitung eingebracht. Das TIP-Verfahren ist bei folgenden Altrohrschäden einsetzbar: Riss- und Scherbenbildung, Deformationen bis 20 %, Versätzen bis 10 %, Undichtigkeiten sowie bei fehlenden Rohrwandstücken. Besonders gut eignet sich das Verfahren bei Altrohrwerkstoffen aus Steinzeug, Asbestzement und Beton. Andere Werkstoffe erfordern eine gesonderte Prüfung. Das TIP-Verfahren kann ab einer Dimension von DN 150 eingesetzt werden. Hausanschlüsse können ab DN 250 mm grabenlos wieder angebunden werden. Der Einzug von Rohrsträngen ist je nach Altrohrzustand bis zu einer Strecke von 150 m möglich. Beim Einbau von Kurzrohrmodulen sollte eine Einbaustrecke, je nach Schadensbild, von ca. 70 m nicht überschritten werden. Es wird aber ein haltungsweiser Einbau empfohlen.

3.6.1.1 Örtliche Verhältnisse

Das TIP-Verfahren kann mit Einzelrohren oder Rohrsträngen ausgeführt werden. Dies erfolgt bei Einzelrohren von Schacht zu Schacht bzw. von Schacht zu Baugrube. Bei Rohrsträngen erfolgt der Einzug von Baugrube zu Schacht und/oder Baugrube zu Baugrube.

In der Regel werden Einzelrohre mit Steckverbindung oder Rohrstränge, die mittels Heizelementstumpfschweißung gemäß DVS 2207 verbunden werden, eingezogen oder eingeschoben. Die verschiedenen Einbauvarianten setzen bestimmte örtliche Platzverhältnisse, Schacht- und Leitungsgeometrien voraus. Sollten diese nicht eingehalten werden, kann es zu örtlichen mechanischen Beschädigungen am Neurohr, oder zum Unterschreiten der Mindest-Biegeradien kommen. Die Einsatzvariante muss aufgrund örtlicher Platzverhältnisse, Randbebauungen an Maschinen- und/oder Einziehgruben, Zugänglichkeiten, Grundstückszufahrten, Straßenverkehrsbedingungen gewählt werden.

3.6.1.2 Mindestanforderungen an Maschinen- und/oder Rohreinziehschächte

- Innendurchmesser größer gleich DN 1000, intakte Schachtwandung
- Unter 2,0 m Schachttiefe sollte der Konus abgenommen werden
- Die Zu- und Abläufe im Schacht müssen ohne Abwinklung durch den Schachtmittelpunkt gehen
- Je nach der eingesetzten Maschinentechnik sind Gerinne und Bermen bis 5 cm unter der Rohrsohle vollständig zu entfernen
- Gefällewechsel im Schacht muss berücksichtigt werden
- Einzug von Rohrsträngen über vorhandene Schächte ist auf max. Altrohrquerschnitt von 300 mm beschränkt

3.6.1.3 Mindestanforderungen an Maschinen- und/oder Rohreinziehgruben

Die Baugrube ist gemäß DIN 4124 (Baugruben und Gräben – Böschungen, Verbau, Arbeitsraumbreiten), DIN EN 1610 sowie ggf. DIN 4123 (Ausschachtungen, Gründungen und Unterfangungen im Bereich bestehender Gebäude) und einschlägiger UVV herzustellen und zu verbauen. Bei Arbeiten im Grundwasser sind die Baugruben durch geeignete Maßnahmen wasserfrei zu halten.

3.6.1.4 Maschinengrube

Die Baugrubenabmessungen richten sich nach der einzusetzenden Maschinentechnik und der gewählten Einbauvariante. Die Baugrube (Verbau und Widerlager) muss die auftretenden Kräfte aufnehmen können.

3.6.1.5 Rohreinziehgrube für Einzelrohre

Die Baugrubenabmessungen richten sich nach der Länge der einzubauenden Einzelrohre (Baugrubenlänge ca. 2,5 x Modullänge, Baugrubenbreite ca. Außendurchmesser Modul + 2 x 60 cm Arbeitsraum, Baugrubentiefe ca. 10 cm unter Rohrsohle). Die Rohrmodule sind auf einer sauberen Unterlage zusammenzufügen.

3.6.1.6 Rohreinziehgrube für Rohrstrang

Die Baugrubenabmessungen richten sich nach dem einzuhaltenden Kurzzeitbiegeradius des Neurohres. Dieser Kurzzeitbiegeradius wird vom Rohrhersteller vorgegeben. Folgende Parameter sind bei der Bemessung der Baugrubenlänge zu berücksichtigen:

- Rohrwandtemperatur zum Einbauzeitpunkt
- Neurohrabmessung
- Werkstoff der Neurohre
- Tiefe der Baugrube

Die Baugrubenlänge kann, nach den folgenden Gleichungen berechnet werden:

$$L = \sqrt{H \cdot (4 \cdot R - H)} \quad \text{in m} \qquad (1)$$

L = Länge der Startbaugrube in m

H = Rohrsohlentiefe in m

R = Mindest-Biegeradius (in Abhängigkeit von Temperatur, Werkstoff und Abmessung) in m

Durch Anheben des Rohrstranges hinter der Baugrube kann die Länge der Baugrube gemäß Gleichung (2) reduziert werden.

$$L^{*} = \sqrt{H \cdot (2 \cdot R - H)} \quad \text{in m} \qquad (2)$$

3.6.2 Mögliche Fehler beim TIP-Verfahren

TABELLE 3.6.1: Fehlermatrix

Gesehene Fehler	Mögliche Ursachen	Möglichkeiten der Fehlervermeidung	Kapitel
Fehler in der Planungsphase	Veraltete Planungsunterlagen	Nur aktuelle Planungsunterlagen verwenden	3.6.3
Mängel in der Zustandsbewertung	Die Zustandsbewertung ist nicht fachkundig erstellt worden	Fachkundige Bewertung vornehmen lassen	3.6.5
Fehler in der Arbeitsvorbereitung	Fehlerhafte optische Inspektion	Nur fehlerfreie, aktuelle optische Inspektion verwenden	3.6.6
Undichte Muffenverbindung beim Kurzrohrmodul	Überschreitung der zulässigen Zug-/Einschubkräfte Fehlerhafte Montage Abwinkelungen in der Altrohrleitung Altrohrscherben	Einstellungen der Gestängeverspannung oder Einschubkräfte überprüfen und anpassen Bestandsuntersuchung Reinigung der Muffenverbindung Gleitmittel verwenden	3.6.7
Undichte Schweißverbindung beim Rohrstrang	Überschreitung der zulässigen Zug-/Einschubkräfte Fehlerhafte Schweißverbindung	Online-Zugkraftmessung einsetzen Verschweißung gemäß DVS 2207 und Herstellerangaben	3.6.8
Deformation	Statische Auslegung des Neurohres fehlt oder ist falsch Überschreitung der zulässigen Zug-/Einschubkräfte	Auswahl des Neurohres an Statik anpassen Einstellungen der Gestängeverspannung oder Einschubkräfte überprüfen und anpassen	3.6.9
Über-/Unterbögen	Schadensbild bereits in der Altrohrleitung vorhanden Fehlende Rohrreinigung vor dem Einzug	Rohrreinigung vor dem Einzug Bestandsuntersuchung	3.6.10
Weißbruch	Überschreitung der zulässigen Zug-/Einschubkräfte Abwinkelungen im Altrohr Punktbelastung durch Altrohrscherben Zulässiger Biegeradius unterschritten Fehlerhafte Montage Altrohrscherben	Einstellungen der Gestängeverspannung oder Einschubkräfte überprüfen und anpassen Bestandsuntersuchung Reinigung der Muffenverbindung Gleitmittel verwenden	3.6.11
Beschädigte Muffenverbindung	Überschreitung der zulässigen Zug-/Einschubkräfte Fehlerhafte Montage Abwinkelungen in der Altrohrleitung Altrohrscherben	Einstellungen der Gestängeverspannung oder Einschubkräfte überprüfen und anpassen Bestandsuntersuchung Reinigung der Muffenverbindung Gleitmittel verwenden	3.6.12

Gesehene Fehler	Mögliche Ursachen	Möglichkeiten der Fehlervermeidung	Kapitel
Undichter Anschluss	Falsche Wahl der Anschlussvariante Fehlerhafte Montage bei offener Bauweise Fehlerhafte Verschweißung (Einschweißsattel) Fehlerhafte Verpressung (bei Injektionsverfahren) Fehlerhafte Verschweißung bei offener Bauweise mittels Aufschweißsattel	Bestandsuntersuchung prüfen Montageanleitung beachten Arbeitsanweisung beachten Vorarbeiten zum Schweißen	3.6.13
Undichter Schachtanschluss	Keine Schachteinführung verwendet Fehlerhafter Einbau der Schachteinführung Längsdehnung im Rohrstrang	Montageanleitung beachten	3.6.13
Fehlanschluss	Falsche HA-Einmessung vor dem Rohreinzug	Bestandsuntersuchung	3.6.13
Einbau nicht möglich	Falsche Rohrdimensionierung Überschreitung der zulässigen Zug-/Einschubkräfte	Bestandsuntersuchung und Kalibrierung Zu hohe Vortriebskräfte beim Kurzrohreinbau (Dübelwirkung)	3.6.14

3.6.3 Fehler in der Arbeitsvorbereitung

3.6.3.1 Überprüfung der Planung

Um Fehler in der Planungsphase durch veraltete Unterlagen zu vermeiden, ist es erforderlich, diese mit dem Ist-Zustand abzugleichen. Die vorbereitenden Maßnahmen beinhalten die Leitungsauskunft anderer Ver- und Entsorger (Telekom usw.).

Weitere Maßnahmen sind

- das Erstellen von Arbeitsanweisungen,
- das Festlegen von Schutzmaßnahmen,
- die Sicherung von Arbeitsstellen im öffentlichen Straßenverkehr,
- die Auslegung für das Umpumpen und Umleiten des Abwassers,
- die Erlaubnis zum Öffnen von Schachtabdeckungen und Kanalreinigung durch den Betreiber,
- das Bereitstellen des Neurohres mit entsprechender Verbindungstechnik sowie die entsprechende Gerätetechnik.

Nachfolgend sind einige Punkte aufgelistet, die besonders für die Arbeitsvorbereitung wichtig sind:

- Maschinentechnik für das TIP-Verfahren
  - » Zugkraft zu gering, Zugkopf bleibt im Altrohr stecken
  - » Bei Einsatz von Kurzrohren falsche Verspanneinheit gewählt, der Rohrstrang reißt auseinander

- Rohrbestellung zum Ausführungszeitpunkt
- Sicherung von Arbeitsstellen im öffentlichen Straßenverkehr

Ebenfalls ist eine Überprüfung der hydraulischen Leistungsfähigkeit des Altkanals sinnvoll. Bei Arbeiten im Grundwasser muss generell geprüft werden, ob das Verfahren in der gewünschten Form angewandt werden kann. Es müssen zumindest die Baugruben und Schächte wasserfrei gehalten werden. Das Widerlager in der Maschinenbaugrube muss den zu erwartenden Kräften der Maschinentechnik standhalten. Die Rohreinziehgrube für die Rohrstrangvariante muss in Abhängigkeit vom Rohrbiegeradius eine entsprechende Rohrsohlentiefe aufweisen.

Der Altkanal ist vor dem Einbau der neuen Rohrmodule bzw. des Rohrstrangs zu reinigen.

3.6.3.2 Mängel in der Zustandsbewertung

Um einen Schaden näher definieren zu können, wird eine Inspektion der Leitung (z. B. mittels Kamerabefahrung) durchgeführt. Dabei muss ein gradliniger Trassenverlauf bestätigt werden. Neben diesen grundsätzlichen Anforderungen einer Sanierungsplanung müssen die Eingangsdaten aktuell sein.

Hinweis: Veraltete optische Inspektionen können nicht als Grundlage für die Planungsphase verwandt werden.

Nachfolgend sind wichtige Grundlagen für die Auswertung einer Kamerabefahrung aufgelistet:

- Werkstoff und Werkstoffwechsel
- Nennweiten und Nennweitenwechsel
- Länge des Kanals
- Überprüfung der Gefällesituation
- Richtungsänderungen, Rohretagen
- Lage und Anzahl der Hausanschlüsse
- Reparaturstellen
- Beurteilung der vorhandenen Schächte

Die Auswertung von Bestandsunterlagen bzw. der optischen Inspektion kann nur durch fachkundiges Personal vorgenommen werden. Es ist nicht ausreichend, lediglich eine optische Inspektion vorzulegen, die nur die Schadenskürzel des Aufnehmenden enthält. Von Seiten des Auftraggebers muss eine aktuelle Schadensbeurteilung vorgenommen werden.

Eine fehlerhafte optische Inspektion kann weitreichende Auswirkungen für die nachfolgenden Arbeiten haben, z. B.

- falsche Benennung der Nennweite,
- übersehene Einbauten,
- übersehene Unterbögen usw.

Dies kann sogar soweit führen, dass man das Verfahren für eine Sanierung des Altkanals ausschließen muss.

3.6.3.3 Materialauswahl

Als Neurohre werden üblicherweise PP-HM (Einzelrohr- und Rohrstrang) und PE 100-RC-Rohre (Rohrstrang) nach PAS 1075 eingesetzt. Für das TIP-Verfahren können nur Neurohre mit außen glatten Rohrverbindungen und auf den Innendurchmesser des Altrohr angepassten Abmessungen eingesetzt werden.

Hinweis: Altrohrmaterialien aus Kunststoffen eignen sich nicht für das TIP-Verfahren aufgrund einer zu hohen Mantelreibung ähnlicher Werkstoffe.

Beim TIP-Verfahren spielt die Werkstoffauswahl eine entscheidende Rolle. Aufgrund der Tatsache, dass hier die Neurohre mit einem minimalen Ringspalt zum vorhandenen Kanal eingebaut werden, müssen die eingesetzten Neurohre aus einem extrem robusten, aber dennoch ausreichend biegeweichen Werkstoff bestehen. Aus diesem Grund werden üblicherweise PP-HM und PE-100-RC-Rohre eingesetzt.

Da beim TIP-Verfahren Rohre mit einem minimalen Ringspalt zum Altrohr eingebaut werden, haben sich beim Kurzrohrverfahren Rohrmodule mit glatter Steckmuffenverbindung bewährt. Durch die bis 3° mögliche Abwinkelung in der Muffe können leichte Richtungsänderungen in der Altleitung überfahren werden (gezogene Altrohrleitung).

3.6.3.4 Rohrdimensionierung und Rohrstatik

Um die Dimension des Neurohres festzulegen, ist das Altrohr zu kalibrieren. Entscheidend ist der Innendurchmesser des unzerstörten Altrohres.

Im Zuge der Rohrauswahl ist eine Rohrstatik zu erstellen oder abzufragen. In der Regel wird sie vom Rohrhersteller geliefert. Es ist zu prüfen, ob die Rohrstatik mit den Betreiberdaten übereinstimmt.

3.6.4 Fehler in der Renovierungsausführung

Generell sind die Betriebsanweisungen der eingesetzten Maschinentechnik umzusetzen. Die zulässigen Verspannkräfte bzw. Vortriebskräfte sind nach Angabe des Rohrherstellers beim Einzug von Kurzrohrmodulen einzustellen und zu begrenzen. Die zulässigen Zugkräfte sind durch Einsatz eines Zugkraftmessgerätes während des Einziehvorganges zu kontrollieren; das Messgerät ist zwischen Aufweitung und Neurohrstrang einzubauen. Die Messdaten sollten per Kabel oder Funk an den Bediener der Zuganlage übermittelt werden. Die zulässigen Biegeradien sind gemäß Angabe des Rohrherstellers einzuhalten.

3.6.4.1 Undichte Muffenverbindung beim Kurzrohrmodul

Beim Einbau von Kunststoffrohrmodulen ist darauf zu achten, dass die Teilabschnitte (Haltungen) nicht zu lang werden. Empfehlenswert ist in der Regel eine Haltungslänge.

Die Steckverbindungen sind sauber zu halten. Abwickelungen in der Altrohrleitung sind zu vermeiden. Altrohrscherben sollten während des Einzugs nicht auf das Neurohr fallen. Die Gestängeverspannung bzw. die Einschubkräfte sind zu überprüfen. Bei Bedarf ist eine nochmalige optische Inspektion der Haltung erforderlich, um eine Hindernisfreiheit herzustellen. Sollte weiterhin eine zu starke Mantelreibung vorliegen, kann ein Gleitmittel den Einzug/Einschub unterstützen.

3.6.4.2 Undichte Schweißverbindung beim Rohrstrang

Fehlerhafte Schweißverbindungen können bei Überschreitung der zulässigen Zug-/Einschubkräfte den Rohrstrang zum Abriss bringen. Es ist erforderlich, eine Zugkraftbegrenzung vorzunehmen und darauf zu achten, dass nur qualifizierte Schweißer gemäß DVS 2207 die Verschweißung des Rohrstrangs vornehmen. Zwischen Kalibrieraufweitung und Rohrstrang sind eine Online-Zugkraftmessung einzubauen, die Einziehkräfte zu messen, zu dokumentieren und an den Bediener der Zuganlage zu übermitteln.

3.6.4.3 Deformationen

Eine statische Bemessung des Neurohres hat anhand der zu erwartenden Lasten zu erfolgen. Die Auswahl der Neurohre ist an die jeweiligen statischen Erfordernisse anzupassen. Weiterhin ist eine Überschreitung der Zug-/Einschubkräfte auszuschließen.

3.6.4.4 Über-/Unterbogen

Das Schadensbild des Über-/Unterbogens (Senke) wird nach der Reinigung durch die optische Inspektion erfasst. Der Auftraggeber nimmt eine Bewertung dieses Schadensbildes vor. Eine kurzfristige Verschlechterung des Schadensausmaßes ist nicht zu erwarten, deshalb sollte auch vor dem Einzug bzw. Einschub eine Rohrreinigung mit anschließender optischer Inspektion erfolgen und diese mit den Bestandsunterlagen abgeglichen werden.

3.6.4.5 Weißbruch

Bei Überschreitung der zulässigen Zug-/Einschubkräfte kann es zum Ausbrechen des Rohrstrangs im Altrohr kommen und zu einem Weißbruch führen. Auch bei einfallenden Altrohrscherben, die sich punktuell auf das Neurohr eindrücken, sowie bei Überschreitung des zulässigen Biegeradiusses kann es zum Weißbruch kommen. Voraussetzung für eine Fehlervermeidung ist ein Abgleich der Bestandsun-

3.6.11 Lebensdauer/Nutzungsdauer

Da beim TIP-Verfahren werksseitig hergestellte Neurohre eingebaut werden, kann die Nutzungsdauer mit der eines Erneuerungsverfahrens gleichgesetzt werden. Des Weiteren können auch Herstellerangaben berücksichtigt werden.

Literatur

[1] RSV-Merkblatt 2.2 „Renovierung von Abwasserleitungen und -kanälen mit vorgefertigten Rohren durch TIP-Verfahren“, 01-2012

[2] DWA-Merkblatt 143-13 „Sanierung von Entwässerungssystemen außerhalb von Gebäuden – Teil 13: Renovierung von Abwasserleitungen und -kanälen mit vorgefertigten Rohren mit und ohne Ringraum – Rohrstrangverfahren, 11-2011

[3] DIN 4123 „Ausschachtungen, Gründungen und Unterfangungen im Bereich bestehender Gebäude“, 04-2013

[4] DIN 4124 „Baugruben und Gräben - Böschungen, Verbau, Arbeitsraumbreiten“, 01-2012

[5] PAS 1075 „Rohre aus Polyethylen für alternative Verlegetechniken – Abmessungen, technische Anforderungen und Prüfung“, 04-2009

[6] DVS-Richtlinie 2207 –Teil 1 „Schweißen von thermoplastischen Kunststoffen – Heizelementschweißen von Rohren, Rohrleitungsteilen und Tafeln aus PE“

[7] DVS-Richtlinie 2208 „Schweißen von thermoplastischen Kunststoffen – Maschinen und Geräte für das Heizelementschweißen von Rohren, Rohrleitungsteilen und Tafeln“

3.7 Noppenschlauch-verfahren

(Burkhard Malcus)

3.7 Noppenschlauchverfahren

3.7.1 Verfahrensbeschreibung

Beim Noppenschlauchverfahren werden entsprechend der Länge und des Querschnitts der zu sanierenden Haltung vorkonfektionierte PE-Schläuche mit Hilfe einer Seilwinde über den vorhandenen Startschacht in die zu sanierende Haltung eingezogen (BILD 3.7.1), an beiden Enden verschlossen und mittels Druckluft an die Innenwand formschlüssig angepresst. Es werden zwei Varianten unterschieden:

- Variante A mit PE-Außenschlauch ohne Verbund (BILD 3.7.2)
- Variante B ohne PE-Außenschlauch mit Verbund zum Altrohr (BILD 3.7.3)

Der innenliegende PE-Schlauch verfügt auf seiner Rückseite über Noppen (deshalb nachfolgend auch als „Noppenschlauch" bezeichnet), die als Abstandhalter

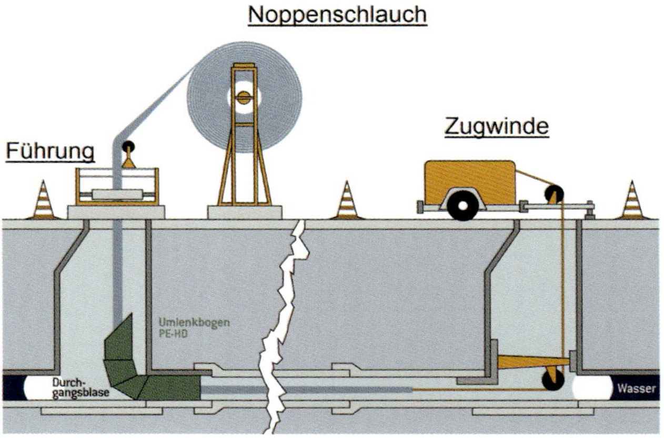

BILD 3.7.1: Noppenschlauch Einbausituation (Quelle: Trolining GmbH, Troisdorf)

BILD 3.7.2: Noppenschlauch Prelinersystem (Quelle: Trolining GmbH, Troisdorf)

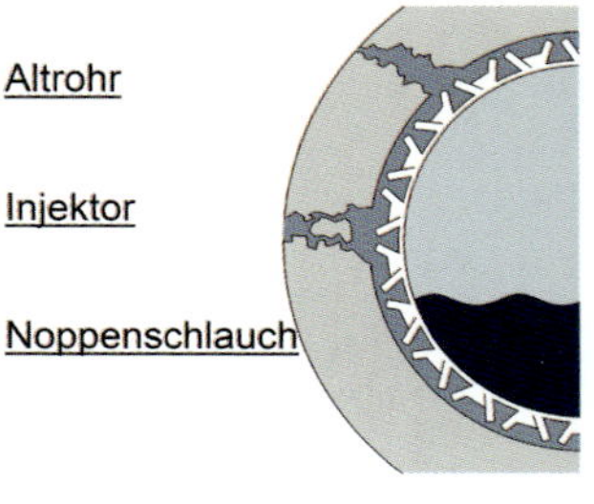

BILD 3.7.3: Noppenschlauch Grundsystem (Quelle: Trolining GmbH, Troisdorf)

BILD 3.7.4: Ankernoppen

zum Altrohr bzw. zu einem vorab installierten PE-Außenschlauch dienen (BILD 3.8.4). Die Noppen definieren einen Zwischenraum, der mit einem hydraulisch abbindenden Injektionsmörtel verfüllt wird. Zwischenraumverfüllung und PE-Noppenschlauch bilden statisch selbsttragende Liner.

3.7.2 Mögliche Fehler beim Noppenschlauchverfahren

TABELLE 3.7.1 zeigt Fehler, die beim Noppenschlauchverfahren auftreten können, sowie Möglichkeiten, diese zu vermeiden.

TABELLE 3.7.1: Fehlermatrix Noppenschlauch

Gesehene Fehler	Mögliche Ursachen	Möglichkeiten der Fehlervermeidung	Kapitel
Bahnüberdehnung	Zu große Zugbelastung	Einhaltung der maximalen Zugkräfte mit Aufzeichnung Einsatz von Spillwinden	3.7.4.1
Weißbruchgefahr	a) Zu enge Wicklung b) Zu geringe Materialtemperaturen c) Überlagertes PE-Material	a) Minimale Wickelradien einhalten b) Minimale Fertigungs- und Einbautemperaturen einhalten c) Dokumentation der Lagerhaltung	3.7.3.1
Doppelschweißnähte undicht	Ausfall der Schweißroboter	Überprüfung der Geräte vor Fertigungsbeginn auf Funktionsfähigkeit, regelmäßige Wartung, Dichtheitsprüfprotokoll	3.7.3.2
Riefen auf der PE-Bahnen-Außenseite	Beschädigungen beim Einziehen durch nicht entfernte Hindernisse bzw. Rohrscherben	Sorgfältiges Beseitigen aller Hindernisse im Kanal; Schutzbahn verwenden	3.7.4.2
Lochbildung	a) Falsche Lagerung auf der Baustelle b) Scharfkantige Hindernisse im Kanal	a) Geschützten Standort für die Lagerung auswählen; Material vor Beschädigungen durch zusätzliche Verpackungsfolie schützen b) Sorgfältiges Beseitigen aller Hindernisse im Kanal Schutzbahn verwenden	3.7.3.3
Deformation	Verformung des Altrohres	Optische Inspektion unmittelbar vor Einbau Kalibrierung	3.7.3.4
Faltenbildung	a) Übermaßfertigung b) Durchmesserschwankungen im Altrohr	a) Richtiges Kalibrieren, Dokumentation der Arbeitsschritte b) Liner auf das kleinste Altrohrmaß konfektionieren; Nutzung der Dehnungsreserven	3.7.4.4
Örtlich begrenzte Verformungen	Fehlerhafte Ringraumbefüllung	Dokumentation der Arbeitsschritte; Stützdrucksicherheit	3.7.4.3

Gesehene Fehler	Mögliche Ursachen	Möglichkeiten der Fehlervermeidung	Kapitel
Undichte Zulauf-einbindung	Fehlerhaftes Aufschweißen der Hutprofile Fehlerhafte Anbindung auf Zulaufmaterial	Einbauanleitung der Hutprofile beachten: Geeignete Hutprofile verwenden; Schweißerpass (bei begehbaren Profilen); Dokumentation der Arbeitsschritte	3.7.4.7
zu großer Ringspalt zwischen Altrohr und Liner	Fehlerhafte Kalibrierung und Fertigung	Richtiges Kalibrieren, Mindestquer-schnitt festlegen Dokumentation der Arbeitsschritte	3.7.4.9
Lufteinschlüsse im Ringraum	a) Unter- bzw Oberbögen b) Falsche Befüllrichtung c) Zu schnelles Befüllen d) Fehlerhafte Entlüftung	a) Überprüfung, ob das System noch einsatzbar ist b) Verfahrenshandbuch beachten c) Verfahrenshandbuch beachten d) Verfahrenshandbuch beachten	3.7.4.5
Mörtelkennwerte nicht erreicht	a) WZ-Wert Über-/Unterschrei-tung b) Injektormaterial überlagert c) Zu geringe Dichte d) Zu geringe oder zu hohe Einbautemperaturen	a) Verfahrenshandbuch beachten, Arbeitsschritte dokumentieren b) Produktblatt und Werkszeugnis anfordern c) Verfahrenshandbuch beachten, Arbeitsschritte dokumentieren d) Verfahrenshandbuch beachten, Arbeitsschritte dokumentieren	3.7.4.6 3.7.4.10
Schachteinbindun-gen undicht	Vorgaben nicht beachtet bzw. nicht umgesetzt	Verfahrenshandbuch beachten, Arbeitsschritte dokumentieren, Quellband einsetzen	3.7.4.7
Zu geringe Wand-dicke	Fehler in der Statik Falsche Noppenhöhe ver-wendet	Vor Einbau Statik und Noppenhöhe kontrollieren	3.7.4.8
Versagen des Liners	a) Falsche, fehlende Bemes-sungsgrundlagen bei der Erstellung der Statik b) Zu frühes Entlasten der Leitung (Stützdruck) c) Zu frühes Belasten der Leitung mit c1) Verkehrslasten c2) zu hohe Wasserlasten d) Unterdruck beim Entlasten des Liners durch zu schnel-len Innendruckabbau	a) Vor Erstellung der Statik die Vorga-ben auf Richtigkeit überprüfen b) Die vorgegebenen Abbindezeiten einhalten c) Die vorgegebenen Abbindezeiten einhalten c1) Verkehrskasten bzw. dynami-schen Lasten nach Erreichen der erforderlichen Frühfestigkeit zulassen c2) Überprüfung, ob der angegebene GW-Stand mit den tatsächlichen Gegebenheiten übereinstimmt d) Langsames Entleeren und ausrei-chende Luftzufuhr am Hochpunkt	3.7.4.10

3.7.3 Fehler in der Arbeitsvorbereitung

Eine sorgfältige Arbeitsvorbereitung ist eine Grundvoraussetzung für eine gelungene Kanalsanierungsmaßnahme. Neben Fehlern in der Bauausführung können aber auch Fehler in der Arbeitsvorbereitung ein Grund für ein schlechtes Sanierungsergebnis sein. In den nachfolgenden Kapiteln werden sowohl mögliche Fehlerursachen in der Vorbereitung als auch in der Ausführung ausführlich besprochen und Hinweise zu deren Vermeidung gegeben.

Die Arbeitsvorbereitung für eine Kanalsanierungsmaßnahme beginnt bereits bei der Linerproduktion. Mögliche Fehlerquellen in der Fertigung der Liner sind:

3.7.3.1 Weißbruchgefahr

Die Ursachen der Weißbrüche können verschiedenster Art sein. Bei der Linerherstellung können ungleichmäßige Zugkräfte eine unrunde Aufwicklung erzeugen. Dadurch entsteht die Gefahr von scharfen Knickstellen. Ein weiterer Grund für Weißbrüche kann sein, dass das verwendete Material bei der Fertigung zu geringe Temperaturen erfahren hat.

Bei der Herstellung der Noppenschlauchliner wird UV-unbeständiges PE-Material verwendet. Dieses muss vor direkter Sonneneinstrahlung geschützt werden. Noppenbahnen, die nicht fachgerecht gelagert und geschützt wurden, altern schneller und können verspröden und brechen. Auch PE-Bahnen, die ordnungsgemäß gelagert und vor direkter Sonneneinstrahlung geschützt wurden, haben nur eine begrenzte Lagerungsfähigkeit. Bahnen, die älter als zwei Jahre sind, dürfen nicht mehr für die Produktion von Linern eingesetzt werden.

3.7.3.2 Doppelschweißnähte (Heizkeil) undicht

Die Herstellung der Noppenschlauchliner erfolgt mit dem Heizkeilschweißverfahren gemäß der DVS-Richtlinie 2225-1. Kommt es zu Störungen an der Heizkeilschweißmaschine, wird die Doppelschweißnaht (**Bild 3.7.4**) nicht korrekt ausgebildet. Es entsteht kein vollständiger Prüfkanal (b_p). Folglich können die Fügenähte auch nicht auf ihre Dichtheit überprüft werden. Um einen solchen Fehler möglichst zu vermeiden, sind die Geräte regelmäßig zu überprüfen und zu warten. Vor Beginn einer jeden Linerfertigung sind die Geräte auf ihre Funktionsfähigkeit zu prüfen. Die Überprüfung ist vor der Auslieferung zu dokumentieren.

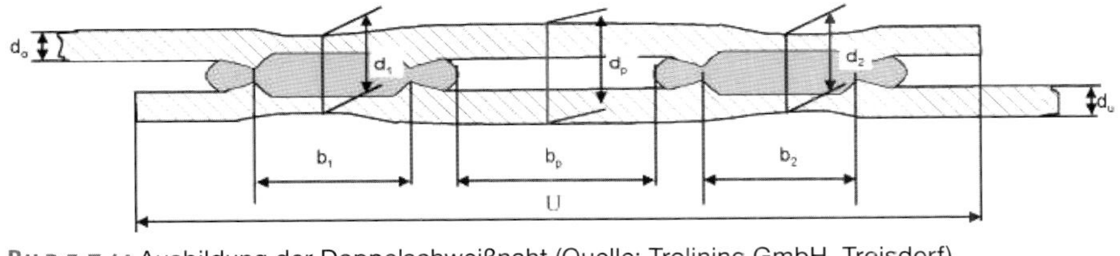

Bild 3.7.4: Ausbildung der Doppelschweißnaht (Quelle: Trolining GmbH, Troisdorf)

Undichtigkeiten können nach der Fertigung von fachkundigem, geschultem Personal durch Warmgas-Extrusionsschweißen dauerhaft repariert werden.

3.7.3.3 Lochbildung

Um Beschädigungen des Preliners und der Noppenbahn vor dem Einbau zu vermeiden, ist es notwendig, das aufgerollte Material so zu lagern, dass die Gebrauchstauglichkeit nicht beeinträchtigt wird. Ein direktes Übereinanderlagern der Rollen ist zu vermeiden. Außerdem sind die verpackten Rollen vor direkter Sonneneinstrahlung zu schützen.

Alle Hindernisse im Kanal sind restlos zu beseitigen. Zudem kann es erforderlich sein, Schutzbahnen in der Sohle zu verwenden.

3.7.3.4 Fehlerhaftes Kalibrieren

Vor Bestellung der Liner muss jede Sanierungsstrecke kalibriert werden. Die Kalibrierung kann bei nicht begehbaren Profilen mittels Kaliberrohr oder einer elektronischen Kalibrierung erfolgen. Der dabei ermittelte kleinste Querschnitt ist dann maßgebend. In begehbaren Querschnitten wird in der Regel mit einer Profilschablone gearbeitet. Faltenbildungen bzw. örtlich begrenzte Verformungen sind so vermeidbar.

3.7.4 Fehler in der Renovierungsausführung

3.7.4.1 Bahnendehnung

Während des Einzugvorgangs sind die zulässigen Zugkräfte einzuhalten. Hierzu sind Einzugswinden mit einer Zugkraftbegrenzung zu verwenden. Die aufgebrachten Zugkräfte sind zu kontrollieren. Zu hohe Zugkräfte können zur Überdehnung der Noppenbahn und im Extremfall zu Rissen führen.

3.7.4.2 Riefen und Löcher in den PE-Bahnen

Vor Beginn des Einziehvorgangs sind alle einragenden Hindernisse sowie scharfe Kanten aus dem Kanal zu entfernen. Bei nicht sachgemäßer Vorbereitung kann der äußere PE-Liner beschädigt werden. Die Verwendung von zusätzlichen Schutzbahnen ist möglich.

3.7.4.3 Örtlich begrenzte Beulen

Beulen im Liner können bei nicht fachgerechtem Einbau aus den folgenden Gründen entstehen:

- Beim Einbau wurde ein im Kanal liegendes Hindernis übersehen. Vermieden werden kann dieser Fehler, indem unmittelbar vor dem Einbau nochmals eine optische Inspektion oder bei begehbaren Profilen eine Begehung durchgeführt wird, mit der der hindernisfreie Zustand des Kanals dokumentiert wird.

- Während der Ringraumbefüllung ist der Linerinnendruck (Stützdruck) permanent zu überwachen. Er muss größer sein als der Druck, der aus dem Einbau des Injektors und dem anstehenden Grundwasser entsteht. Fällt der Druck unterhalb dieser Werte, so kann es vorkommen, dass sich der Liner örtlich begrenzt verformt und ein Ringspalt zwischen Altrohr und Liner entsteht bzw. unkontrolliert einbeult. Eine solche Imperfektion kann Auswirkungen auf das statische Tragverhalten und die Beulsicherheit des Liners haben.

3.7.4.4 Faltenbildung

Im Allgemeinen sind bedeutende Querschnittsreduzierungen durch eine optische Inspektion bereits gut zu erkennen. Um jedoch den Mindestquerschnitt bestimmen zu können, ist eine Kalibrierung der Strecke erforderlich. Die Kalibrierung kann sowohl mechanisch durch den Einsatz von Rohrkalibern als auch elektronisch mit speziellen Kalibermessgeräten erfolgen.

Eine fehlerhafte Kalibrierung (Übermaß) kann zu axial verlaufenden Falten führen. Längsfalten können zu einer erheblichen Minderung der statischen Tragfähigkeit und der Stabilität des Liners führen.

3.7.4.5 Lufteinschlüsse im Ringraum

Lufteinschlüsse im Ringraum sind beim Noppenschlauchverfahren zu vermeiden. Der Mörtel ist der statisch tragende Teil in diesem Verfahren. Eine nichtvollständige Verfüllung hat Auswirkungen auf die Tragfähigkeit.

Zu Lufteinschlüssen kann es kommen, wenn der Mörtel zu schnell eingefüllt wird, die Befüllrichtung falsch gewählt wird oder wenn eine fehlerhafte oder keine Entlüftung am Hochpunkt gesetzt wird.

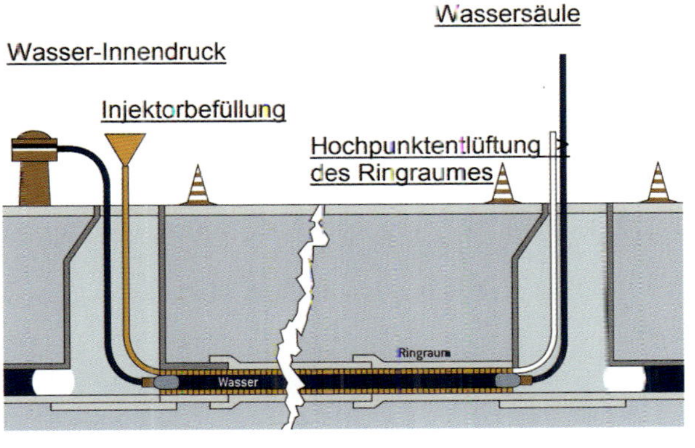

Bild 3.7.5: Noppenschlauch-Ringraumverfüllung (Quelle: Trolining GmbH, Troisdorf)

Extreme Ober-/Unterbögen können zu Lufteinschlüssen führen. Daher sollte vor Beginn der Maßnahme überprüft werden, ob das System noch anwendbar ist bzw. eine zusätzliche Entlüftung der neuen Hochpunkte notwendig wird.

3.7.4.6 Materialkennwerte nicht erreicht

Sollte die Überprüfung der Injektorproben geringere Materialwerte als in der Zulassung gefordert ergeben, so kann dass die folgenden Ursachen haben:

- Mörtelmaterial überaltert
- Falsche W/Z-Werte
- Zu geringe Dichte
- Zu niedrige Einbautemperaturen
- Materialschwankungen beim Mörtelhersteller.

Die Vorgaben für die Mörtelüberprüfung und Aufbereitung sind entsprechend der Verfahrensbeschreibung einzuhalten.

3.7.4.7 Undichte Zulaufeinbindungen (Schachteinbindung)

Die Einbindung von Zuläufen erfolgt im Noppenschlauchverfahren in der Regel mittels Hutprofiltechnik. Das Hutprofil besteht aus einem flexiblen Textilschlauch, der mit Harz getränkt wird, und einer PE-Krempe. Im nicht begehbaren Bereich ist auf der Krempe eine Heizwendel angebracht, die eine Verschmelzung der Materialien ermöglicht. In begehbaren Profilen wird die Verbindung zwischen Liner und PE-Krempe mittels einer Handextruderschweißung erstellt. Hierbei ist darauf zu achten, dass der Textilschlauch vollständig mit Harz getränkt ist und dass die Schweißparameter und der Anpressdruck für die PE-HD-Krempe eingehalten werden. Die einzelnen Arbeitsschritte sind zu dokumentieren. Bei sanierten Haltungen, die im Grundwasser liegen, kann eine Vorabdichtung der Zuläufe erforderlich werden.

Bei der Einbindung des Noppenschlauches in die Schächte müssen die Vorgaben des Herstellers eingehalten werden (Quellband einsetzen).

3.7.4.8 Zu geringe Wandstärken

PE-Noppenbahnen haben eine definierte Noppenhöhe von 13 bzw. 19 mm. Die Wanddicke ist über den Kreisring nahezu konstant. Zu geringe Wanddicken können nur dann entstehen, wenn eine Noppenbahn mit einer kleineren als in der Statik geforderter Noppenhöhe eingebaut wird.

3.7.4.9 Zu großer Ringspalt nach Einbau der Liner

Das Noppenschlauchverfahren ist ein Close-Fit-Verfahren. Zu einem Ringspalt zwischen Liner und Altrohr kommt es nur dann, wenn der Umfang des Preliners zu gering bemessen wurde oder der Anpressdruck nicht ausreichend war.

3.7.4.10 Versagen des Liners

Mögliche Ursachen für das Versagen von Noppenschlauchlinern können sein:

- Bei der Erstellung der Statik werden falsche Bemessungsgrundlagen angenommen. Es ist daher notwendig, dass hier vom Planer genaue Angaben hinsichtlich des Altrohrzustandes gemacht werden. Diese Angaben sind vor der Erstellung der Statik nochmals zu überprüfen.
- Für die Ringraumverfüllung wird ein hochfließfähiger, frühfester Mörtel auf Zementbasis verwendet. Zu frühes Entlasten und die daraus resultierende zu frühe Belastung der sanierten Strecke kann jedoch zum Versagen des Liners führen. Der Noppenschlauch kann dann die Lasten aus Boden, Verkehr und/oder Wasser noch nicht aufnehmen. Die Verarbeitungsrichtlinien des Herstellers sind daher einzuhalten.
- Wird der Aufstelldruck in Noppenschlauchlinern zu schnell entlastet und wird während der Entlastung nicht am Hochpunkt Luft zugeführt, kann sich innerhalb der sanierten Strecke ein Unterdruck aufbauen. Dieser Unterdruck kann dazu führen, dass der Liner, dessen Ringraumverfüllung noch nicht die endgültige Festigkeit erreicht hat, kollabiert.

3.7.5 Erkennen und Bewerten von fehlerhaften Renovierungen

Jeder Liner wird nach seiner Fertigstellung im Rahmen einer Qualitätssicherung mehrfach überprüft durch

- Dichtheitsprüfung,
- optische Inspektion,
- Überprüfung der Materialkennwerte anhand von Rückstellproben des Mörtelmaterials.

Schäden, die bei der Auskleidung im Noppenschlauchverfahren entstehen, können in zwei Kategorien aufgeteilt werden (Bild 3.7.6):

- Optischer Schaden
- Technischer Schaden.

Optische Schäden können z. B. Weißbrüche sein. Optische Schäden haben keinen Einfluss auf die Funktionsfähigkeit und die Qualität des Liners. Eine Reparatur bzw. eine Minderung ist nicht notwendig. Anders verhält es sich, wenn der Schaden ein technischer Mangel ist. Technische Mängel sind:

- Statische Tragfähigkeit nicht ausreichend
- Hydraulische Hindernisse
- Formschlüssigkeit

Die Dichtheitsprüfung stellt für das Noppenschlauchverfahren kein Problem dar. Zum einen wird der Liner im Werk vorkonfektioniert und die Doppelschweißnaht auf Dichtheit geprüft. Zum anderen wird der Liner während des Verfüllens mit Mör-

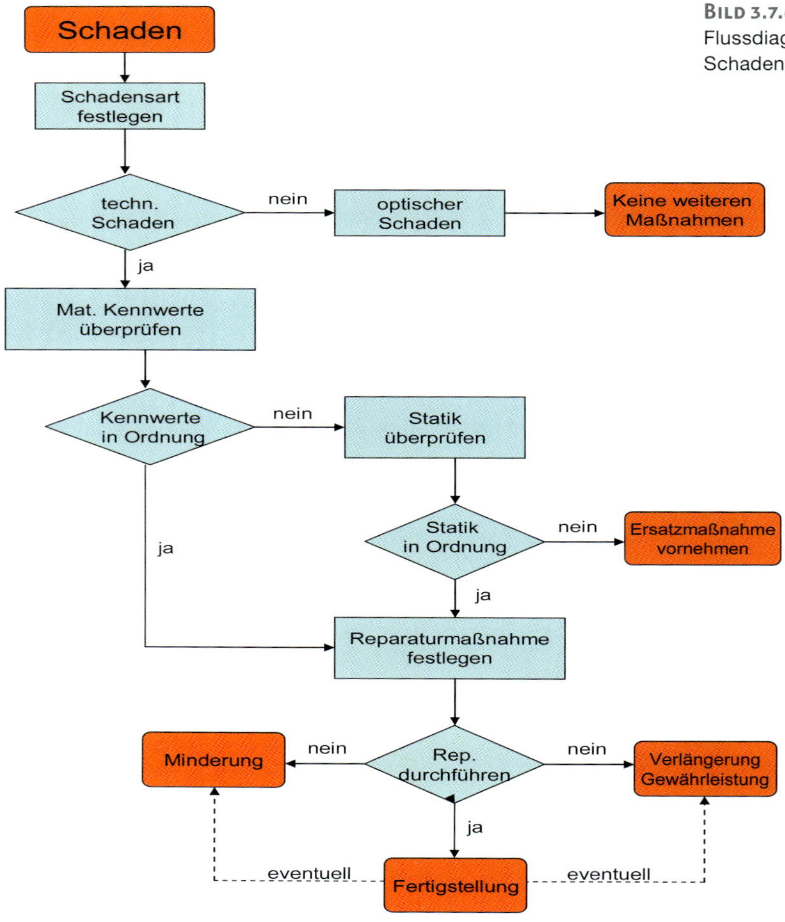

BILD 3.7.6: Flussdiagramm Schadensbehebung

tel konstant unter Druck gehalten. Ein Druckabfall durch eine Undichtigkeit im Liner würde sofort bemerkt.

Mit der optischen Inspektion können indirekt sowohl hydraulisch als auch statisch bedeutsame Fehler aufgezeigt werden.

Hydraulische Fehler entstehen durch das Überfahren von Hindernissen im Kanal, die zur Beulenbildung in der Rohrwandung führen. Es muss überprüft werden, ob der Einfluss der Behinderung auf die hydraulische Leistungsfähigkeit so erheblich ist, dass die Beule entfernt werden muss, oder ob deren Lage und Größe eine Funktion des Rohres ermöglicht.

Anders verhält es sich mit statisch bedeutsamen Fehlern. Statisch relevante Fehler können durch Axialfalten, Fehlstellen in der Ringraumverfüllung oder Beulen, die durch zu frühes Belasten des Liners auftreten, entstehen. Statisch bedeutsame Fehler können auch entstehen, wenn die Ringraumverfüllung nicht ordnungsgemäß durchgeführt wurde. Durch Überprüfung der Materialkennwerte können diese Fehler aufgezeigt werden. Es erfolgt dann eine Überprüfung der Statik mit den auf der Baustelle erzielten Materialwerten. Bei statischen relevanten Mängeln sind die geschädigten Stellen zu entfernen und durch eine segmentweise Reparatur zu ersetzen. Denkbar ist auch nach der Entfernung der geschädigten Stelle eine neue Noppenschlauchlage einzubauen.

Die Formschlüssigkeit bzw. die Abweichung der Linerform von der Altrohrgeometrie wirkt sich einerseits auf die statische Tragfähigkeit und andererseits auf die Lagestabilität des Liners im Altrohr aus. Die Bettung des ausgehärteten Noppenschlauchliners im Altrohr ist mit den Annahmen der Statik zu vergleichen. Bei Abweichungen ist die Statik neu zu berechnen. Bei nicht ausreichender Statik ist unter Berücksichtigung der Hydraulik ein weiterer Liner einzuziehen. Gegebenenfalls ist auch der vorherige Ausbau des Noppenschlauchliners vorzusehen.

Vor Ablauf der Gewährleistung kann durch den Auftraggeber nochmals eine optische Inspektion durchgeführt werden. Werden hierbei Mängel am Noppenschlauchliner festgestellt, so ist zu überprüfen, ob das Altrohr vor der Sanierung statisch tragfähig war oder nicht. Auch ist sicherzustellen, dass sich während des Gewährleistungszeitraums die Belastungen auf das sanierte Rohr nicht verändert haben.

Aufgrund der Verfahrenstechnik sind Undichtigkeiten beim Noppenschlauchliner nach Ablauf der Gewährleistungen in der Regel nicht zu verzeichnen.

3.7.6 Behebung von Renovierungsfehlern

3.7.6.1 Weißbrüche

Wenn Weißbrüche rechtzeitig vor Beginn der Sanierung erkannt werden, so sind diese bei entsprechender Behandlung für das Sanierungsergebnis nicht von Bedeutung. Weißbrüche sind in der Regel nur in den oberen PE-Schichten festzustellen. Nur in Ausnahmefällen gehen diese Brüche durch das gesamte Material und erfordern eine schweißtechnische Nachbehandlung.

3.7.6.2 Doppelschweißnähte

Bei einer Linerproduktion, bei der während der Fertigung die Heizkeilschweißmaschine ausfällt, entsteht kein nutzbarer Prüfkanal. Solche Liner können nicht den Fertigungsnachweis der dichten Fügenähte erbringen. Der Mangel führt aber nicht zwangsläufig dazu, dass der Liner nicht eingebaut werden kann. Der Liner wird nach dem Einzug mittels Druckluft oder Wasser aufgestellt. Hierbei ist besonders darauf zu achten, dass der Aufstelldruck konstant gehalten werden kann. Wenn dies der Fall ist, so können die weiteren Arbeitsschritte erfolgen und der Injektor eingebracht werden. Ist dies nicht der Fall, so müssen folgende Fälle unterschieden werden:

- Der zu sanierende Querschnitt ist < DN 800: Der Liner ist nicht verwertbar und wird ausgebaut und neu gefertigt werden.
- Der zu sanierende Querschnitt ist > DN 800: Die Fehlstelle kann im Liner lokalisiert und dann von Hand mittels Extruderschweißung abgedichtet werden. Anschließend ist dieser Liner einer erneuten Dichtheitsprüfung zu unterziehen. Nach dem Verfüllen mit Mörtel ist der Noppenschlauchliner fertiggestellt und voll funktionsfähig.

3.7.7 Qualitätssicherung

Neben den allgemeine Qualitätssicherungsmaßnahmen, die für alle Sanierungsmaßnahmen gleich sind, sind beim Noppenschlauchlining die folgenden Maßnahmen zu ergreifen (TABELLE 3.7.2).

Die Arbeiten dürfen nur von ausgebildeten Fachleuten mit mehrjähriger Berufserfahrung und dem Nachweis der Befähigung zur Durchführung der PE-Schweißarbeiten ausgeführt werden.

TABELLE 3.7.2: Verfahrensbegleitende Dokumentation der Eigenüberwachung

Gegenstand der Prüfung	Häufigkeit	Art der Prüfung
Optische Inspektion der Sanierungsstrecke bzw. Begehung	Vor der Sanierung	DWA-M 149-2
Optische Inspektion der Sanierungsstrecke bzw. Begehung	Nach jeder Sanierung	DWA-M 149-2
Prüfprotokoll der Liner	Für jede Sanierung	Gemäß Verfahrensanweisung
Dokumentation der Linereinzugskräfte	Für jede Sanierung	Gemäß Verfahrensanweisung
Kennzeichnung der Verpackungen der Sanierungskomponenten	Jede Baustelle	Gemäß Verfahrensanweisung
Dichtheitsprüfung	Für jede Sanierung	DIN EN 1610
Mörtelmischung und Mörtelverarbeitung	Für jede Sanierung	Gemäß Verfahrensanweisung
Reaktionsverhalten, Viskosität, Dichte und Quellung des Mörtels	Für jede Sanierung	Gemäß Verfahrensanweisung

3.7.8 Einbindung von Anschlüssen und Schächten

3.7.8.1 Einbindung von Anschlüssen

Bei der Einbindung von Anschlüssen muss beim Noppenschlauchverfahren in zwei Kategorien unterschieden werden:

1. Einbinden von Anschlüssen in nicht begehbaren Querschnitten: Hier werden die Anschlüsse mit der Hutprofiltechnik eingebunden. Dabei handelt es sich um ein Hutprofil bestehend aus einem flexiblen, mit Harz getränkten Textilschlauch und einer PE-Krempe mit aufgelegter Heizwendel und speziellen Dichtelementen. Mit Robotersetzgeräten wird das Hutprofil vom Hauptsammler aus in den Anschlusskanal bzw. Hausanschluss eingebaut und mit diesen form- und kraftschlüssig verbunden.
2. Einbinden von Anschlüssen in begehbaren Querschnitten: Hier können zwei unterschiedliche Varianten eingesetzt werden. Zum einen ist es auch hier möglich, Hutprofile zur Einbindung zu verwenden. Der grundsätzliche Aufbau der Hutprofile entspricht denen, die mit Robotersetzgeräten eingebaut werden. Jedoch verfügen diese nicht über eine Heizwendel. Die dichte Einbindung an den Liner erfolgt über eine Extruderschweißung. Zum anderen werden speziell mit Dichtelementen hergestellte Anschluss-Stutzen vom Hauptsammler aus in den Anschluss eingeschoben. Die Dichtelemente sorgen dafür, dass kein Abwasser aus dem Anschlusskanal hinter den Noppenschlauchliner gelangen kann. Eine dichte Verbindung zwischen Liner und Anschlussstutzen erfolgt dann über eine Extruderschweißung.

3.7.8.2 Einbinden der Noppenschlauchliner in Schächten

Sowohl im Start- und Zielschacht als auch in den Zwischenschächten ist zwischen dem ausgehärteten Noppenbahnrohr und dem Altrohr – wenn möglich – ein Quellband einzubauen. Der PE-HD-Liner mit dem ausgehärteten Mörtel ist mittels Handextruderschweißung mit dem zuvor im schadhaften Abwasserohr eingeklebten vlieskaschiertem PE-HD-Kreisring zu verschweißen. Im Sohlenbereich von Start- und Zielschacht ist dabei darauf zu achten, dass die Schweißwülste kein Hindernis für das abfließende Abwasser darstellen.

PE-Schachtsanierungen ermöglichen einen besseren und umfassenden Schutz gegen In- und Exfiltrationen von Grundwasser bzw. Abwasser.

3.7.9 Toleranzen im Schadensfall

Abweichend von anderen Verfahren, wie z. B. Schlauchlining, gibt es für das Noppenschlauchverfahren keine einheitliche Regelung für Toleranzgrenzen. Jeder Schadensfall ist daher einzeln zu prüfen und mit dem Auftraggeber abzustimmen. Grundsätzlich sollte aber auch hier unterschieden werden, ob der Mangel ein hydraulischer oder ein statisch wirksamer Mangel ist. Während im ersten Fall die

Grenzen etwas großzügiger betrachtet werden können, sind sie im zweiten Fall enger zu setzen.

3.7.10 Wie gehen Auftraggeber und Auftragnehmer bei fehlerhafter Renovierung auseinander?

Eine mögliche Vorgehensweise bei der Behebung einer fehlerhaften Renovierung kann Bild 3.7.6 entnommen werden.

3.7.11 Lebensdauer/Nutzungsdauer

Bei fachgerechter Herstellung und Einbau des Noppenschlauchliners kann von einer Nutzungsdauer bis zu 50 Jahren ausgegangen werden.

Literatur

[1] DWA-Arbeitsblatt 143-2 „Sanierung von Entwässerungssystemen außerhalb von Gebäuden – Teil 2: Statische Berechnung zur Sanierung von Abwasserleitungen und -kanälen mit Lining- und Montageverfahren", 07-2015

[2] DWA-Merkblatt 143-10 „Sanierung von Entwässerungssystemen außerhalb von Gebäuden – Teil 10: Noppenschlauchverfahren für Abwasserleitungen und -kanäle", 12-2006

[3] DWA-Merkblatt 149-2 „Zustandserfassung und -beurteilung von Entwässerungssystemen außerhalb von Gebäuden – Teil 2: Kodiersystem für die optische Inspektion", 12-2013

[4] DIN EN 1610 „Verlegung und Prüfung von Abwasserleitungen und -kanälen", 02-2015

[5] RSV-Merkblatt 3 „Renovierung von Abwasserleitungen und -kanälen durch Liningverfahren mit Ringraum – Anforderungen, Gütesicherung und Prüfung", 01-2008

[6] RSV-Merkblatt 3.2 „Verfüllen von Ringräumen bei der Renovierung von Abwasserleitungen und -kanälen durch Liningverfahren", 03-2016

[7] DVS-Richtlinien 2225-1 „Schweißen von Dichtungsbahnen aus polymeren Werkstoffen im Erd- und Wasserbau", 09-2016

Fehler bei
grabenlose

4. Fehler bei der grabenlosen Erneuerung

GRABENLOSE TECHNIK,
DIE BEGEISTERT
TRACTO-TECHNIK
MADE
IN
GERMANY
GRUNDOBURST
GRUNDOBURST
STATISCHE BERSTSYSTEME - DAS BESTE FÜR DIE ROHRERNEUERUNG
TRACTO-TECHNIK GmbH & Co. KG
Tel.: +49 2723 808-0 · info@tracto-technik.de · www.TRACTO-TECHNIK.de

4.1 Berstverfahren

(Horst Zech)

4.1 Berstverfahren

4.1.1 Verfahrensbeschreibung

Beim Berstverfahren werden Kräfte mit Hilfe eines Berstkörpers in die Altrohrleitung eingebracht. Dadurch wird die Altrohrleitung zerstört und radial in den angrenzenden Baugrund verdrängt. In den so entstehenden freien Querschnitt werden neue Rohre in gleicher oder größerer Dimension unmittelbar eingezogen. Es wird unterschieden in dynamische und statische Berstverfahren. Voraussetzung zum Einsatz der Berstverfahren ist ein verdrängungsfähiger Baugrund.

Es werden mit der grabenlosen Erneuerung erdverlegte Abwasserleitungen und -kanäle von DN 50 bis überlicherweise DN 1200 eingebaut.

4.1.1.1 Dynamisches Berstverfahren

Für den Berst- und Einziehvorgang erfolgt die Krafteinleitung in Rohrlängsrichtung mit Rammenergie durch eine Berstmaschine (modifizierte Erdrakete/Rohrramme). Der Berstvorgang muss durch die Zugkraft einer Winde zur Führung des Berstkörpers unterstützt werden. Das dynamische Berstverfahren eignet sich besonders in stark verdichteten und steinigen Böden und Altrohren aus spröden Werkstoffen.

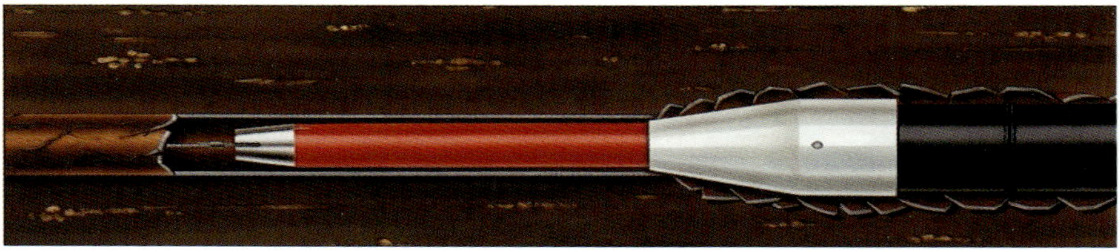

Bild 4.1.1: Prinzipskizze für dynamisches Bersten (Quelle: Tracto-Technik)

4.1.1.2 Statisches Berstverfahren

Für den Berst- und Einziehvorgang erfolgt die Krafteinleitung in Rohrlängsrichtung mit einer hydraulisch betriebenen Zugeinrichtung, der sogenannten Berstlafette, die über Gestänge mit dem Aufweitungs- und Berstkörper verbunden ist. Das statische Berstverfahren eignet sich in homogenen Böden und bei Altrohren aus spröden und zähen Werkstoffen.

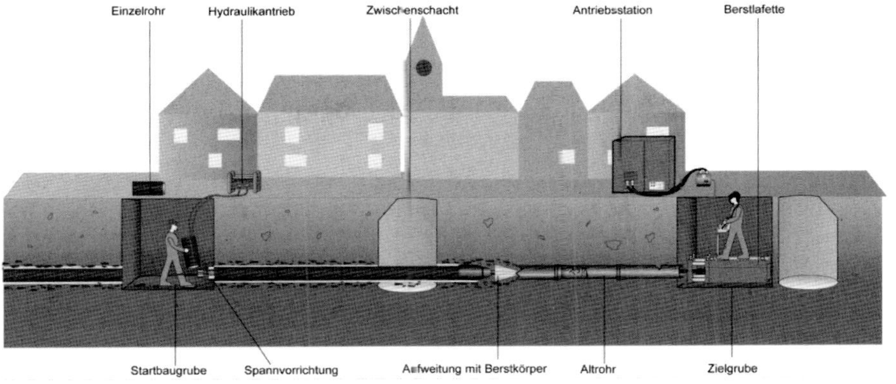

BILD 4.1.2: Prinzipskizze für statische Berstverfahren mit Einzelrohren (Quelle: Tracto-Technik)

4.1.1.3 Einfluss auf die Umgebung

Bei der Planung und Bauausführung müssen Einflüsse auf die Umgebung berücksichtigt werden. Die Mindestüberdeckung und die Abstände zu benachbarten Leitungen haben Einfluss auf die Umgebung. Der Überschnitt kann ebenfalls zum Anheben der Oberfläche führen.

Die zu berstende Altrohrleitung ist in Verfüllmaterial in dem ehemaligen Rohrgraben eingebettet.

Das Baugrundgutachten sollte sich auf den Rohrgraben beziehen, in dem das Altrohr liegt. Generell geht man von einer dimensionsgleichen Erneuerung aus. Sollte eine Vergrößerung des Querschnitts geplant sein, sind weitergehende Betrachtungen des Baugrundes und des Bauumfeldes vorzunehmen.

Zur Abschätzung des Baugrundes können folgende Kennwerte herangezogen werden:

- Korngröße, Korngrößenverteilung und Kornform
- Lagerungsdichte
- Zustandsform (Konsistenz, Plastizität)
- Scherfestigkeit
- Zusammendrückbarkeit (Steifemodul)

Die Mindestüberdeckung und die Abstände zu Fremdleitungen oder Bauwerken wird anhand des Aufweitmaßes (Aufweitmaß = Außendurchmesser des Berstkörpers minus Innendurchmesser Altrohrleitung) abgeschätzt. Zur Vereinfachung werden die Böden in die Kategorien bindige (Feinbestanteile wie Ton oder Schluff) und nichtbindige bzw. steinige Böden eingeteilt.

Bei der Wahl des Aufweitverhältnisses (Berstkörperdurchmesser/Altrohrinnendurchmesser) ist in Abhängigkeit der Bodenverhältnisse abzuwägen, welcher Energieeinsatz im Hinblick auf Erschütterungen, Bodenverschiebungen (mit Rücksicht auf benachbarte Leitungen) und hieraus resultierenden Hebungen an der Oberfläche noch vertretbar sind.

Die Mindestabstände sind abhängig von:

- Bodenbeschaffenheit (Bindigkeit)
- Art der benachbarten Leitungen und Bauwerke.

Unter Überschnitt wird der Ringraum verstanden, der infolge der Verwendung eines Aufweitkörpers mit größerem Außendurchmesser als dem Außendurchmesser des neuen Rohres entsteht (BILD 4.1.3). In der Regel soll der Überschnitt 10 bis 30 % betragen und so ein Verkanten der Altrohrscherben verhindern (M. Rameil). Dieser Überschnitt erzeugt den Berstkanal zum reibungsarmen Einzug des Neurohres.

BILD 4.1.3: Das Bild zeigt das Aufweitmaß (D_a(Aufweitkörper) – D_i(Altrohrleitung)) (Quelle: Karl Schöngen KG)

TABELLE 4.1.1: Empfohlene Außendurchmesser der Aufweitkörper in Abhängigkeit vom Neurohrdurchmesser (Quelle: RSV-Merkblatt 8)

Neurohr [mm]	DA Aufweitkörper [mm]
63	80
75	100
90	115
110	145
125	165
140	205
160	205
180	240
200	280
225	280
250	320
280	320

Neurohr [mm]	DA Aufweitkörper [mm]
315	345
355	395
400	445
450	495
500	550
560	610
630	690
710	830
800	920
900	1060
1000	1220
1200	1400

Bei bindigen Böden

Bei bindigen Böden hat sich in der Praxis bei parallel verlaufenden Leitungen die Einhaltung eines lichten Abstandes bewährt, der mindestens das Dreifache des Berstkörperdurchmessers, mindestens jedoch 40 cm betragen sollte (Aufweitungsmaß = Berstkörperdurchmesser minus Innendurchmesser Altrohrleitung).

Beispiel 1: Fremdleitung aus Duktilguss DN 200

Zu erneuernde Altleitung	DN 250
Neurohrdurchmesser	DA 280
Außendurchmesser der Aufweitung	DA 320
Bodenverdrängung (Aufweitmaß):	320 mm – 250 mm = 70 mm
Daraus folgt:	3 x 70 mm = 210 mm = 0,21 m
	0,21 m < 0,40 m (Bedingung nicht erfüllt)
Mindestabstand	0,40 m
Mindestüberdeckungshöhe	0,70 m

Bei nicht-bindigen und/oder steinigen Böden

Bei nichtbindigen und/oder steinigen Böden müssen die Mindestabstände zu anderen Ver- und Entsorgungsleitungen besonders betrachtet werden.

Bei spröden und bruchgefährdeten Rohrwerkstoffen (z. B. Steinzeug, Grauguss) der vorhandenen Fremdleitungen hat sich ein Mindestabstand vom Fünffachen des Aufweitmaßes bewährt, darf aber 40 cm nicht unterschreiten.

Bei Fremdleitungen aus spröden und bruchgefährdeten Rohrwerkstoffen ab einem Nenndurchmesser von 200 mm hat die Praxis gezeigt, dass aufgrund der Bodenmechanik der Mindestabstand von 1,0 m nicht unterschritten werden sollte.

Beispiel 2: Fremdleitung aus Steinzeug DN 300

Zu erneuernde Altleitung	DN 200
Neurohrdurchmesser	DA 225
Außendurchmesser der Aufweitung	DA 280
Bodenverdrängung (Aufweitmaß):	280 mm – 200 mm = 80 mm
Daraus folgt:	5 x 80 mm = 400 mm = 0,40 m
	0,40 m < 1,0 m (Bedingung nicht erfüllt)
Mindestabstand	1,0 m
Mindestüberdeckungshöhe	0,80 m

Beispiel 3: Fremdleitung aus Grauguss DN 100

Zu erneuernde Altleitung	DN 400
Neurohrdurchmesser	DA 450

Außendurchmesser der Aufweitung	DA 495
Bodenverdrängung: (Aufweitmaß):	495 mm – 400 mm = 95 mm
Daraus folgt:	5 x 95 mm = 475 mm = 0,48 m
	0,48 m > 0,40 m (Bedingung erfüllt)
Mindestabstand	ca. 0,50 m
Mindestüberdeckungshöhe	0,95 m

Bei kritischen Abständen, z. B. querenden Leitungen, sind mit dem Betreiber dieser Leitungen besondere Schutzmaßnahmen (z. B. Freilegen der Leitungen) zu vereinbaren.

4.1.2 Mögliche Fehler beim Berstverfahren

Die nachfolgende Tabelle gibt eine Übersicht über denkbare Fehler bei der Anwendung des Berstverfahrens, ohne jedoch hierbei einen Anspruch auf Vollständigkeit zu erheben. Die Tabelle gibt zugeordnet zu jedem Fehlerereignis eine oder mehrere mögliche Ursachen an und zeigt Möglichkeiten zur Vermeidung auf. Im weiteren Kapitelverlauf werden die Fehler einzeln erläutert.

TABELLE 4.1.2: Fehler beim Berstverfahren

Fehler	Mögliche Ursachen	Möglichkeiten der Fehlervermeidung	Kapitel
Fehler in der Planungsphase	Veraltete Planungsunterlagen	Nur aktuelle Planungsunterlagen verwenden	4.1.3.1
Fehlerhafte Erfassung des Ist-Zustandes für die Planungsphase	Falsches Bodengutachten	Bodengutachten vom tatsächlichen Trassenverlauf verwenden	4.1.3.2
Mängel in der Zustandsbewertung	Der Zustandsbewerter ist nicht fachkundig	Fachkundige Bewertung vornehmen lassen	4.1.3.3
Nichtbeachten des Grundwasserstandes	Die Nichtbeachtung des Grundwasserstandes kann zum Zusammenfallen des Bohrtunnels führen und die Reibungskräfte so groß werden lassen, dass das einzuziehende Rohr abreißt	Einbau in einer Jahreszeit, in der der Grundwasserstand sehr gering ist bzw Grundwasser absenken	4.1.3.5
Fehler in der Arbeitsvorbereitung	Fehlerhafte optische Inspektion	Nur fehlerfreie, aktuelle optische Inspektionen verwenden	4.1.3.1
Fehler in der Bauausführung	Nicht fachkundiges Personal Gerätetechnik (Aufweitung) nicht auf Bauausführung abgestimmt	Nur fachkundiges Personal einsetzen Nur auf die Bauausführung zugeschnittene Gerätetechnik (Aufweitung) einsetzen	4.1.4

Fehler	Mögliche Ursachen	Möglichkeiten der Fehlervermeidung	Kapitel
Berstwerkzeug nicht auf Altrohr abgestimmt	Falsche Benennung des Altrohrmaterials	Es ist vor Ort zu prüfen, welches Altrohrmaterial zu bersten ist	4.1.4.1
Beschädigung benachbarter Leitungen	Bestandspläne nicht überprüft Bestandsplan fehlerhaft Mindestabstände nicht eingehalten	Bestandspläne prüfen Bestandspläne an den Ist-Zuständen und Örtlichkeiten überprüfen Tatsächliche Abstände erkunden, falls erforderlich durch Suchschlitze	4.1.4.2
Beschädigung des eingezogenen Neurohres	Hausanschlüsse nicht vor dem Bersten von der Altrohrleitung getrennt Altrohrscherben in Zwischengruben nicht entfernt	Hausanschlüsse vor dem Berstvorgang von der Altrohrleitung trennen, auch stillgelegte Anschlüsse Altrohrscherben in Zwischengruben entfernen	4.1.4.3
Riefen im Schutzmantel nach dem Einzug	Hausanschlüsse und Reparaturstellen wurden nicht vor dem Berstvorgang entfernt Altrohrscherben in Zwischenscherben nicht entfernt	Hausanschlüsse und Reparaturstellen vor dem Berstvorgang entfernen, auch stillgelegte Anschlüsse Altrohrscherben in Zwischengruben entfernen	4.1.4.5
Riefen im Schutzmantel vor dem Einzug	Keine Auflagerollen für das Neurohr verwandt (Neurohr liegt auf der Straße, Gehweg, usw.)	Neurohr auf Auflagerollen einziehen	4.1.4.4
Undichte Muffenverbindung nach dem Einzug von Kunststoffrohrmodulen	Zu großer Teilabschnitt Falsche Umsetzung der Betriebsanweisungen Zulässige Spannkräfte wurden überschritten (bei Kurzrohrmodulen) Zulässige Zugkräfte wurden überschritten Zulässige Biegeradien wurden überschritten	Haltungslänge sollte auf 40 m (dynamisches Bersten) bzw. auf 60 m (statisches Bersten) begrenzt werden Der Durchmesser des Neurohres sollte auf maximal DN 300 begrenzt werden (dynamisch), statisch bis DN 800 (1000) Teilabschnitte reduzieren Überschnitt prüfen Altleitungsverlauf erkunden evtl. muss dieser Bereich in offener Bauweise ausgeführt werden	4.1.4.6
Undichte Muffenverbindung nach dem Einzug von duktilen Gußrohren	Blechkohnen wurden nicht fachgerecht eingebaut oder fehlen Zulässige Zugkräfte wurden überschritten Zulässige Biegeradien wurden überschritten	Blechkohnen fachgerecht einbauen Zugkraftmessung verwenden Altleitungsverlauf erkunden	4.1.4.7

Fehler	Mögliche Ursachen	Möglichkeiten der Fehlervermeidung	Kapitel
Berstvorgang stockt	Nicht verdrängungsfähiger Boden Reparaturstellen nicht ausgebaut Es liegt eine Abwinkelung der Altleitung vor Falsches Berstwerkzeug Zu kleine Berstlafette	Baugrundgutachten überprüfen Reparaturstellen ausbauen Gradliniger Verlauf muss gegeben sein Nur Berstwerkeug verwenden, das auf das Altrohrmaterial abgestimmt ist Reibungskräfte wurden unterschätzt, evtl. Überschnitt zu klein, Abhilfe durch größeren Aufweitkörper und größere Zuglafette	4.1.4.8
Fahrbahnhebungen	Überdeckung zu gering, Boden nicht verdrängungsfähig Zu große Aufweitung gewählt	Zu geringe Deckung vermeiden Überschnitt prüfen, wenn möglich verringern	4.1.4.9
Berstlafette wird aus der Maschinenbaugrube gezogen	Widerlager der Maschinenbaugrube zu gering ausgelegt Stirnwand der Baugrube wurde nicht fachgerecht hergestellt	Widerlager muss durch fachkundiges Personal erstellt werden Widerlager muss die Kräfte der Berstlafette aufnehmen können	4.1.4.10

4.1.3 Fehler in der Arbeitsvorbereitung

4.1.3.1 Überprüfung der Planung

Um Fehler in der Planungsphase durch veraltete Unterlagen zu vermeiden, ist es erforderlich, diese mit dem Ist-Zustand abzugleichen. Die vorbereitenden Maßnahmen beinhalten die Leitungsauskunft anderer Ver- und Entsorger (Telekom, usw.).

Weitere Maßnahmen sind:

- Erstellen von Arbeitsanweisungen
- Festlegen von Schutzmaßnahmen
- Sicherung von Arbeitsstellen im öffentlichen Straßenverkehr
- Auslegung für das Umpumpen und Umleiten des Abwassers
- Erlaubnis zum Öffnen von Schachtabdeckungen und Kanalreinigung durch den Betreiber.

Nachfolgend sind einige Punkte aufgelistet, die besonders für die Arbeitsvorbereitung wichtig sind:

- Maschinentechnik für das Berstverfahren, dabei ist zu beachten
  - » Zugkraft zu gering: Berstgerät bleibt im Altrohr stecken
  - » Werkzeugauswahl ist falsch: Altrohr lässt sich nicht bersten
  - » Bei Einsatz von Kurzrohren, falsche Verspanneinheit gewählt: der Rohrstrang reißt auseinander

- Rohrbestellung für den Ausführungszeitpunkt
- Fremdleitungserkundung
- Sicherung von Arbeitsstellen im öffentlichen Straßenverkehr
- Erdüberdeckung des Altkanals prüfen
- Baugrundgutachten.

Um einen Schaden näher definieren zu können, wird eine Inspektion der Leitung (z. B. mittels Kamerabefahrung, Dichtheitsprüfung o. ä.) durchgeführt. Die Ergebnisse sind auszuwerten und mit dem Betrieb, dem durchzuleitenden Medium, der Umgebung, den statischen Erfordernissen und den technischen und zeitlichen Funktionserwartungen an die Leitung und an das Leitungsnetz in Zusammenhang zu bringen.

Dabei muss ein gradliniger Trassenverlauf bestätigt werden.

Neben diesen grundsätzlichen Anforderungen einer Sanierungsplanung müssen die Eingangsdaten aktuell sein. Zustandsbeschreibungen in Form von veralteten Befahrungsvideos sind keine geeignete Planungsgrundlage.

Nachfolgend sind wichtige Grundlagen für die Auswertung einer Kamerabefahrung aufgelistet:

- Überprüfen der hydraulischen Leistungsfähigkeit des Altkanals (Nennweitenbestimmung des neuen Kanals)
- Werkstoff und Werkstoffwechsel
- Nennweiten und Nennweitenwechsel
- Bestimmung des Alters des Kanals
- Länge des Kanals
- Überprüfung der Gefällesituation
- Überdeckungshöhe
- Abstände zu Fremdleitungen und Bauwerken
- Richtungsänderungen, Rohretagen
- Lage und Anzahl der Hausanschlüsse
- Reparaturstellen
- Beurteilung der vorhandenen Schächte
- Baugrunduntersuchung
- Werkstoffauswahl (GGG, PE, PP, PVC-U, B, Stzg).

Eine fehlerhafte optische Inspektion kann weitreichende Auswirkungen für die nachfolgenden Bereiche haben, z. B.

- falsche Benennung der Nennweite,
- übersehene Reparaturstellen,
- übersehene Einbauten,
- übersehene Unterbögen usw.

Dies kann sogar soweit führen, dass man das Verfahren für eine Sanierung des Altkanals ausschließt. Deshalb ist es wichtig, dass nur fehlerfreie optische Untersuchungen verwendet werden, die von einem Fachmann ausgewertet wurden.

Bei Arbeiten im Grundwasser muss generell geprüft werden, ob das Verfahren in der gewünschten Form angewandt werden kann. Es müssen zumindest die Baugruben (auch Zwischenbaugruben) wasserfrei gehalten werden.

Das Widerlager in der Maschinenbaugrube muss den zu erwartenden Kräften der Maschinentechnik standhalten.

Die Rohreinziehgrube für die Rohrstrangvariante muss in Abhängigkeit vom Rohrbiegeradius der Rohrsohlentiefe ausgeführt werden.

Die Materialauswahl wird bestimmt durch den Betreiber.

Die Rohrstatik wird meist vom Rohrhersteller geliefert und muss mit den Betreiberangaben übereinstimmen.

4.1.3.2 Fehlerhafte Erfassung des Ist-Zustandes für die Planungsphase

Für das Berstverfahren werden Bodengutachten vom tatsächlichen Trassenverlauf der Altrohrleitung benötigt. Von Auftraggeberseite werden hin und wieder Gutachten von benachbarten Bauwerken für die Planungsphase zur Verfügung gestellt. Der Planer tut gut daran, auf ein Bodengutachten aus dem Trassenverlauf der Altrohrleitung zu bestehen.

Die Altrohrleitung ist in einem Rohrgraben verlegt worden, der mehr oder weniger mit Füllsand, aber auch mit entsprechendem Aushub aufgefüllt wurde. Es können also nicht zwangsläufig Bodengutachten, die im Nahbereich ermittelt worden sind, auf den Trassenverlauf des Altkanals übertragen werden.

4.1.3.3 Mängel in der Zustandsbewertung

Die Auswertung von Bestandsunterlagen bzw. optischer Inspektion kann nur durch fachkundiges Personal vorgenommen werden. Es ist nicht ausreichend, lediglich eine optische Inspektion vorzulegen, die nur die Schadenskürzel des Aufnehmenden enthält.

Von Seiten des Auftraggebers muss eine Schadensbeurteilung vorgenommen werden, er kann sich auch eines fachkundigen Ingenieurbüros bedienen. Meist sind dies fachkundige Ingenieure mit entsprechender Zusatzqualifikation.

4.1.3.4 Hinweis zur Statik

Für eine statische Dimensionierung der Neurohre ist das Teilsicherheitskonzept gemäß DWA-A 161 anzuwenden.

Die statische Nachweisführung für Biegeradien, Rohrverbindungen und Abwinklungen kann gemäß Herstellerangaben erfolgen.

Bei der Bemessung der Neurohre ist die zulässige Zug- bzw. Schubkraft für den Einbringvorgang zu berücksichtigen. Diese Werte sind vom Hersteller zu erfragen.

4.1.3.5 Beachten des Grundwasserstandes

Bei sandigen Böden im Grundwasser kann es zu einer schnellen Rückverformung des Erdreiches kommen. Durch die erhöhte Mantelreibung werden die Einzugskräfte überschritten und es kommt zum Abriss am Zugkopf (Aufweitung).

Falls es unterschiedliche Grundwasserstände im Laufe des Jahres gibt, sollte eine Jahreszeit gewählt werden, in der der Grundwasserstand sehr gering ist.

In einzelnen Fällen wird auch empfohlen, eine Grundwasserabsenkung im Trassenbereich vorzunehmen.

Wichtig ist, dass der Berstvorgang für die zu erneuernde Haltung in einem Zuge, d. h. ohne Unterbrechung ausgeführt wird.

4.1.4 Fehler in der Bauausführung

Bei Fehlern in der Bauausführung werden zur Beurteilung die Tagesberichte und Einbauprotokolle für das Berstverfahren ausgewertet. Bei Beschädigung benachbarter Leitungen muss geprüft werden, warum die vorgeschriebenen Abstände nicht eingehalten wurden. Dies kann wiederum an fehlerhaften bzw. alten Planunterlagen liegen.

Bei Fahrbahnhebungen wird grundsätzlich davon ausgegangen, dass die Mindestüberdeckungshöhe nicht eingehalten wurde.

Weiterhin kann auch das Aufweitmaß für diesen speziellen Fall zu groß gewählt worden sein. Generell wird davon ausgegangen, dass lediglich das Altrohr um eine Nennweite (zwei Nennweiten) vergrößert werden muss. Ist die damit verbundene Aufweitung zu groß, kann es, obwohl die Überdeckungshöhe eingehalten wurde, zu Fahrbahnhebungen kommen. Um dies zu vermeiden, muss mindestens eine kleinere Aufweitung gewählt werden.

Beim Einbau von Kurzrohrmodulen im Berstverfahren kann es zur Überschreitung der zulässigen Spannkräfte kommen, wenn die Mantelreibung zu groß wird. Im Einzelfall sollten die zu berstenden Haltungen beim Einbau von Kurzrohrmodulen so kurz wie möglich gehalten werden, d. h. es wird davon abgeraten, zwei Haltungen in einem Arbeitsgang auszuführen.

Die vorgenannten Fehler in der Bauausführung können die Folge der falschen Umsetzung von Betriebsanweisungen sein. Der verantwortliche Fachmann muss dem Personal die Betriebsanweisungen, Schritt für Schritt erklärend, erläutern.

4.1.4.1 Berstwerkzeug nicht auf Altrohr abgestimmt

In BILD 4.1.4 ist ein Rollenmesser mit nachgezogenem Aufweitkörper zu sehen. Beide Werkzeuge sind auf das Altrohr abgestimmt. Sind die Werkzeuge zu klein,

Bild 4.1.4: Mehrfachrollenmesser zum Schneiden eines duktilen Gussrohres mit nachfolgendem Aufweitkörper (Quelle: Tracto-Technik GmbH & Co. KG)

wird es nicht möglich sein, das Altrohr (aus Stahl oder duktilem Gußeisen) aufzuschneiden. Ist das Werkzeug zu groß, kann das Rollenmesser sofort beim Einfahren in das Altrohr beschädigt werden und der Berstvorgang muß abgebrochen werden.

4.1.4.2 Beschädigung benachbarter Leitungen

Bei Beschädigung benachbarter Leitungen muss geprüft werden, warum die vorgeschriebenen Abstände nicht eingehalten wurden. Dies kann wiederum an fehlerhaften bzw. alten Planunterlagen liegen, zudem können auch die vorhandenen Bestandspläne nicht überprüft worden sein.

Um weitere Schäden benachbarter Leitungen zu vermeiden, sind die vorhandenen Bestandspläne mit den Ist-Zuständen und Örtlichkeiten zu überprüfen.

4.1.4.3 Beschädigung des eingezogenen Neurohres

Bei Beschädigungen des eingezogenen Neurohres dient zur Überprüfung ebenfalls das Einbauprotokoll. Grundlage bildet aber auch die optische Inspektion, sowie die vorhandenen Planunterlagen.

Hierbei ist besonders darauf zu achten, ob Reparaturstellen, Hausanschlüsse oder sonstige Einbauten entfernt wurden. Weiterhin muss überprüft werden, ob die Zugkräfte überschritten wurden.

Vor dem Berstvorgang müssen alle Hausanschlüsse, Reparaturstellen und sonstige Einbauten aus der Altrohrleitung entfernt werden. Weiterhin sind beim Berstvorgang in allen Zwischenbaugruben eventuell Altrohrscherben zu entfernen, damit diese sich nicht in das Neurohr eindrücken bzw. einkanten können.

4.1.4.4 Riefen im Schutzmantel vor dem Einzug

Erkennt man Riefen noch vor dem Einzug, so rühren diese meist daher, dass das Neurohr über die Straße gezogen wurde. Diese Riefen können großflächig sein und durch eine entsprechende Auflage auf Rollenböcken oder Auflagerollen usw. verhindert werden.

4.1.4.5 Riefen im Schutzmantel nach dem Einzug

Bei Riefen im Schutzmantel, die nach dem Einziehvorgang festgestellt werden, muss überprüft werden, ob diese zu einer Beschädigung des Neurohres geführt haben. Ursachen dafür können sein:

- Hausanschlüsse,
- Reparaturstellen,
- Altrohrscherben in den Zwischenbaugruben usw.

Um diese Beschädigungen zu vermeiden, ist es wichtig, auch nicht angeschlossene Hausanschlüsse und Reparaturstellen, die in den Planunterlagen nicht eingezeichnet sind, anhand der optischen Inspektion zu lokalisieren und auszubauen. Weiterhin müssen Altrohrscherben in den Zwischenbaugruben entfernt werden.

4.1.4.6 Undichte Muffenverbindung nach dem Einzug von Kunststoffrohrmodulen

Beim Einbau von Kunststoffrohrmodulen ist darauf zu achten, dass die Teilabschnitte (Haltungen) nicht zu lang werden. Empfehlenswert ist in der Regel, eine Haltungslänge vom 40 m beim dynamischen bzw. 60 m beim statischen Bersten, um die Mantelreibung und damit die vorgegebene Zugkraft/Spannkraft nicht zu überschreiten.

Weiterhin sollte gerade beim dynamischen Bersten der Einbau von Kunststoffrohrmodulen auf die maximale Nennweite von DN 300 begrenzt werden, dagegen kann man statisch durchaus entsprechende Module auch über DN 800 einbauen. Sollten zulässige Zugkräfte überschritten werden, ist zu prüfen, ob man die Teilabschnitte reduzieren muss oder ob sonstige Mantelreibung zu vermeiden ist.

Bei der Überschreitung von zulässigen Biegeradien sollte nochmals der Altleitungsverlauf erkundet werden. Wenn der Biegeradius in diesem Bereich nicht verändert werden kann, sollte dieser Bereich in offener Bauweise ausgeführt werden.

4.1.4.7 Undichte Muffenverbindung nach dem Einzug von duktilen Gussrohren

Beim Einbau von duktilen Gussrohren im Berstverfahren kann es zur Überschreitung der zulässigen Zugkräfte kommen, wenn die Mantelreibung zu groß wird. Im Einzelfall sollte die zu berstende Haltung so kurz wie möglich gehalten werden, d. h. es wird davon abgeraten, zwei Haltungen in einem Arbeitsgang auszuführen.

Für den Bereich der Muffenverbindungen ist der Einbau von Blechkonen erforderlich. Sollten diese nicht fachgerecht eingebaut sein oder gar fehlen, kann es zum Eindringen von Boden im Bereich der Muffenverbindungen kommen. Diese Bestandteile können durch die Bewegung des Neurohres dazu führen, dass die Muffenverbindung undicht ist. Deshalb ist es erforderlich, dass die Blechkonen fachgerecht eingebaut werden, um hier das Fehlerpotential zu vermeiden.

Sollten zulässige Zugkräfte überschritten werden, ist zu prüfen, ob man die Teilabschnitte reduzieren muss, oder ob sonstige Mantelreibung zu vermeiden ist.

Bei der Überschreitung von zulässigen Biegeradien sollte nochmals der Altleitungsverlauf erkundet werden. Wenn man den Biegeradius in diesem Bereich nicht verändern kann, sollte dieser Bereich in offener Bauweise ausgeführt werden.

4.1.4.8 Berstvorgang stockt

Bei nicht verdrängungsfähigen Böden kann es zu einem sehr langsamen Berstvorgang kommen bzw. der Berstvorgang kann ganz ins Stocken geraten. Meist liegt der Grund in einem nicht verdrängungsfähigen Boden. Hier sollte nochmals das Baugrundgutachten mit dem tatsächlichen Boden im Trassenverlauf abgeglichen werden.

Auch Reparaturstellen und Betonummantelungen können dazu führen, dass der Berstvorgang stockt bzw. nur sehr langsam fortschreitet und dabei die Hindernisse im Boden mitzieht. Dies kann dazu führen, dass benachbarte Leitungen beschädigt werden. Deshalb ist es erforderlich, diese Reparaturstellen und Betonummantelungen aus dem Trassenverlauf zu entfernen.

Eine starke Abwinkelung der Altleitung kann beim dynamischen Bersten dazu führen, dass die Berstmaschine aus dem vorgegebenen Trassenverlauf ausbricht. Voraussetzung für das Bersten, sowohl dynamisch als auch statisch, ist ein gradliniger Verlauf der Altkanals.

Bei Benutzung eines Berstwerkzeuges, das nicht auf das Altrohrmaterial abgestimmt ist, kann es auch zu einem Stocken des Berstvorganges kommen.

4.1.4.9 Fahrbahnhebungen

Bei Fahrbahnhebungen geht man grundsätzlich davon aus, dass die Mindestüberdeckungshöhe nicht eingehalten wurde.

Weiterhin kann auch das Aufweitmaß für diesen speziellen Fall zu groß gewählt worden sein. Generell geht man davon aus, dass man das Altrohr lediglich um eine Nennweite (zwei Nennweiten) vergrößern kann. Ist die damit verbundene Aufweitung zu groß, kann es, obwohl die Überdeckungshöhe eingehalten wurde, zu Fahrbahnhebungen kommen. Um dies zu vermeiden, muss mindestens eine kleinere Aufweitung gewählt werden. Der Überschnitt muss aber so groß sein, dass das Neurohr nicht durch die Mantelreibung des Bodens während des Einziehvorganges von vornherein behindert wird.

4.1.4.10 Berstlafette wird aus der Maschinenbaugrube gezogen, Widerlager gibt nach

Beim statischen Bersten ist für die Aufnahme der Zugkräfte der Berstlafette in der Maschinenbaugrube ein entsprechendes Widerlager erforderlich. Sollte die Lafette aus der Baugrube gezogen werden, ist das Widerlager für die vorhandenen Zugkräfte zu schwach ausgelegt.

Das Widerlager muss durch fachkundiges Personal erstellt werden, denn es muss alle Kräfte der Berstlafette aufnehmen. Sehr hilfreich können hier entsprechend angefertigte Stahlplatten sein, die gegen den gewachsenen Boden aufgestellt werden. Bei größeren Nennweiten empfiehlt sich ein konstruktiv bestimmtes Widerlager aus Beton.

4.1.5 Erkennen und Bewerten von Fehlern in der Bauausführung

Im Rahmen der Qualitätssicherung wird das Neurohr mehrfach geprüft durch:

- Dichtheitsprüfung
- Optische Inspektion
- Auswertung des Einbauprotokolls
- Materialprüfung durch Hersteller.

Die Dichtheitsprüfung wird haltungsweise vorgenommen und stellt aufgrund der verwendeten Neurohre kein Problem dar. Die Dichtheitsprüfung kann nach DIN EN 1610 haltungsweise vorgenommen werden.

Die optische Inspektion (DIN EN 13508–2) als Abnahmebefahrung könnte hydraulische und statische Fehler aufzeigen, dies ist generell nicht zu erwarten.

Bei Fehlern in der Bauausführung werden zur Beurteilung die Tagesberichte und Einbauprotokolle für das Berstverfahren ausgewertet. Bei Beschädigungen des eingezogenen Neurohres dient zur Überprüfung ebenfalls das Einbauprotokoll. Grundlage bildet aber auch die optische Inspektion, sowie die vorhandenen Planunterlagen.

Die Materialprüfungen vor Ort entfallen, da handelsübliche Rohre mit zugesicherten Eigenschaften eingebaut werden. Wichtig ist hier, dass die vom Hersteller vorgegebenen Beanspruchungen nicht überschritten werden.

Unterschieden werden kann zwischen optischem und technischen Schaden. Optische Schäden können z. B. Weißknicke oder Verfärbungen sein. Sie haben keinen Einfluss auf die Qualität des Neurohres. Eine Reparatur ist nicht erforderlich und

Bild 4.1.5: Betonwiderlager fürs statische Bersten (Quelle: karo-san GmbH)

kann sogar das Bauwerk als Ganzes beeinträchtigen. Eine Minderung der Leistung ist nicht angebracht.

Ein technischer Schaden können z. B. Verformungen sein, die durch falsche Lagerung und/oder zu hohe Temperatur auf der Baustelle entstanden sind. Liegt die Deformation über 3 %, ist davon auszugehen, dass sich die Verformung nicht zurückstellt. In diesem Fall ist zu prüfen, ob der verformte PE-Rohrstrang ausgebaut und durch einen neuen ersetzt werden sollte.

Ein weiterer technischer Schaden sind Überdehnungen. Diese werden über das Einbauprotokoll, in dem die zulässigen Zugkräfte aufgeführt sind, nachgewiesen. Der Auftraggeber hat nun die Möglichkeit, nach Rücksprache mit dem Hersteller eine Beurteilung der kurzzeitigen Überdehnung vorzunehmen.

4.1.6 Behebung von Sanierungsfehlern

Bei der Behebung von Fehlern im Berstverfahren wird grundsätzlich unterschieden, wie bei anderen Verfahren auch, ob es sich um einen optischen, hydraulischen oder einen anderen technischen Mangel handelt. Während optische Fehler keiner Behebung bedürfen, sollte ein technischer Mangel behoben werden. Ein technischer Mangel könnte bei einem Unterbogen im Neurohr vorliegen. Ursachen hierfür sind häufig bereits Unterbögen im Altrohr, d. h. bei der Beurteilung der Altrohrleitung wurde dieser Mangel übersehen bzw. nicht richtig bewertet. Denn verfahrensbedingt können Unterbögen durch das Berstverfahren nicht beseitigt werden.

Bei einem hydraulischen Mangel, der wohl eher sehr selten vorkommt, muss die hydraulische Leistungsfähigkeit überprüft werden. Sollte diese nicht ausreichend sein, muss der Mangel voraussichtlich in offener Bauweise beseitigt werden.

4.1.7 Qualitätssicherung

Neben den allgemeinen Qualitätssicherungsmaßnahmen sind beim Berstverfahren die nachfolgenden Maßnahmen zu ergreifen:

Alle Arbeiten dürfen nur von ausgebildeten Fachleuten mit mehrjähriger Berufserfahrung ausgeführt werden.

Beim Einbau von PE-Rohren, die durch Stumpfschweißen verbunden werden, muss die Befähigung zur Durchführung der PE-Schweißarbeiten nachgewiesen werden.

Im Einzelnen sind dies:

- Sorgfältige Arbeitsvorbereitung
- Bauablaufplanung
- Anforderungen an die Arbeitsmittel wie Werkzeuge, Maschinen und Hilfseinrichtungen gemäß RSV-Merkblatt 8
- Anforderungen an das Rohr
- Zugkraftmessung/Überlastungsschutz
- Einhaltung der Verspannkräfte
- Sichtprüfung
- Einhaltung des Biegeradius nach Rohrherstellervorgabe
- Eingangsprüfung auf der Baustelle
- Überwachung der Rohrlagerung
- Dichtheitsprüfung, je nach Streckenabschnitt nach DIN EN 1610
- Dokumentation (Einbauprotokoll, optische Inspektion, usw.)

4.1.8 Einbindung von Anschlüssen und Schächten

Da die Hausanschlüsse bereits vor dem Berstvorgang von der Altrohrleitung getrennt wurden, erfolgt die Einbindung an das Neurohr über diese vorhandenen Baugruben. Je nach Material des Neurohres werden Aufschweißsattel oder Aufschraubsattel oder ähnliches für die Einbindung der Hausanschlüsse verwandt.

Bei der Einbindung des Neurohres in die Schächte werden häufig neue Rohrfutter passend zum Neurohr in den Schacht eingebaut.

4.1.9 Toleranzen

Bezogen auf die hydraulische Leistungsfähigkeit und den statischen Nachweis geht man davon aus, dass Deformationen bis 3 % keinen Mangel darstellen (DWA-A 143-2).

Lageabweichungen rühren beim Berstverfahren aus dem Trassenverlauf der Altrohrleitung und können daher dem ausführenden Unternehmen nicht angelastet werden. Hier sollte der Planer den Ist-Zustand sehr genau beurteilen und muss bei der Überschreitung von technischen Grenzen, z. B. im Gefälle und andere Lageabweichungen, das Berstverfahren ausschließen.

4.1.10 Wie gehen Baufirmen und Auftraggeber bei fehlerhafter Ausführung des Berstverfahrens auseinander?

Bei geringfügigen Fehlern kann der Auftraggeber sicherlich die Gewährleistung verlängern. Eine Reduzierung des Einheitspreises bzw. des Gesamtpreises dieses Leistungsbereiches ist denkbar.

4.1.11 Lebensdauer/Nutzungsdauer

Bei Einhaltung der im RSV-Merkblatt 8 beschriebenen Anforderungen, der Gütesicherung und der Prüfung, sowie unter Berücksichtigung der tatsächlich eingebauten Neurohrmaterialien mit den dazugehörigen Rohrverbindungen und den damit gemachten Erfahrungen, gehen Fachleuten von einer Nutzungsdauer der neuen Kanäle von 80 Jahren aus.

Literatur

[1] DIN 18326 „VOB-Vergabe und Vertragsordnung für Bauleistungen – Teil C: Allgemeine Technische Vertragsbedingungen für Bauleistungen (ATV) – Renovierungsarbeiten an Entwässerungskanälen", 09-2016

[2] DIN EN 1610 „Verlegung und Prüfung von Abwasserleitungen und -kanälen", 12-2015

[3] DIN EN 12889 „Grabenlose Verlegung und Prüfung von Abwasserleitungen und -kanälen", 03-2000

[4] DIN EN 13508-2 „Untersuchung und Beurteilung von Entwässerungssystemen außerhalb von Gebäuden – Teil 2: Kodiersystem für die optische Inspektion", 08-2011

[5] DWA-Arbeitsblatt 125 „Rohrvortrieb und verwandte Verfahren"

[6] DWA-Merkblatt 143-15 „Erneuerung von Abwasserleitungen und -kanälen durch Berstverfahren", 11-2005

[7] DWA-Arbeitsblatt 161 „Statische Berechnung von Vortriebsrohren"

[8] DVGW-Arbeitsblatt 304 „Rohrvortrieb und verwandte Verfahren", 12-2008

[9] DVGW-Merkblatt 323 „Grabenlose Erneuerung von Gas- und Wasserversorgungsleitungen durch Berstlining", 07-2004

[10] RSV-Merkblatt 3 „Renovierung von Abwasserleitungen und -kanälen durch Liningverfahren mit Ringraum“

[11] RSV-Merkblatt 7.2 „Hutprofiltechnik zur Einbindung von Anschlußleitungen“

[12] RSV-Merkblatt 8 „Erneuerung von Entwässerungskanälen und Anschlußleitungen mit dem Berstverfahren“

[13] RSV-Merkblatt 10.1 „Kunststoffrohre für grabenlose Bauweisen – Freispiegelleitungen“

[14] Rameil, H.: Rohrleitungserneuerung mit Berstverfahren. Vulkan-Verlag, Essen 2006

4.2 Mikrotunnelbau: Pipe-Eating-Verfahren

(Dr. Hans-Joachim Bayer)

4.2 Mikrotunnelbau: Pipe-Eating-Verfahren

4.2.1 Verfahrensbeschreibung

Dieses Verfahren, ein Erneuerungsverfahren aus dem Bereich Mikrotunnelbau, zeichnet sich dadurch aus, in dem ein altes Rohr „aufgegessen" und durch ein neues Rohr in gleicher Trasse ersetzt wird. Dieses Pipe Eating wurde schon vor über 20 Jahren entwickelt, hat jedoch technische Einschränkungen (keine Stahl- oder Stahlbetonrohre; neues Rohr sollte größere Nennweite haben) und ist von daher nicht häufig im Gebrauch. Nur wenige Gerätehersteller bauen solche Schildvortriebsgeräte mit Führungssporn (zur trassengleichen Orientierung im Hohlraum des Altrohres), die mit ihrem Abbauschild am Mikrotunnelgerät Altrohrmaterial zerkleinern (quasi abfräsen) und abtransportieren können. Das Pipe-Eating-Verfahren steht oft in einer Wettbewerbssituation zum Neubau und eventuell zu einem grabenlosen parallelen Neuvortrieb eines Rohres und wird oft nur dann eingesetzt, wenn aus Platzgründen keine Parallelverlegung mit neuen Rohren möglich ist. Der zerkleinernde Abbau von Altrohrmaterial ist zeit- und verschleißintensiv, hat jedoch den enormen Vorteil einer platzsparenden und trassengleichen Verlegung mit Vortriebsrohren gleicher oder in der Regel größerer Dimension.

Hauptvorteil ist eine völlig neue Leitung mit hoher Lebensdauererwartung exakt in der Trasse der alten Leitung und dies unter zumindest gleichen Querschnitt, oder was häufiger der Fall ist, unter Querschnittsvergrößerung bis hin zu deutlicher Querschnittsvergrößerung. Das Verfahren kann relativ witterungsunabhängig durchgeführt werden, die Boden- bzw. Materialabfuhr ist gering und die Straßenoberflächen darüber bleiben erhalten. Bei sehr tiefen Leitungsverlegetrassen oder bei beengten unterirdischen Trassenverhältnissen ist dennoch eine gute Wirtschaftlichkeit gegeben.

Das Verfahren kann in der Regel nicht durchgeführt werden, wenn die Mindestüberdeckung von 3 m nicht eingehalten werden kann (erforderliche Wanddicken im Bereich der Rohrleitung vorausgesetzt) oder wenn eine Gefährdung angrenzender Anlagen der Versorgungstechnik, des Verkehrswesens oder anderer baulicher Strukturen gegeben sein könnte. Vom Verfahren ist auch abzuraten, wenn der vorübergehende erdstatische Druckaufbau so groß sein sollte, dass er über die genannten Sicherheitsabstände hinaus Verformungen anrichten könnte. Für das Verfahren sind Fachfirmen mit guten Steuerungskenntnissen unterirdischer Vortriebe und mit diesbezüglichen Erfahrungen ratsam und notwendig.

4.2.2 Mögliche Fehler beim Pipe-Eating-Verfahren

TABELLE 4.2.1: Fehlermatrix für das Pipe-Eating-Verfahren

Mögliche Fehler	Mögliche Ursachen	Möglichkeiten der Fehlerbehebung
Zu geringe Zerkleinerung des Altrohrmaterials	Verschleiß an den Schneidelementen am Vortriebskopf	Neuer Schneidbesatz am Bohrwerkzeug
Abdrängung von Altrohrmaterial in seitliche Bodenbereiche	Außenverschleiß an den Schneidelementen	Anfügung von äußeren Vorschnittkanten am Bohrwerkzeug
Abdriften aus dem Altrohrbereich heraus	Sehr weiche Bodenumgebung	Verlängerung des Führungsdorns im Altrohr
Zunehmende Verlangsamung beim Abbau (Eating) des Altrohres	Verschleiß an den Schneidelementen am Vortriebskopf	Neuer Schneidbesatz am Bohrwerkzeug

4.2.3 Fehler in der Arbeitsvorbereitung

Vor Einsatz eines Pipe Eating-Verfahrens ist abzuklären, wie die Rahmenbedingungen beim Altrohr und seiner Umgebung aussehen und ob von daher, auch unter wirtschaftlichen Aspekten, dieses Verfahren zum Einsatz kommen kann. Zu den technischen Anforderungen gehört, aufgrund des nicht verdrängbaren Bodens, eine Mindestüberdeckung, die in der Regel 3 m und mehr betragen sollte. Weiterhin ist ein Mindestabstand zu angrenzenden Versorgungsleitungen sowie von baulichen Einrichtungen von 2 m und mehr einzuhalten. Für das Verfahren sind Start- und Zielbaugruppen sowie Baugruben bei Anschlussstellen erforderlich, gegebenenfalls ist auch eine Grundwasserabsenkung im Bereich der Baugruben notwendig. Es ist auch abzuklären, aus welchem Material das zu überfahrende Altrohr besteht, das nicht völlig zerstört sein sollte, sondern zumindest im Führungsrohr die Wegfindung in der Mitte des Altrohres erlauben sollte. Beton-, Steinzeug- und Asbestzementrohre sind überfahrbar, d. h. zerkleinerbar und abtragsfähig. Nicht geeignet sind Stahlbetonrohre oder Rohre mit einem zu geringen Durchmesser (DN 150 und weniger).

Neben den technischen Anforderungen gibt es auch rechtliche und wasserrechtliche Rahmenbedingungen abzuklären. Grundwasserabsenkungen oder Grundwassereinleitungen bedingen eine wasserrechtliche Erlaubnis, sie sind so gering wie möglich zu halten. Vom Wurzelraum benachbarter Bäume und Sträucher sollte Abstand gehalten werden, ebenso sind Eingriffe ins Bodengefüge gering zu halten. Benachbarte Versorgungsanlagen, sowie auch benachbarte Gebäudefundamente, sind zu beachten und mit entsprechendem planerischem Abstand zu bedenken.

Zusammengefasst lassen sich folgende Voraussetzungen für das Pipe Eating-Verfahren aufnehmen:

- Eine Altrohrtrasse mit einem noch nicht völlig kollabierten Altrohr (Aufnahme eines Führungsdornes bzw. Führungsschaftes am Pipe Eating-Schild ist notwendig).
- Eine Mindestüberdeckung zur Oberfläche und Mindestabstände zu anderen unterirdischen Strukturen sind notwendig.
- Da Neuvortriebe kostengünstiger sind als Auffahrungen im Pipe Eating-Verfahren, sollten keine Trassenalternativen für Neuauffahrungen vorliegen.

4.2.4 Fehler in der Ausführung

Für die Bauausführung sind Vorarbeiten notwendig, wie die Erstellung von Baugruben oder Schächten, es sind Anschlussleitungen vorübergehend vom Hauptstrang zu trennen und umzuleiten. Nach der Erneuerung werden die in Betrieb befindlichen Anschlüsse wieder eingebunden. Es sind die erdstatischen und rohrstatischen Erfordernisse für das neue Rohr zu beachten. Die auf das Neurohr wirkenden Kräfte sind permanent zu überwachen. Nach Fertigstellung der Erneuerung ist eine Dichtheitsprüfung vorzunehmen, diese kann auch abschnittsweise vorgenommen werden.

Literatur

[1] Bayer, H.-J.; Reich, M.: Praxishandbuch HDD-Felsbohrtechnik, Vulkan-Verlag, Essen, 2012
[2] Bayer, H.-J.: Tunnelnachrüstungen und Tunnelverbesserungen mit dem HDD-Verfahren. Felsbaumagazin (2011), Nr. 4
[3] Internetinformationen der Firmen: ARS Rohrvortrieb Marsberg, Witte Spezialtiefbau
[4] Bleck & Söhne
[5] Stein, D.: Grabenloser Leitungsbau. Ernst & Sohn, Berlin 2003

5. Zertifizierung, Fremdüberwachung und Gütesicherung

(Horst Zech)

Fehler bei der Ausführung von Kanalsanierungsprojekten können ihre Ursache bereits in der Phase der Planung und Ausschreibung haben. Wenn Qualität als die Erfüllung aller gestellten Anforderungen definiert wird, wird deutlich, dass es für die ausführenden Unternehmen nur möglich ist auch Qualität zu bringen, wenn die Anforderungen klar definiert werden.

Im Folgenden werden einige Punkte dargestellt, die bei Nichtbeachtung zu Fehlern bei der Kanalsanierung führen können.

5.1 Ausschreibung

Ein großer Teil der Kanalsanierung findet im öffentlichen Bereich statt. Betreiber dieser Kanäle sind Kommunen und Städte, von diesen getragene Zweckverbände sowie Stadt- und Gemeindewerke.

Wenn Kanalsanierungsmaßnahmen ausgeschrieben und beauftragt werden sollen, so hat sich das Ausschreibungsverfahren nach der Vergabe- und Vertragsordnung für Bauleistungen Teil A: Allgemeine Bestimmungen für die Vergabe von Bauleistungen (VOB/A) zu richten.

Gemäß § 2 (1) 1. VOB/A sind Bauleistungen nur an fachkundige, leistungsfähige und zuverlässige Unternehmen zu angemessenen Preisen in einem transparenten Verfahren zu vergeben. Die Wahl des Ausschreibungsverfahrens, das Erstellen der Ausschreibungsunterlagen mit Definition des erforderlichen Anforderungsprofils und Leistungsverzeichnis, setzt beim Auftraggeber und den beteiligten Ingenieurbüros spezielles Fachwissen voraus.

Die Vermeidung von Fehlern beginnt mit der Auswahl des Fachbüros bzw. der Fachabteilung für die Ausschreibung von Maßnahmen der grabenlosen Sanierung. Die Mitarbeiter müssen über ein hohes Maß an Fachwissen verfügen. Dies kann nur durch eine permanente Weiterbildung sichergestellt werden. Sie ist Grundlage, um auf dem Stand der Entwicklungen im Bereich der Sanierungstechniken zu bleiben. Eine umfassende Grundausbildung bieten die Lehrgänge „Zertifizierter Kanalsanierungsberater" bei einer entsprechenden Vorqualifikation.

5.1.1 Öffentliche Ausschreibung

Bei dem Verfahren der Öffentlichen Ausschreibung kann eine unbeschränkte Zahl von Unternehmen Angebote einreichen. Alle für die vorgeschriebene Prüfung der Eignung der Bieter erforderlichen Nachweise sind exakt zu beschreiben. Im Falle von Kanalsanierungsmaßnahmen sind dies z. B.:

- Nachweise gemäß § 6 (3) 2 a) bis l VOB/A
- Referenzliste vergleichbarer Projekte mit Angaben über den Leistungsumfang sowie
- Ansprechpartner (Bauüberwacher, Auftraggeber)
- Nachweis der Verfügbarkeit der erforderlichen Technik mit Angabe der Systembezeichnung und Anzahl der Einheiten
- Personalqualifikation mit Nachweis personenbezogener Referenzen
- Nachweise zur Eignung des Sanierungsverfahrens
- Mechanische Kennwerte
- Chemische Beständigkeit
- Abriebbeständigkeit
- Hochdruckspülfestigkeit usw.

- DIBt-Zulassungen, für den privaten Bereich
- RAL-Gütezeichen GZ 961 mit Angabe der Beurteilungsgruppe und der Systemgruppe
- bzw. entsprechende Zertifizierungen.

Pauschale, undifferenzierte Beschreibungen führen dazu, dass nicht qualifizierte Bieter mit niedrigem Angebotspreis als nicht VOB-konform ausgeschlossen werden können.

Auch bei detaillierter Beschreibung der erforderlichen Nachweise ist deren Prüfung für den Bereich der Kanalsanierung zeitintensiv. Daher muss die Zuschlagsfrist ggf. über die VOB-Regelfrist von 30 Kalendertagen hinaus festgesetzt werden.

Die Prüfung und Wertung der Angebote ist nach § 16 VOB/A durchzuführen. In der Praxis zeigt sich, dass viele Auftraggeber ausschließlich den Angebotspreis als Wertungskriterium verwenden. Nach den Vorgaben der VOB/A sind die Angebote stufenweise zu prüfen. Die einzelnen Wertungsstufen müssen nacheinander ausgeführt werden.

1. Wertungsstufe

Inhaltliche, formale Mängel

§ 16 (1) 1. bis 3. VOB/A, z. B. unvollständige oder veränderte Angebote, fehlende Erklärungen und Nachweise, Insolvenz des Bieters.

Mängel führen zum Ausschluss des Bieters, eine Prüfung in den weiteren Wertungsstufen entfällt.

2. Wertungsstufe

Eignung

§ 16 (2) 1. VOB/A Bei Öffentlicher Ausschreibung ist zunächst die Eignung der Bieter zu prüfen. Dabei sind anhand der vorgelegten Nachweise die Angebote der Bieter auszuwählen, deren Eignung die für die Erfüllung der vertraglichen Verpflichtungen notwendigen Sicherheiten bietet; dies bedeutet, dass sie die erforderliche Fachkunde, Leistungsfähigkeit und Zuverlässigkeit besitzen und über ausreichende technische und wirtschaftliche Mittel verfügen.

3. Wertungsstufe

Rechnerische Prüfung

Feststellung der geprüften Angebotssummen

4. Wertungsstufe

Auswahl des wirtschaftlichsten Angebotes

Unter den Angeboten, die unter rationellem Baubetrieb eine einwandfreie Ausführung einschließlich Haftung für Mängelbeseitigungsansprüche erwarten lassen, ist dem wirtschaftlichstem der Zuschlag zu erteilen. Der niedrigste Angebotspreis allein ist nicht ausschlaggebend.

Auch hier setzt die Ermittlung des wirtschaftlichsten Angebotes bei dem Auftraggeber oder Ingenieurbüro spezielle Kenntnisse der Sanierungstechniken voraus.

5.1.2 *Beschränkte Ausschreibung nach öffentlichem Teilnahmewettbewerb*

Gemäß § 3 (4) VOB/A ist die beschränkte Ausschreibung nach Öffentlichem Teilnahmewettbewerb „zulässig, wenn die Leistung nach ihrer Eigenart nur von einem beschränkten Kreis von Unternehmen in geeigneter Weise ausgeführt werden kann, besonders wenn außergewöhnliche Zuverlässigkeit und Leistungsfähigkeit (z. B. Erfahrung, technische Einrichtungen oder fachkundige Arbeitskräfte) erforderlich sind“.

Im Zuge des Öffentlichen Teilnahmewettbewerbes werden unter reproduzierbaren Kriterien und unter Berücksichtigung aller relevanten Kriterien, nicht geeignete Bieter vom Vergabeverfahren ausgeschlossen. Auch bei diesem Ausschreibungsverfahren sind die zur Eignungsüberprüfung der Bieter geforderten Nachweise und Angaben in den Vergabeunterlagen zu benennen.

5.2 Leistungsbeschreibung

Die Leistungen sind gemäß § 7 (2) VOB/A umfassend und eindeutig und für jeden Bewerber im gleichen Sinne verständlich zu beschreiben. Interpretationsmöglichkeiten darf es nicht geben.

Der Unternehmer muss allein aufgrund der Leistungsbeschreibung in der Lage sein, die Preise sicher und ohne umfangreiche Vorarbeiten (z. B. Schachtbesichtigungen, Durchmesserermittlungen, Baugrunderkundungen usw.) zu berechnen.

Die Überlassung von Videoaufzeichnungen zur Auswertung ist im Grunde VOB-widrig, da hiermit umfangreiche Vorarbeiten und Interpretationsmöglichkeiten verbunden sind. So kann z. B. der Altrohrzustand aus preislichen Gründen zu positiv bewertet werden, so dass dies zu einer Reduzierung der Nutzungsdauer führen kann. Aus wirtschaftlichen und technischen Gründen muss es Ziel der Leistungsbeschreibung sein, Änderungen im „Bauentwurf“ treffen zu müssen. Dies setzt voraus, dass die Sanierungsplanung bereits mit entsprechender Sorgfalt durchgeführt wurde. Im Zuge der Erstellung der Leistungsbeschreibung sind die Vorgaben der Planung auf Fehler zu prüfen. Je genauer alle Randbedingungen berücksichtigt sind, desto geringer wird die Wahrscheinlichkeit von Nachtragsvereinbarungen.

Die Mengenangaben im Leistungsverzeichnis sind möglichst genau, auf Basis der Sanierungsplanung, zu ermitteln. Mengenreserven in einzelnen Leistungspositionen führen zu unnötigem Spekulationspotenzial. Da noch nicht für alle Sanierungstechniken normative Grundlagen vorliegen, ist es notwendig, in der Ausschreibung neben den allgemeinen Informationen zur Maßnahme weitere, ausführliche Anforderungsprofile für die vorgesehenen Sanierungstechniken zu definieren.

5.2.1 *Allgemeine Informationen zur Sanierungsmaßnahme*

Eine Grundlage zur Zusammenstellung der allgemeinen Informationen zur Maßnahme enthält die DIN 18299, VOB/C „Allgemeine Technische Vertragsbedingungen für Bauleistungen – Allgemeine Regelungen für Bauarbeiten jeder Art“. Die hier enthaltenen Hinweise sind gemäß § 7 VOB/A achten.

Es sind nach den Erfordernissen des Einzelfalls z. B. Angaben zu machen

- zur Lage der Baustelle, Umgebungsbedingungen, Zufahrtsmöglichkeiten und Beschaffenheit,
- zur Zufahrt sowie zu etwaigen Einschränkungen bei ihrer Benutzung,
- zu Verkehrsverhältnissen auf der Baustelle, insbesondere Verkehrsbeschränkungen,
- zu Arbeiten anderer Unternehmer auf der Baustelle,
- zu vorgesehenen Arbeitsabschnitten, Arbeitsunterbrechungen und Arbeitsbeschränkungen,
- zu Art, Ort und Zeit sowie Abhängigkeit von Leistungen anderer,
- zu Besonderheiten der Regelung und Sicherung des Verkehrs, gegebenenfalls auch, wieweit der Auftraggeber die Durchführung der erforderlichen Maßnahmen übernimmt,
- zu besonderen Anforderungen an Art, Güte und Umweltverträglichkeit der Stoffe und Bauteile,
- zur schnellen biologischen Abbaubarkeit von Hilfsstoffen,
- zu Art und Umfang der vom Auftraggeber verlangten Eignungs- und Gütenachweise.

Fehlende oder unvollständige Angaben führen zu Spekulationen und erschweren damit die Qualitätsüberwachung.

5.2.2 *Ergänzende, leistungsbezogene Informationen zur Sanierungsmaßnahme*

Für den Bereich der grabenlosen Kanalsanierung gibt es derzeit nur für den Leistungsbereich „Renovierungsarbeiten an Entwässerungskanälen“ mit der DIN 18326 „Allgemeine Technische Vertragsbedingungen (ATV)“. Für die Sanierungsbereiche, für die es in der VOB/C kein Anforderungsprofil in Form von ATV gibt, können z. B. das DWA-Regelwerk und das RSV-Regelwerk herangezogen werden.

Im Sinne der Transparenz sollten diese Anforderungen in den entsprechenden Abschnitten des Leistungsverzeichnisses abgedruckt werden und nicht nur in den Vorbemerkungen als geltend benannt werden.

Beispiel: Renovierung mit vorgefertigten Rohren mit Ringraum-Einzelrohrverfahren.

Die im Merkblatt DWA-M 143-12 und im RSV-Merkblatt 3 vor der Ausführung geforderte optische Inspektion und Dokumentation zur Zustandserfassung des Altrohres stellt gemäß DIN 18326 eine besondere Leistung dar und sollte als Position im Leistungsverzeichnis enthalten sein. Im Zuge der Bauüberwachung kann diese dann klar als Soll-Leistung erkannt werden. Fehler durch nicht erkannte Querschnittsverengungen, einragende Stutzen usw. können somit vermieden werden.

5.3 Qualifikation der Bieter

Gemäß § 2 VOB/A werden Bauleistungen nur an fachkundige, leistungsfähige und zuverlässige Unternehmen vergeben. Die Fachkunde setzt Erfahrung des Unternehmens und des Personals voraus. Weiterhin muss das Personal über die für die Arbeiten erforderlichen Qualifikationen verfügen. Die Leistungsfähigkeit muss in technischer und wirtschaftlicher Sicht gegeben sein. Hierzu zählt die qualitative und quantitative Ausstattung der Unternehmen mit Mitarbeitern sowie Geräten und Maschinen.

Bei den Verfahren der grabenlosen Kanalsanierung handelt es sich um Spezialarbeiten, bei denen eine Vielzahl von Randbedingungen zu beachten ist. Dies setzt eine hohe Qualifikation der Unternehmen voraus. Sowohl in den Merkblättern des RSV als auch in denen der DWA wird daher empfohlen, nur solche Unternehmen mit der Durchführung dieser Arbeiten zu beauftragen, die die Anforderungen der RAL-Gütesicherung GZ 961 für das entsprechende Sanierungssystem erfüllen.

5.3.1 Erfahrung und Referenzen

Der Eintrag eines Unternehmens in die Liste der präqualifizierten Firmen für den Leistungsbereich „Entwässerungskanalarbeiten sowie Renovierungsarbeiten an Entwässerungskanälen" ist als alleiniger Nachweis der Fachkunde, Leistungsfähigkeit und Zuverlässigkeit nicht ausreichend. Die unterschiedlichen Sanierungssysteme bedingen den Einsatz spezifischer Verfahrenstechniken. Eine fehlerfreie Ausführung setzt ausreichende Erfahrung im Umgang mit diesen voraus.

Von den Bietern sind daher Angaben zu den in den letzten drei Jahren abgewickelten, vergleichbaren Sanierungsmaßnahmen zu fordern. Diese müssen neben den technischen Daten auch Angaben zum Auftraggeber und zum Bauüberwacher enthalten.

5.3.2 Qualifikation des Personals

Im Bereich der Kanalsanierung kommt der Personalqualifikation eine besondere Bedeutung zu. Anders als in vielen anderen Bereichen der Bauwirtschaft gibt es für die Kanalsanierung keinen spezifischen Ausbildungsberuf. Vor dem Hintergrund der zum Teil komplexen Vorgänge, die auch Grundwissen der Chemie erfordern, kommt somit der kontinuierlichen Weiterbildung ein sehr hoher Stellenwert zu. Nur durch den Einsatz von qualifiziertem Personal können Fehler während der Ausführung auf ein Minimum reduziert werden.

Um Bieter mit nicht ausreichend qualifiziertem Personal sicher ausschließen zu können, ist es erforderlich, die Anforderungen bereits in den Ausschreibungsunterlagen zu benennen. In den technischen Regelwerken (DWA-M 143, RSV-Merkblätter) wird die Gütesicherung Kanalbau RAL-GZ 961 als zu erfüllendes Anforderungsprofil genannt.

Dort ist die Mindestqualifikation des Personals wie folgt festgelegt:

- Technisch Verantwortliche in angemessener Zahl entsprechend dem jeweiligen Auftragsumfang einem der folgenden Abschlüsse:
  - » Dipl.-Ing., Bachelor of Engineering, Master of Engineering, mit entsprechenden Studieninhalten (z. B. Bauingenieurwesen)
  - » Staatlich geprüfter Techniker mit entsprechender Fachrichtung (z. B. Tiefbau)
  - » Meister, wenn entsprechende Tätigkeiten und Kenntnisse in der Meisterverordnung enthalten sind (z. B. Straßenbauerhandwerk, Rohr-, Kanal- und Industrieservice)
  - » Andere, vom Güteausschuss oder QSA (Qualitätssicherungsausschuss) für Zertifizierungen anerkannte Qualifikation (z. B. Zertifizierter Kanalsanierungsberater mit langjähriger Erfahrung)

  Darüber hinaus müssen eine mindestens dreijährige erfolgreiche, praktische Tätigkeit im Kanalbau sowie Fachwissen über das jeweilige Sanierungsverfahren nachgewiesen werden.
- Fachpersonal in angemessener Zahl entsprechend dem jeweiligen Auftragsumfang,
- mindestens ein Vorarbeiter mit praktischer dreijähriger Erfahrung im Kanalbau sowie
- ein ausgebildeter Spezialist für das jeweils anzuwendende Sanierungssystem mit personenbezogenen Referenzen.

5.3.3 Einbauanleitung

Die Durchführung von grabenlosen Kanalsanierungsmaßnahmen bedingt die Anwendung unterschiedlichster Prozesse. Diese haben in der richtigen Reihenfolge und mit verfahrensbezogenen Vorgaben zu erfolgen. Zur Vermeidung von Fehlern und zur Erlangung einer gleichbleibenden Qualität ist es daher unerlässlich, dass alle Prozesse reproduzierbar ablaufen.

Vor diesem Hintergrund wird in allen einschlägigen Regelwerken (z. B. DIN EN ISO 11296-1, DWA-Merkblattreihe M 143, RSV-Merkblätter) verlangt, dass die relevanten Prozesse mit ihren Parametern in einer Einbauanleitung (bzw. einem Handbuch) verbindlich beschrieben sind.

Die Einbauanleitungen müssen alle Soll-Werte einschließlich der zulässigen Abweichungen enthalten. Zur Qualitätskontrolle sind während der Ausführung die Ist-Werte aller beeinflussenden Parameter in einer festgelegten Art schriftlich zu dokumentieren.

Mindestanforderungen an die Dokumentationen enthalten die o. g. Regelwerke.

Bei allen anderen Unternehmen ist es erforderlich, das Vorhandensein einer Einbauanleitung und deren Inhalt vor Auftragsvergabe zu prüfen.

5.3.4 *Nachweis der Qualifikation*

Die ausreichende Qualifikation der Unternehmen ist eine unabdingbare Voraussetzung für fehlerfreies Arbeiten. Die oben geschilderten Anforderungen müssen in den Ausschreibungsunterlagen beschrieben werden. Nur dann ist eine Bewertung im Zuge der Eignungsprüfung möglich. Nicht geeignete Unternehmen sind auszuschließen.

Die Prüfung kann vereinfacht werden, wenn bereits in den Ausschreibungsunterlagen verlangt wird, dass die Anforderungen der RAL-Gütesicherung GZ 961 zu erfüllen sind und dies nachzuweisen ist.

5.4 Eigen- und Fremdüberwachung

5.4.1 *Eigenüberwachung*

Gemäß VOB/C DIN 18326 hat sich der Auftragnehmer während der Bauausführung zu vergewissern und dem Auftraggeber auf Verlangen nachzuweisen, dass Stoffe und Stoffgemische sowie das Renovierungsverfahren den vertraglichen Anforderungen entsprechen. Für die Reparatur- und Erneuerungsverfahren sollten entsprechende Vereinbarungen vertraglich festgelegt werden. Die Dokumentation, der für diesen Nachweis erforderlichen Parameter, ist verfahrensabhängig und hat nach den Vorgaben der Einbauanleitung zu erfolgen.

Nachfolgend wird im Verfahren vor Ort härtendes Schlauchlining mit UV-Härtung die Eigenüberwachung aufgeführt:

Reinigung und Inspektion des zu sanierenden Leitungsabschnittes

- Durchmesser, Querschnittsveränderungen
- Einragende Hindernisse, Muffenversätze

- Risse, Scherben
- Grundwasserinfiltration

Wareneingangskontrolle (Linerbegleitschein, Werksbescheinigung)

- Nennweite
- Produktionswanddicke
- Länge
- Herstelldatum
- Harztyp
- Fertigungsstätte (Ort der Harzimprägnierung)
- Identifikationsnummer
- Lagerungstemperatur

Einziehen des Liners

- Zugkräfte (Windenschreiber, Zugkraftbegrenzung)

Prüfung der Lampen

- Festlegung Prüfzeitraum
- Funktionsprüfung

Installation (Dokumentation der Aushärtung)

- Anzahl der Lampen, Funktion
- Stationierung
- Aushärtegeschwindigkeit
- Innendruck
- Linertemperatur

Zur Vermeidung von Fehlern und zum rechtzeitigen Erkennen von Abweichungen von den Soll-Werten muss eine verbindlich festgelegte Eigenüberwachung (siehe Regelwerk) vertraglich vereinbart werden.

Beispiel für einen Fehler durch mangelhafte Eigenüberwachung:

Vor Einbau eines vor Ort härtenden Kurzliners wurde der Innendurchmesser des vorhandenen Rohres nicht geprüft. Es wurde der Wert aus einer vom Auftraggeber zur Verfügung gestellten optischen Inspektion übernommen. Diese wies eine Nennweite DN 400 aus, obwohl tatsächlich eine Nennweite von DN 500 vorhanden war.

Durch die fehlende Überlappung im Nahtbereich verformte sich der erhärtete Kurzliner, löste sich von der Rohrwandung und wurde durch den Kanal zum nächsten Schacht gespült.

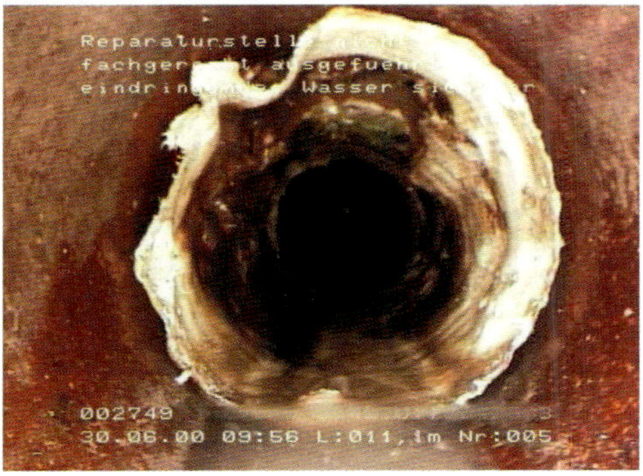

BILD 5.1: Fehlerhafter Kurzliner (Foto: Werner Bezela)

5.4.2 Fremdüberwachung

Unter Fremdüberwachung sind alle Prüfungen zu verstehen, die durch externe Prüfer oder Überwachungsorganisationen durchgeführt werden. Die Prüfungen können sich auf die Ausführung der Arbeiten oder auf die Ermittlung der erreichten Materialkennwerte beziehen. Gemäß VOB/C DIN 18326 sind Prüfungen im Zuge der Fremdüberwachungen Besondere Leistungen. Sie müssen daher in den Vertragsunterlagen besonders erwähnt werden.

5.4.3 Kontrollprüfungen

Kontrollprüfungen sind Prüfungen des Auftraggebers, um festzustellen, ob die Güteeigenschaften der Baustoffe und der fertigen Leistung den vertraglichen Anforderungen entspricht.

Aus Kostengründen verzichten einige Auftraggeber auf Kontrollprüfungen. Vor dem Hintergrund, dass für die Renovierungsverfahren Nutzungsdauern zwischen 25 und 40 (50) Jahren angesetzt werden, ist dies wirtschaftlich nicht nachvollziehbar. Die fehlende Kontrolle kann dazu führen, dass eine Leistung voll vergütet wird, obwohl sie den gestellten Anforderungen nicht entspricht.

Beispiel: Fehler durch nicht geprüfte Materialkennwerte:

Der Liner ist mit zu geringer Wandstärke geliefert und eingebaut worden. Nach ca. zehn Jahren ist er durch den zwischenzeitlich gestiegenen Grundwasserdruck zusammengebrochen (**BILD 5.2**).

Entsprechende Kontrollprüfungen hätten den Mangel bereits vor der Abnahme erkennen lassen.

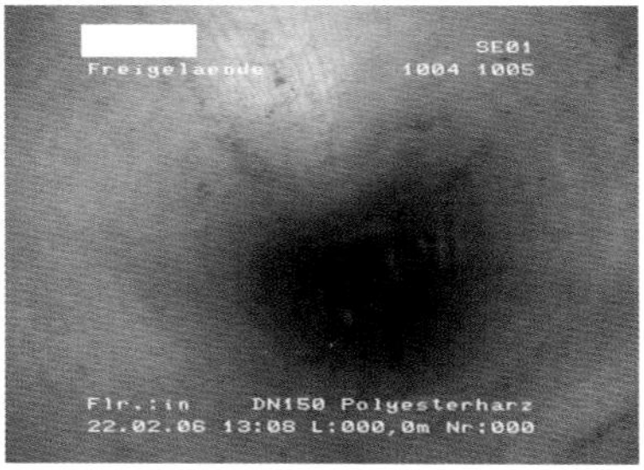

BILD 5.2: Eingebrochener Liner (Foto: Werner Bezela)

5.4.4 Qualifikationsüberwachung durch Prüforganisationen

Auftraggeber, die dies wünschen, können vertraglich vereinbaren, dass die Sanierungsarbeiten einer Gütesicherung unterliegen. Ein hierfür geeignetes System stellt z. B. die Gütesicherung Kanalbau RAL-GZ 961 dar. Für den Bereich der grabenlosen Kanalsanierung sind alle erforderlichen Anforderungen in der Beurteilungsgruppe S beschrieben.

Die Überprüfung der Qualifikation und die Kontrolle der erforderlichen Eigenüberwachung werden in unregelmäßigen Abständen unangemeldet durchgeführt. Beim Baustellenbesuch prüft und bewertet ein vom Güteausschuss beauftragter Prüfingenieur bzw. eine von ihm beauftragte Prüfstelle stichprobenhaft die Erfüllung der gestellten Anforderungen.

Werden Mängel festgestellt, so wird das Unternehmen aufgefordert, diese zu beseitigen. Darüber hinaus können Ahndungsmaßnahmen gegen das Unternehmen verhängt werden.

Diese Überprüfungen ersetzen nicht die örtliche Bauüberwachung, vielmehr wird diese ergänzt und unterstützt.

5.4.5 Bauüberwachung durch Auftraggeber

Die Aufgaben der Örtlichen Bauleitung bestehen u. a.

- im Überwachen der Ausführung des Projektes auf Übereinstimmung mit den genehmigten Unterlagen, dem Bauvertrag sowie den allgemein anerkannten Regeln der Technik und einschlägigen Vorschriften,
- im Führen des Bautagebuches,
- im gemeinsamen Aufmaß mit dem ausführenden Unternehmen,
- im Mitwirken bei der Abnahme von Leistungen,
- in der Rechnungsprüfung sowie
- im Überwachen der Beseitigung von festgestellten Mängeln.

Für den Bereich der Kanalsanierung erfordern die oben genannten Tätigkeiten detailliertes Fachwissen.

Beispiel: Fehler in der Bauüberwachung

Es war vorgesehen, eine Materialprobe aus einem vor Ort härtenden Schlauchliner zu entnehmen.

Um den ausgehärteten Schlauchliner nicht zu beschädigen, sollte dies im Bereich eines Schachtes erfolgen. Das Leistungsverzeichnis sah hierfür den Einbau einer Stützhülse vor. Da sich diese nicht auf der Baustelle befand, hat die ausführende Firma auf den Einbau verzichtet. Der Bauüberwacher hat diesem Umstand keine Bedeutung beigemessen.

Eine aussagekräftige Überprüfung der Materialkennwerte war nicht mehr möglich, da der Schlauchliner im Schachtbereich durch die fehlende Stützung nicht mehr die gleichen Dimensionen wie im Rohr hatte. Die Entnahme der Probe aus dem Rohrbereich wäre nur mit erheblichem Mehraufwand möglich. Es wurde daher darauf verzichtet.

5.5 Schlussbetrachtung

Fehler in der Kanalsanierung haben sehr unterschiedliche Ursachen. Zur Vermeidung ist es erforderlich, die Anforderungen an die Bieter, das Personal, das Sanierungssystem und die Überwachung bereits in den Angebotsunterlagen eindeutig zu definieren. Nur dann ist es möglich, Angebote, die die Anforderungen nicht erfüllen, von der Wertung auszuschließen. Eine umfassende Beschreibung der durch den Auftragnehmer zu erbringenden Leistung ist Grundvoraussetzung für die Erstellung des Angebotes. Im Zuge der Bauüberwachung ist die vollständige Leistungsbeschreibung Voraussetzung für eine Überwachung der Leistungserbringung.

Fehler und mangelhafte Ausführungen können rechtzeitig erkannt und behoben werden.

Die Erstellung der vertraglichen Unterlagen und die Durchführung einer kompetenten Bauüberwachung erfordert spezialisiertes Fachwissen.

Literatur

[1] DIN 1960 „VOB Vergabe- und Vertragsordnung für Bauleistungen – Teil A: Allgemeine Bestimmungen für die Vergabe von Bauleistungen“

[2] Gütesicherung Kanalbau RAL-GZ 961, Deutsches Institut für Gütesicherung und Kennzeichnung e.V.

[3] Zertifizierung nach ZERT BAU bzw. DIN CERTCO

[4] DIN 18299 „VOB Vergabe- und Vertragsordnung für Bauleistungen – Teil C: Allgemeine Technische Vertragsbedingungen für Bauleistungen (ATV) – Allgemeine Regelungen für Bauarbeiten jeder Art“

[5] DIN 18326 „VOB Vergabe- und Vertragsordnung für Bauleistungen – Teil C: Allgemeine Technische Vertragsbedingungen für Bauleistungen (ATV) – Renovierungsarbeiten an Entwässerungskanälen“

[6] DWA-Merkblatt 143 „Sanierung und Erneuerung von Entwässerungssystemen außerhalb von Gebäuden – Teil 1, 3, 4, 7, 8, 9, 10, 11, 12, 13, 14, 15, 16, 17“

[7] RSV-Merkblätter 1, 2, 3, 4, 5, 6, 7.1, 8

[8] PQ-Liste, www.pq-vob.de, Verein für die Präqualifikation von Bauunternehmen e.V.

[9] DIN EN ISO 11296-1 „Kunststoffrohrsysteme für die Renovierung von erdverlegten drucklosen Entwässerungsnetzen (Freispiegelleitungen) – Teil 1: Allgemeines (ISO 11296-1:200)“ – Deutsche Fassung EN ISO 11296-1:2011

[10] Leitfaden für die Eigenüberwachung – Bauüberwachung – Ausführungsbereich ABS. Gütegemeinschaft Güteschutz Kanalbau e.V.

[11] Beck’scher VOB- und Vergaberechtskommentar – VOB Teil C: Allgemeine Technische Vertragsbedingungen für Bauleistungen (ATV). 3. Auflage, C. H. Beck / Beuth, München/Berlin 2014, Abschnitt „DIN 18326 – Renovierungsarbeiten von Entwässerungskanälen“

Zusammenfassung

In den letzten Jahrzehnten haben sich die Sanierungsverfahren am Markt etabliert und sind aus dem Bereich der Kanalinstandhaltung nicht mehr wegzudenken. Dazu beigetragen haben die umfangreichen Regelwerke, angefangen mit den ersten Regelwerken des RSV-Rohrleitungssanierungsverbandes bis hin zu den nationalen DIN-Normen und internationalen EN- und ISO-Normen, in denen die Techniken und auch Materialien ausführlich beschrieben und zu Technikgruppen zusammengefasst wurden.

In den einzelnen Regelwerken sind die wichtigen Parameter aufgeführt, die für die Planung und Ausführung berücksichtigt werden müssen. Ein engmaschiges Netz aus Material-, Produkt-, und Abnahmeprüfungen gibt den Auftraggebern zusätzliche Sicherheit und Vertrauen in die Sanierungstechniken.

Aufgrund der Vielzahl der Verfahrenstechniken, der unterschiedlichen Materialien und deren verstärkten Anwendungen lassen sich Fehler trotz Regelwerke, umfangreicher Qualitätssicherung und Erfahrungen nicht immer vermeiden. Eine Beeinträchtigung der Arbeiten kann durch Witterungseinflüsse, durch die Außerbetriebnahme der Haltung, durch das Personal oder weitere äußere Einflüsse erfolgen.

Das vorliegende Buch soll Ihnen einen aktuellen Überblick über die gängigen Sanierungsverfahren und den Umgang mit möglichen Fehlern geben. Gleichfalls soll es auch eine Hilfe sein, Fehlerquellen im Vorfeld zu erkennen und damit zu vermeiden. Eventuell nicht aufgeführte Verfahrenstechniken haben sich am Markt nicht durchgesetzt oder befinden sich noch im Entwicklungsstadium.

Die Bezeichnung „Fehler" ist bewusst gewählt, wobei den Autoren klar ist, dass das Wort „Fehler" im allgemeinen Sprachgebrauch negativ behaftet ist. Hier geht es um Abweichungen, die außerhalb des jeweiligen Toleranzbereiches liegen und damit zwangsweise eine Bewertung nach sich ziehen. Die Fehler können in der Planung oder auch in der Ausführung auftreten. Die Bewertung der Abweichungen sollte im Idealfall gemeinsam durch die beteiligten Parteien erfolgen und als Resultat eine praxisorientierte Lösung beinhalten. Die Fehlermatrix der jeweiligen Verfahren soll hierbei eine schnelle Hilfestellung geben. Eine umfangreichere Darstellung und Beschreibung befindet sich dann in den einzelnen Kapiteln.

Das Buch erhebt keinen Anspruch auf Vollständigkeit, es wurde aber bei der Auswahl der Autoren darauf geachtet, Experten aus der Praxis für dieses Buchprojekt zu gewinnen, um die gängigen Fehler zu thematisieren. Durch diese Praxisnähe ist ein großer Erfahrungsschatz der Autoren in das Buch mit eingeflossen.

Inserentenverzeichnis